高职高专规划教材

塑性变形与轧制原理

主　编　袁志学　王淑平
副主编　戚翠芬　任素波　李秀敏
主　审　赵志毅

北京
冶金工业出版社
2014

内容提要

本书为高职高专规划教材，以企业生产现场实际为主线，突出应用与实训技能，坚持新颖性、适用性原则。

全书共分14章，主要内容包括：绪论，塑性变形的力学基础，金属在塑性加工变形中组织性能的变化，塑性变形的基本定律，金属塑性加工中的摩擦与润滑，金属的塑性与变形抗力，金属塑性变形时应力和变形的不均匀性，轧制的基本问题，实现轧制过程的条件，轧制时金属的横变形——宽展，轧制过程中的纵变形——前滑与后滑，金属对轧辊的压力，轧制力矩及功率，轧制时的弹塑性曲线，连轧的基本理论。

本书可作为大专院校和职业技术学院冶金、材料、机械专业通用教材，也可作为有关职业培训教材或有关人员的参考书。

图书在版编目(CIP)数据

塑性变形与轧制原理/袁志学，王淑平主编．—北京：冶金工业出版社，2008.9（2014.7重印）

高职高专规划教材

ISBN 978-7-5024-4617-8

Ⅰ.塑…　Ⅱ.①袁…　②王…　Ⅲ.①金属—塑性变形—高等学校：技术学校—教材　②金属—轧制理论—高等学校—教材　Ⅳ.TG111.7　TG331

中国版本图书馆CIP数据核字(2008)第138072号

出 版 人　谭学余

地　　址　北京市东城区嵩祝院北巷39号　邮编　100009　电话　(010)64027926

网　　址　www.cnmip.com.cn　电子信箱　yjcbs@cnmip.com.cn

责任编辑　俞跃春　美术编辑　李　新　版式设计　张　青

责任校对　白　迅　责任印制　李玉山

ISBN 978-7-5024-4617-8

冶金工业出版社出版发行；各地新华书店经销；三河市双峰印刷装订有限公司印刷

2008年9月第1版，2014年7月第4次印刷

787mm×1092mm　1/16；13.25印张；352千字；197页

27.00元

冶金工业出版社　投稿电话　(010)64027932　投稿信箱　tougao@cnmip.com.cn

冶金工业出版社营销中心　电话　(010)64044283　传真　(010)64027893

冶金书店　地址　北京市东四西大街46号(100010)　电话　(010)65289081(兼传真)

冶金工业出版社天猫旗舰店　yjgy.tmall.com

（本书如有印装质量问题，本社营销中心负责退换）

序

随着冶金工业不断发展，现代化的进程越来越快，传统的知识和操作技能已不能适应企业发展的需要，因而社会急需掌握新知识、新技术、懂管理的高技能人才。有关资料表明，目前冶金企业中，在生产、技术、管理一线的高技能人才不足5%。现代化冶金行业的发展和高技能人才的短缺，对人才的培养提出了更高的要求，受企业欢迎的人才应该是既具有操作技能，又能利用所学知识分析问题、解决实际问题。培养这样的人才需要与之配套的全新的教材，而符合这种要求的教材十分匮乏。河北工业职业技术学院与邯郸钢铁集团有限责任公司合作，在时间紧、任务重的情况下，克服各种困难编写了这本教材，并经北京科技大学专家评审通过。

本教材实用性很强，教材内容符合国家职业技能鉴定标准，能够满足现场轧钢工岗位要求，既适用于高职高专学生，又适用于企业生产一线人员。希望其他冶金企业要积极与职业院校、出版部门加强合作，编写出符合冶金企业发展，融入新知识、新技术的高水平的教材，为提升从业人员素质，为冶金企业持续、稳定发展做出新的贡献！

邯郸钢铁集团有限责任公司总工程师　张晓力

2008 年 7 月

前 言

企业的发展动力来源于员工的较高素质，为了提高金属材料工程专业（轧钢）理论水平及操作技能水平，我们编写了这本《塑性变形与轧制原理》教材。教材内容是依据《中华人民共和国职业技能鉴定标准——轧钢卷》，借鉴加拿大CBE理论和DACUM方法，根据轧钢生产现场情况和轧制的各岗位群技能要求确定的。

《塑性变形与轧制原理》作为学校教学、冶金企业职工培训用书，在具体内容的组织安排上，力求知识少而精，通俗易懂，理论指导实践。

参加本书编写的有唐山科技职业技术学院王淑平，河北工业职业技术学院袁志学、戚翠芬、任素波、李秀敏、袁建路、张景进、陈敏、李永刚，邯郸钢铁集团有限责任公司琚锦琨、杨振东、姚政、张世红。全书由袁志学、王淑平担任主编。北京科技大学的赵志毅教授担任主审。在此表示衷心的感谢。

由于编者水平有限，书中不妥之处，敬请广大读者批评和指正。

编　者

2008年6月

目 录

0 绪 论

0.1 金属压力加工的概念、主要方法及其发展和作用

《塑性变形与轧制原理》是金属压力加工和轧钢专业的主要专业基础课之一，也是专业课的“开路先锋”，因此该课程在本专业的学习中占有重要的地位。

0.1.1 金属压力加工概念

金属塑性加工是利用金属能够产生永久变形的能力，使其在受外力作用下进行塑性成形的一种金属加工技术，也称为金属压力加工。

炼钢车间生产出来的连铸坯或钢锭，其内部组织疏松多孔，晶粒粗大且不均匀，含有偏析等缺陷（连铸坯的质量一般较模铸锭为高），因此连铸坯或钢锭一般都必须经过压力加工使其成坯或成材，以满足机器制造工业或其他工业的需要。连铸坯或钢锭通过压力加工使其产生塑性变形，变形后不仅能变更其断面的形状和尺寸，而且也能改变其内部组织及其性能。

金属塑性加工时，若不计切头、切尾、切边和氧化烧损等损失，可认为变形前后金属的质量相等；如果忽略变形中金属的密度变化也可认为变形前后金属的体积不变，所以也把塑性加工称为无屑加工。

0.1.2 金属压力加工的优点

金属压力加工和金属切削加工、铸造、焊接等其他过程相比，主要有以下优点：

（1）因无废屑，可以节约大量的金属，成材率高；

（2）可改善金属的内部组织及其性能；

（3）生产率高，适合大批量生产。

0.1.3 金属压力加工的主要方法

常见的主要金属压力加工方法有锻造、轧制、挤压和拉拔等。

0.1.3.1 锻造

锻造即指通常所说的“打铁”，它是一种古老的金属压力加工方法。锻造是用锻锤的往复冲击力或用压力机的压力使金属改变成所需要形状和尺寸的一种加工方法。它分为自由锻造和模型锻造两种，如图 0-1 所示。自由锻造是在上下往复运动的平锤头或曲面锤头的冲击下，使金属产生塑性变形的，下锤头（铁砧）通常是固定的。模型锻造是将金属放在锻模中，使金属产生塑性变形而获得与模膛一样的形状。

锻造对破碎金属的铸态组织极为有利，对提高金属的塑性和改善金属的质量有许多优点，所以这些生产方式广泛应用于各工业部门，可以生产几克到 200t 以上各种形状的锻件，如各种轴类、曲柄和连杆等。

0.1.3.2 轧制

轧制指金属在两个旋转的轧辊之间进行塑性变形的过程。轧制的目的不仅是改变金属的形

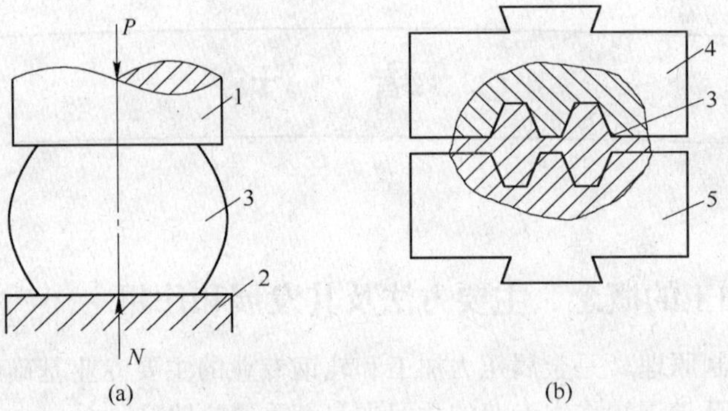

图 0-1　自由锻造（a）和模型锻造（b）

1—锤头；2—砧座；3—锻件；4—上模；5—下模

状（断面减小、形状改变、长度增加），而且也使金属获得一定的组织和性能。

由于轧制的生产率高、产量大、产品种类多，因此在各种压力加工方法中应用最为广泛，在钢铁联合企业中发展成为与炼铁、炼钢生产相应的流水生产线，并且在发展中形成了从半成品到各类成品（型钢、棒线材、板带钢、钢管等）的生产体系。

目前，轧制产品的种类和规格达数万种。轧机的种类和规格虽然很多，但总体来说轧制的基本方式大致分为三种：纵轧、斜轧和横轧（见图 0-2 ~ 图 0-4）。

A　纵轧

如图 0-2 所示，轧件在相互平行且旋转方向相反的两轧辊之间进行塑性变形，而坯料行进方向与轧辊轴线在水平面上的投影相互垂直。轧制后一般轧件的厚度减小，而长度和宽度增加，其中以长度增加为主。不论金属是冷态还是热态均可进行这种轧制，它是轧制生产中应用最广泛的一种轧制方法，如各种型材和板带材的生产。

B　斜轧

轧件在两个轴线相互呈一定角度且旋转方向相同的轧辊之间产生塑性变形，轧件沿轧辊交角的中心水平线方向进入轧辊，并在变形时产生螺旋运动（既有旋转，又有前进）。斜轧应用很广，常用于轧制管材和变断面型材。斜轧的变形过程如图 0-3 所示。

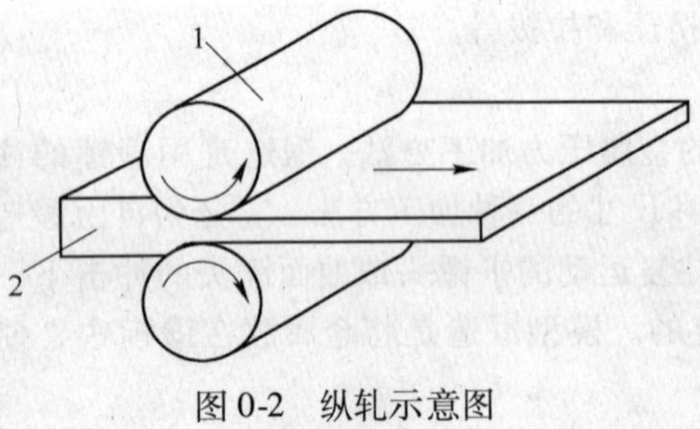

图 0-2　纵轧示意图

1—轧辊；2—轧件

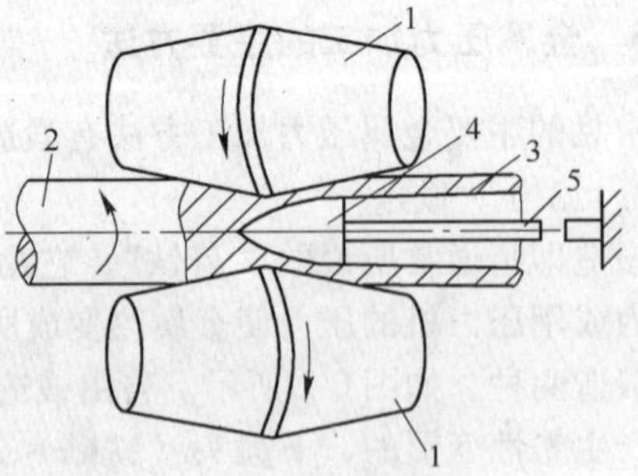

图 0-3　斜轧简图

1—轧辊；2—坯料；3—毛管；4—顶头；5—顶杆

C　横轧

轧件在两个旋转方向相同的轧辊之间产生塑性变形，如图 0-4 所示。这种轧制，轧件只做旋转运动且与轧辊的旋转方向相反，故轧件与轧辊的轴线相互平行，因此这种轧制方式可以用来生产齿轮及车轮等产品。

0.1.3.3 挤压

挤压的实质是将金属放在封闭的圆筒内，一端施加压力（如借助水压机）使金属从模孔中挤出而得到不同断面形状的成品（如型材、棒材、线材及管材等）的加工方法。

挤压生产多用于有色金属的加工以及国防工业部门，近年来也用于挤压钢材上，特别是耐热合金及低塑性金属的加工以及钛合金的挤压等。

挤压分正挤压和反挤压。正挤压时，挤压轴的运动方向和从模孔中挤出的金属前进方向一致；而反挤压时，挤压轴的运动方向和从模孔中挤出的金属前进方向相反。图 0-5 为正挤压简图。

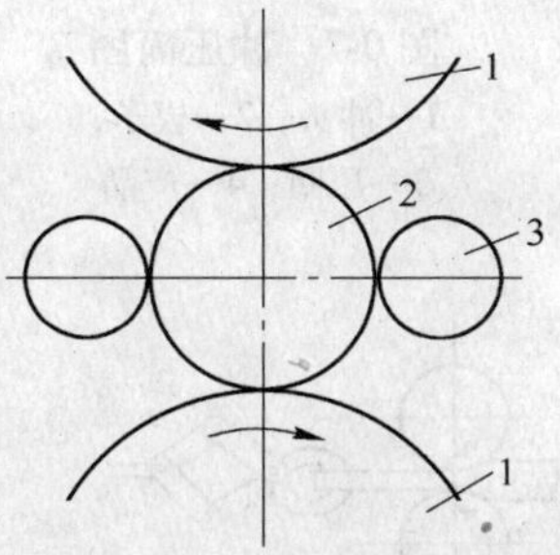

图 0-4 横轧简图

1—轧辊；2—轧件；3—支撑辊

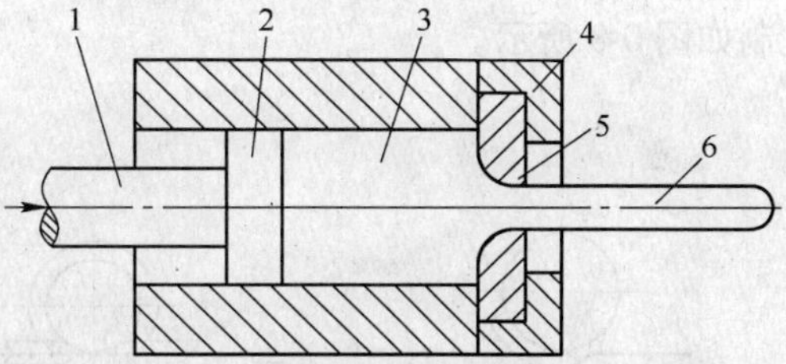

图 0-5 挤压简图

1—挤压棒；2—挤压垫；3—坯料；4—模座；5—模子；6—产品

0.1.3.4 拉拔

包括拔管及拉丝过程。拔管过程是在外力作用下将中空管坯通过模孔（用芯棒或不用芯棒）使管径变小、管壁减薄（或加厚）的过程；拉丝是使金属线材通过模孔，从而使金属断面缩小、长度增加的一种加工方法，如图 0-6 所示。

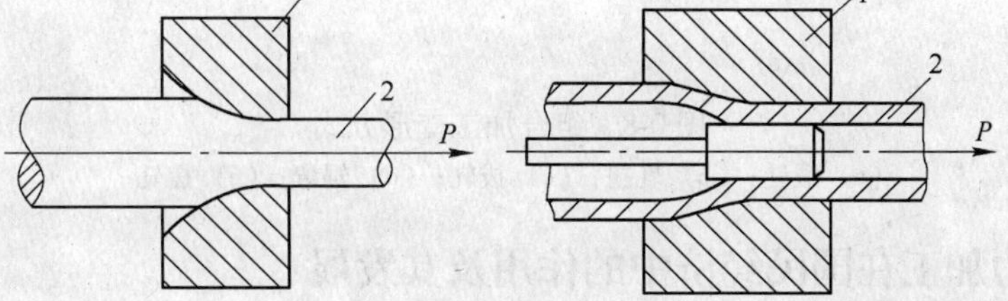

图 0-6 拉拔简图

1—模子；2—制品

拉拔一般多在冷状态下进行，可拔制断面较小的产品（如直径 0.015mm 的金属丝，直径 0.3mm 的金属管），且产品表面光洁，尺寸精确。拔制时由于产生加工硬化，金属的强度和硬度均有所增高。

0.1.3.5 冲压

冲压是靠压力机的冲头把厚度较小的板带顶入凹模中，冲压成需要的形状。用这种方法可以生产有底薄壁的空心制品，如图 0-7 所示。

薄板冲压的产品有飞机零件、弹壳、汽车外壳、零件以及各种仪器的零件及日常生活用品，如碗、盆等。

目前，除了上述几种应用较广的压力加工方法外，由于国民经济的发展需要和科学技术的不断进步，又出现了各种新型的压力加工方法，如粉末金属压力加工、爆破加工成形、振动加工以及各种压力加工方法的联合加工过程。就轧制来说，有轧挤过程（挤压和轧制的组合），它扩大了对坯料的适应性，降低了产品的缺陷；拔轧过程（拉拔和轧制的组合），它能生产各种断面的产品，减少轧制力；辊弯过程（轧制弯曲的组合），它可以生产各种断面的冷弯型材和管材；搓轧过程（轧制和剪切的组合），或者叫异步轧制，这种轧制可显著降低轧制力。上述各种组合轧制如图0-8所示。

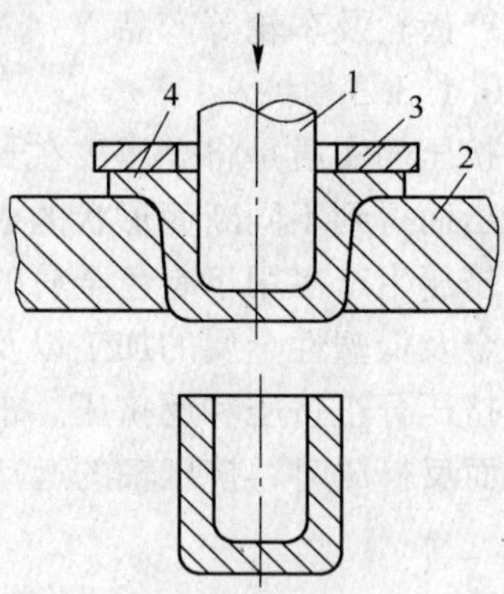

图0-7 冲压简图

1—冲头；2—模子；3—压圈；4—产品

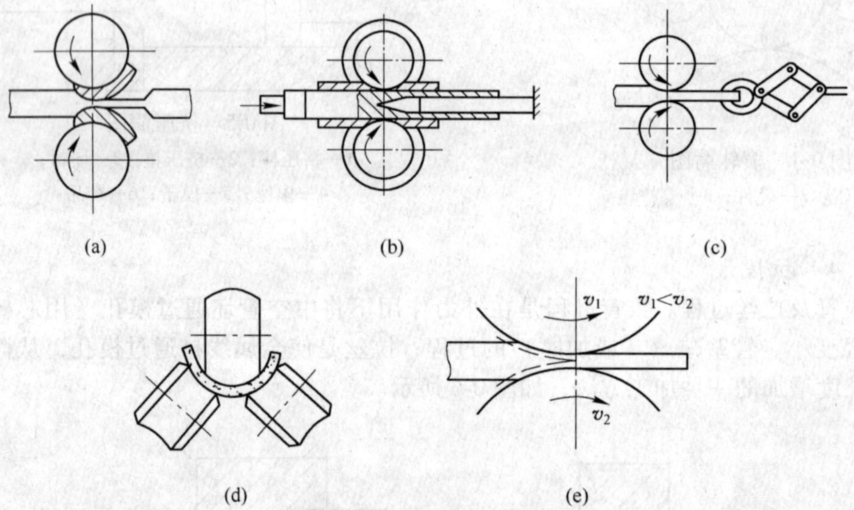

图0-8 组合加工变形方式

（a）锻轧；（b）轧挤；（c）拔轧；（d）辊弯；（e）搓轧

0.2 金属压力加工在国民经济中的作用及其发展

金属压力加工的产品在国民经济中应用极为广泛。根据统计，在铁路运输工具中所用金属压力加工产品占其金属制品的96%，在汽车和拖拉机制造工业中约占95%，在农业机械工业中占80%，在航空和航天工业中占90%，在机械制造工业中占70%，基本建设约占100%。下面通过实例加以说明：建设一个较大的重工业工厂就需要大量的钢材，如钢筋、钢梁以及屋面板等需用几千吨甚至上万吨；铺设1km铁路，钢轨一项就要用100t；制造一辆汽车，就需要三千多种不同规格的钢材；一艘万吨轮船，要用近6000t钢材；制造一门炮和一杆枪，就需要一百多钢种和一千多种形状不同、尺寸不等的钢材。

通常冶炼出来的钢，除了量很少的钢是用铸造方法制成零件外，绝大部分是经过压力加工制成产品，而且90%以上都要经过轧制，以轧制钢材供给国民经济各个部门。某些个别钢材虽非直接由轧钢车间生产，但基本上都要由轧钢车间供料。由此可见，最后一个生产环节的轧钢生产，在整个国民经济中占据着非常重要的地位，对促进整个生产的发展起着十分重大的作用。轧钢已在大型化、连续化、自动化和高速化方面发展到很高水平。如冷热带钢连轧机已全部实现计算机控制，冷轧带钢已实现无头全连续轧制，H型钢及其他异型钢材已能连轧，高速线材轧机最高轧制速度已达140m/s，带钢冷连轧机轧制速度已达41m/s，而一套热带钢连轧机的年产量已达600万t。同时，在轧钢领域内，不断采用新工艺、新技术，扩大产品品种规格、改善产品性能、提高劳动生产率、降低能耗和原材料消耗方面，也已经取得很大进步。

金属压力加工工业的发展是很快的。目前除了轧制、锻造、冲压、拉拔、挤压等几种普遍应用的压力加工方法外，由于国民经济的发展和科学技术的进步，则不断涌现出各种新的压力加工方法，如爆炸加工成形、液态铸轧、粉末加工、液态冲压及引拔、振动加工，以及各种加工方法的联合等。

本课程是轧钢工种的专业基础理论课。在本教材中，将学到金属塑性变形理论和轧制原理，为进一步学好其他专业课和将来更好的从事轧钢工作打下基础。

金属压力加工的各种方法虽然都有各自的成形特点，但在变形和力学方面都有共同的基础。如加工成形都以金属具有塑性为前提，都需要外力的作用，成形时都不可避免地存在外摩擦的影响，金属质点的流动都遵循共同的规律。在本教材中就是要介绍这些共同的规律，在了解一般的规律之后，再进一步了解型材及板带生产的特殊性问题。基于这样一种认识，本教材主要讲述金属塑性变形及轧制过程的一般原理。

习　题

0-1　金属压力加工的优点是什么？

0-2　金属压力加工的主要方法是什么？

0-3　轧钢在国民经济中的作用有哪些？

0-4　轧制的概念和目的是什么？

0-5　纵轧的概念是什么，举例说明？

1 塑性变形的力学基础

1.1 塑性加工时所受的外力

在我们的日常生活中，经常可以遇到这样的情况，就是对任何物体如果施加外力的作用，一般可能产生两种不同的结果：一种是由于外力的作用改变了物体的运动状态，这种情况是属于刚体力学研究的范围；另一种是所施加的外力在一定的条件下，造成该物体运动受阻碍，使物体内产生内力而发生变形，这种情况则是属于塑性加工方面的研究内容。不过物体在这种情况下产生的变形有两种可能：一种是弹性变形；另一种则是塑性变形。

金属在发生塑性变形时，作用在变形物体上的外力有两种：作用力和约束反力。

1.1.1 作用力

通常把压力加工设备可动工具部分对变形金属所作用的力叫作用力或主动力。例如锻压时锤头对工件的压力［见图 1-1（a）中的 *P*.］；挤压加工时活塞对金属推挤的压力［见图 1-1（b）中的 *P*］；拉拔加工时，工件所承受的拉力［见图 1-1（c）中的 *P*］。

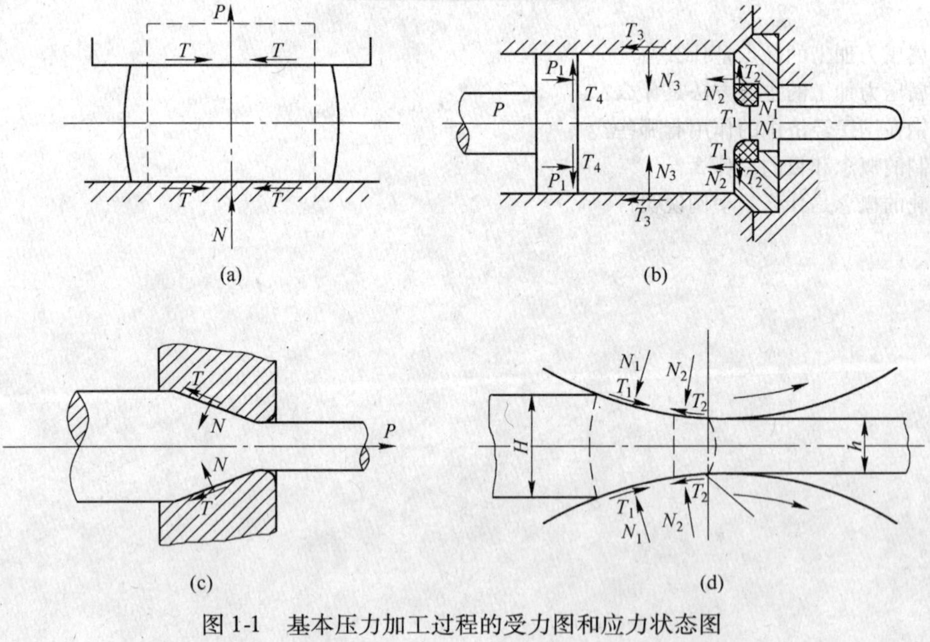

图 1-1　基本压力加工过程的受力图和应力状态图

（a）镦粗；（b）挤压；（c）拉拔；（d）轧制

压力加工时的作用力可以实测或用理论计算，以用来验算设备零件的强度和设备功率。

1.1.2 约束反力

工件在主动力的作用下，其运动将受到工具阻碍而产生变形。金属变形时，其质点的流动又会受到工件与工具接触面上摩擦力的制约，因此工件在主动力的作用下，其整体运动和质点流动受到工具的约束时就产生约束反力。这样，在工件和工具的接触表面上的约束反力就有正压力和摩擦力。

1.1.2.1 正压力

沿工具和工件接触表面法线方向阻碍工件整体移动或金属流动的力，称为正压力。它的方向和接触面垂直，并指向工件，如图 1-1 中的 N。

1.1.2.2 摩擦力

沿工具和工件接触面切线方向阻碍金属流动的力，称为摩擦力。它的方向和接触面平行，并与金属质点流动方向和流动趋势相反，如图 1-1 中的 T。

值得指出的是不能把约束反力同物理学中的反作用力的概念混淆起来，摩擦力虽然发生于工具与工件的接触面上，其影响随距离接触面间距离的增加而逐渐减弱。

轧制的情况比较特殊，轧制时金属所受外力还要更复杂一些，关于这一点将在轧制原理中进一步说明。这里仅做初步的简要说明。如图 1－1（d）所示，在轧制时通常靠两个相反方向转动的轧辊给轧件以摩擦力使其进入轧机辊缝，而摩擦力的产生又必须有正压力的存在，所以轧制时何者是主动力就不好划分，在实际计算中也没有必要划分何者是主动力。轧件充满辊缝后进行稳定轧制时，在轧件和轧辊的接触表面上只有正压力 N 和摩擦力 T。N 是沿接触面法向压缩轧件的力，T 是沿接触面切向阻碍轧件质点流动的力。轧件对轧辊总的正压力和摩擦力的合力的值等于轧辊对轧件的总压力，轧件对轧辊总压力的垂直分力一般叫轧制力，也就是轧机压下螺丝承受的力。一般用这个力来计算轧辊及轧机其他零件的强度和电机功率。

1.2 内力、应力、应力集中

1.2.1 内力

由金属学知识可知，金属或合金都是结晶体，组成晶体点阵的各原子间具有吸引力和排斥力，如果没有吸引力则晶体将被分离，如果无排斥力，则晶体点阵将会紧密得没有一点空隙，而实际上金属或合金是能够被拉伸和压缩而发生塑性变形的。如果金属不受外力的作用时，则其原子间的吸引力和排斥力应相互平衡，即各原子的位能处于最小值，此时内力为零。如果当金属或合金受外力的影响时，将会使上述的平衡状态破坏，则此时的内力将不为零，由于此时金属原子不能处于原来的平衡位置而发生了偏移，偏移的大小和方向与施加的外力大小有关。如果金属受压时，则原子间距减小，排斥力将增加来平衡外力，反之，当金属受拉伸时，原子间距增大，吸引力将增大来平衡拉力。

综上所述，只要在原子间的力系平衡关系发生破坏时，则原子的位能就要升高而产生内力，在内力产生的同时使原子间距发生了改变，即所谓变形。由此在下述两种情况下可能导致内力的产生。

（1）为了平衡外部的机械作用所产生的内力。当外力作用于金属并使金属产生塑性变形时，则在金属内一定会产生与作用力、约束反力相互平衡的内力。

（2）由于物理或物理－化学过程所产生的相互平衡的内力。在生产加工（轧制）过程中，由于不均匀变形、不均匀加热或冷却（物理过程）及金属内的相变（物理－化学过程）等，都可以促使金属内部产生内力。例如一块金属受到不均匀的加热，如图 1-2 所示，右边温度高，左边温度低。于是右边的伸长就要受到左边一定的限制，而在左边也要受到右边影响而拉长一些。这样右边即受到一压缩内力的作用，而左边受到一拉伸内力的作用，这两部分内力互相平衡存在于金属内。拉伸内力有时能达到很大的数值，以致使金属产生变形甚至破裂。又例如金属在轧制前的加热，由于炉筋管的作用，在加热时一般金属的下表面较上表面的温度低，靠近炉筋管的温度更低，根据热胀冷缩的原理，上表面在加热时较下表面和靠近炉筋管的膨胀大，但由于加热的金属为一整体，金属各部分的相对膨胀（伸长）将相等，因而在整体金属中，上表面的伸长受到限制而承受压缩的内力，下表面将被迫拉伸而承受拉伸的内力，而拉伸的内力与压缩的内力在整个金属中应相互平衡。由此对于低塑性的金属，在轧制变形完成后的冷却时，应特别注意使表面的冷却速度不能太快或强迫冷却，否则，容易在钢材的表面产生由于收缩而产生的拉应力而导致表面裂纹或发裂等。

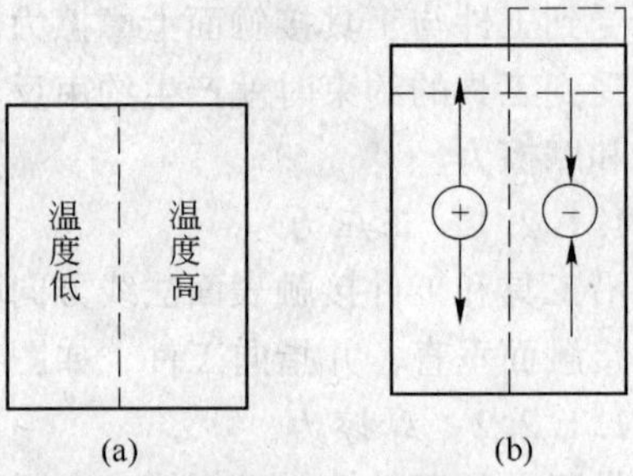

图 1-2　加热不均引起的内力
（a）加热前；（b）加热后

1.2.2　应力

内力的强度称为应力，或者说是内力的大小以应力来度量，即以单位面积上所作用的内力大小表示。为平衡外部机械力作用而产生的内力强度称为显应力，由物理或物理－化学过程而产生的内力强度称为隐应力。

当所研究的截面上其应力为不均匀分布时，内力与该截面面积的比值称为平均应力。在这种情况下，如欲表示截面上某一处 M 的实际应力，可用以下方法表示，如图 1-3 所示，ΔP 为微小面积 ΔF 上的总内力、$\Delta\tau$ 为 F 面切线方向的分内力，ΔN 为 F 面法线方向分内力。ΔP 与 ΔF 比值的极限，即为

$$\sigma = \lim_{\Delta F \to 0} \frac{\Delta P}{\Delta F} \tag{1-1}$$

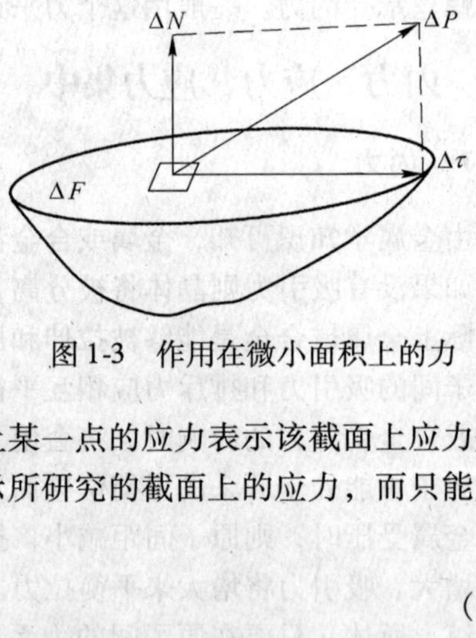

图 1-3　作用在微小面积上的力

式中　σ——M 处的总应力。

当内力均匀地分布于所研究的截面上时，则能以其上某一点的应力表示该截面上应力数值的大小。如果内力分布不均匀，则不能用某点的应力表示所研究的截面上的应力，而只能用内力与该截面的比值来表示。此值被称为平均应力，即

$$\sigma_{平均} = \frac{P}{F} \tag{1-2}$$

式中　$\sigma_{平均}$——平均应力；

P——总内力；

F——内力作用的面积。

应力的单位一般用 N/m^2（Pa）或 N/mm^2（MPa）表示。

1.2.3　应力集中

当金属内部存在应力，其表面又有尖角、缺口、结疤、折叠、划伤、裂纹等缺陷存在时，应力将在这些缺陷处集中分布，使这些缺陷部位的实际应力比正常的应力高出数倍。这种现象叫做应力集中。

金属内部的气泡、缩孔、裂纹、夹杂物等对应力的反应与物体的表面缺陷相同，在应力作用下，也会发生应力集中。

应力集中在很大程度上降低了金属的塑性，金属的破坏往往从应力集中的地方开始。

1.3 变形

金属是通过原子间的作用力把原子紧密结合在一起的。为使金属变形，所加之外力必须克服其原子间相互作用的力和能。两原子间相互作用的力和能同原子间距离的关系，如图1-4所示。可以理解，当两个原子相距无穷远时，它们相互作用的引力和斥力都为零。当把它们从无穷远处移近时，在没有达到相当于几个原子大小的距离以前，引力和斥力的变化非常小；继续移近时斥力仍然很小，但引力增加较快；再进一步靠近时斥力就迅速增加。某一原子间距 $r = r_0$ 处引力和斥力相等，即原子间相互作用的合力（P），也就是内力（引力与斥力的合力）等于零。即 $r = r_0$ 处原子间势能最低。因此，原子间距为 r_0 的位置是原子最稳定的位置，也称平衡位置。理想晶体中的原子排列及其势能曲线，如图1-5所示，AB 线上的原子处在 A_0、A_1、A_2 等位置最为稳定。如从 A_0 要跳到 A_1 位置上去，必须跃过高为 h 的势垒方可。

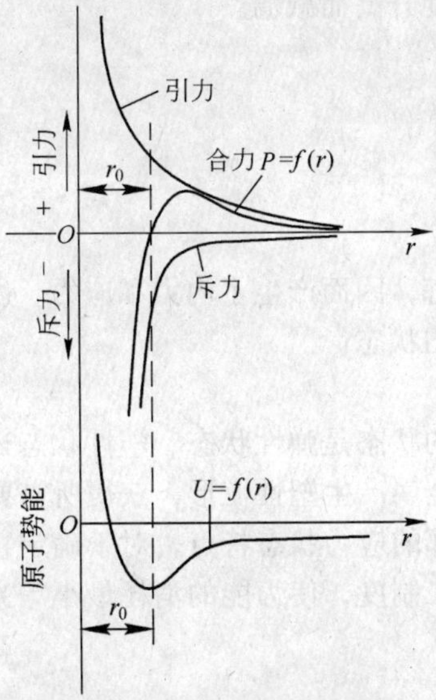

图1-4 原子间的作用力和能同原子间距（r）的关系

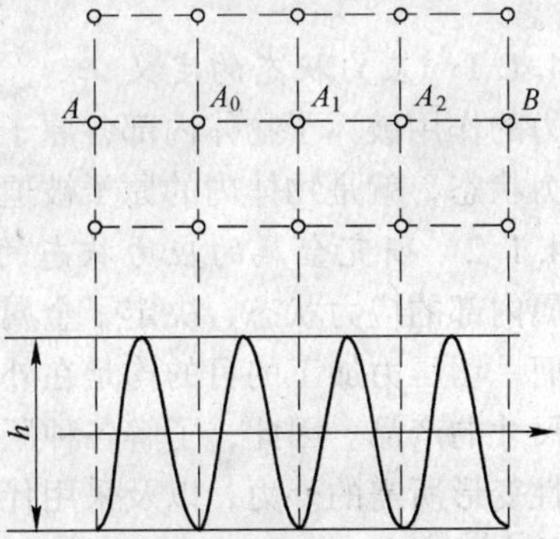

图1-5 理想晶体中的原子排列及其势能曲线

由上述可得出：

（1）$r = r_0$ 时原子的斥力和引力相等。内力为零，原子势能最低，原子处于最稳定位置。

（2）$r > r_0$ 时原子间作用的内力表现为引力。若拉开原子使 $r > r_0$，所加之力或能必须克服原子间的引力或吸引能。

（3）$r < r_0$ 时原子间作用的内力表现为斥力。若压缩原子使 $r < r_0$，所加之力或能必须克服原子间的斥力或排斥能。

（4）弹性变形。所加之力或能不足以克服势垒，仅使原子被迫离开平衡位置，而处于不稳定状态。此时原子间距改变、原子间势能升高，去掉所加的力后，原子回到原来的平衡位置，变形也就消失。与此同时，在弹性变形过程中，物体内所蓄积的势能也就释放出来。物体处于弹性状态时，由于原子间距的改变，物体的体积也会发生变化。但是在弹性变形过程中大多数金属的体积变化是不大的。例如，受各向压缩时（压力为 1000MPa），铁的体积减小 0.6%，铜的体积减小 1.3%。弹性变形时，原子间距的变化（Δr）和 r_0 相比很小，此时可认为应力（σ）和应变（ε）成正比关系，这就是大家熟知的胡克定律，即

$$\sigma = E\varepsilon \tag{1-3}$$

式中　E——弹性模量。

E 的大小主要决定于原子间作用力的性质，而同晶粒的粗与细、均匀与不均匀等结构因素关系不大。

（5）塑性变形。所加之力或能足以克服势垒，而使大量的原子多次地、定向地从一个平衡位置转移到另一个平衡位置。这样在宏观上就产生了不能复原的永久变形，也就是塑性变形。由于塑性变形后原子间距和原来一样，所以纯塑性变形时虽然物体的形状和尺寸改变了，但体积不变（金属的空隙被压实或出现微裂纹时例外）。在塑性变形过程中所加的能不断转变成热，此热量一方面向周围空间散失，另一方面可使变形物体温度升高。

实际上，原子并非在平衡位置静止不动，而是以平衡位置为中心做热振动，振动的振幅随温度的升高而加大。可见，随温度升高原子的振动动能增加，会有助于使原子越过势垒而达到新的平衡位置。仅从这一点看，也说明金属的强度随温度升高而减弱。

1.4　应力状态及应力图示、变形图示

1.4.1　应力状态

1.4.1.1　应力状态的定义

外力的作用破坏了物体内部各原子间的稳定平衡状态，因而产生了内力和应力。所谓物体处于应力状态，就是物体内的原子被迫偏离其平衡位置的状态。

1.4.1.2　研究金属的应力状态的意义

金属内部的应力状态，决定了金属内部各质点所处的状态是弹性状态、塑性状态还是断裂状态。而一切压力加工的目的均是在外力的作用下，使金属产生塑性变形，获得所需要的各种形状和尺寸的产品。因此，了解各种压力加工中金属内部的应力状态特点，对于确定物体开始产生塑性变形所需的外力，以及采用什么样的工具与加工制度，使力能的消耗最小等方面都具有重要的实际意义。

1.4.1.3　用主应力来表示应力状态

研究物体变形时的应力状态，首先就必须了解物体内任意一点的应力状态，由此推断出整个变形物体的应力状态。为此可在变形物体内某点附近取一无限小的单元六面体（可视为一点），为了确定一点的应力状态，只要在主坐标系（加工时的长、宽、高方向）的条件下，如图 1-6 所示，研究主应力的大小和方向就足够了。因为作用于一点的三个相互垂直的主应力知道后，通过该点的任何方向的应力，都可以用数学的方法计算出来（这里对计算不详加讨论）。三个主应力分别用符号 σ_1、σ_2、σ_3 表示，并规定 σ_1 是最大主应力，σ_3 是最小主应力，σ_2 是中间主应力，一般按代数值进行排列，即 $\sigma_1 > \sigma_2 > \sigma_3$。对于主应力作用的平面称为主平面，因此，沿着主应力方向产生的变形称之为主变形。

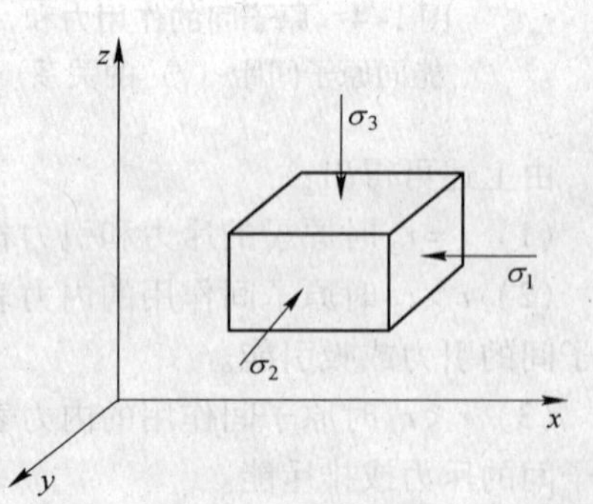

图 1-6　主应力状态

1.4.2 应力图示

应力图示就是用来表示所研究的点（或所研究物体的某部分）在各主轴方向上，有无主应力存在及其主应力方向如何的定性图。很显然，如果变形物体内各点的应力状态相同，则这时的点应力状态图就可以表示整个变形物体的应力状态。这样的应力状态图，它可简单而清晰地描述物体变形时所承受的应力状态形式。沿轴向看，所能产生的主应力，不外乎拉应力（箭头指向外）和压应力（箭头指向内）两种。

按主应力的存在情况和主应力的方向，主应力图示共有九种可能的形式。其中，线应力状态两种，平面应力状态三种，体应力状态四种，如图 1-7 所示。

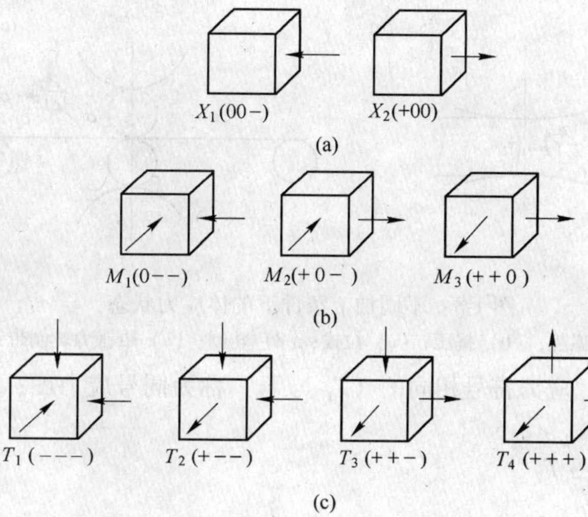

图 1-7 应力状态图示

（a）线应力状态 （b）面应力状态 （c）体应力状态

大量的实践表明，在金属塑性变形过程中，拉应力最易导致金属的破坏，压应力则有利于减小或抑制破坏的发生与发展。下面就压力加工中的九种应力状态加以分析。

1.4.2.1 线应力状态

线应力状态只有两种图形，一种为压缩（X_1），另一种为拉伸（X_2），如图 1－7（a）所示。型材、棒材、薄板等拉伸矫直时，离夹头稍远一点的部分，与拉伸试验时在试样未开始缩颈时的应力状态均为拉应力状态，即 X_2 图示。而 X_1 图示，只有在受压的表面没有摩擦，或者摩擦很小可以忽略不计时才能出现。

1.4.2.2 面应力状态

在面应力状态的三种形式中［见图 1-7（b）］：M_1 最有利于金属塑性的发挥；M_3 最不利，但能产生一些很小的塑性变形；M_2 介于二者之间。面应力状态在金属压力加工的各种方法中，只见于某些个别情况，如薄板的冲压、弯曲等。

1.4.2.3 体应力状态

在金属压力加工中，最常见的是体应力状态图形。如图 1-8 所示的平辊轧制、平锤头锻造、模孔挤压、拉拔、带张力轧制带钢等都属于体应力状态。镦粗、挤压、轧制均属三向压应力状态。镦粗时，σ_1、σ_2 主要由摩擦力的作用引起，σ_3 主要由主动力和正压力作用引起，σ_3 是绝对值最大的压应力，其代数值最小。挤压时主动力、正压力、摩擦力都会引起压应力，因此，挤压时的三个主应力都是绝对值相当大的三向压应力状态，也叫做三向压应力状态很强烈。平辊轧制时也是三向压应力状态，σ_1 主要由阻碍金属纵向流动的摩擦力引起，σ_2 主要由阻碍金属横向流动的摩擦力引起，σ_3 主要由轧辊的压力引起。张力轧制时，轧制方向（纵向）较大的张力克服了摩擦力的影响，使变形区内纵向主应力为拉应力 σ_1。

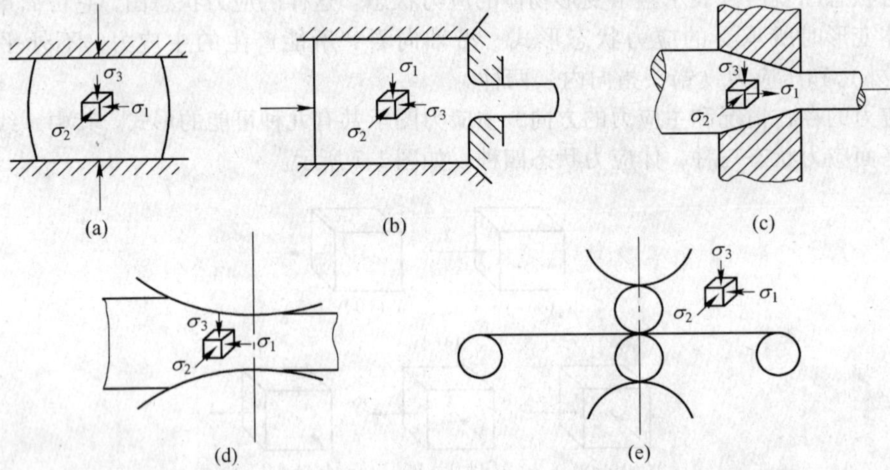

图 1-8　不同加工条件下的体应力状态

（a）镦粗；（b）挤压；（c）拉拔；（d）轧制；（e）带张力轧制带钢

在体应力状态图中，应力符号相同的（T_1 与 T_4）称为同号应力图；应力符号不同的（T_2 与 T_3）称为异号应力图。

A　同号应力状态图 T_1

a　平均应力的概念

在同号应力图 T_1 中，把三个主应力相等，即 $\sigma_1=\sigma_2=\sigma_3$（相当于三向均匀压缩）的压缩应力，称为平均应力。如果金属内部没有空隙，疏松和其他缺陷，在平均应力作用下则不会产生滑移（完全没有自由度），从理论上讲是不可能产生塑性变形的。但三向均匀压缩，可迫使金属内部的气孔、缩孔、空洞得以焊合，特别是在高温下，借助原子的扩散，消除裂缝等内部缺陷，有利于提高金属的强度和塑性性能。

b　平均应力的优点

在金属压力加工过程中，要使金属产生塑性变形，不可能采用 $\sigma_1=\sigma_2=\sigma_3$ 的 T_1 应力状态，即直接应用平均应力的应力状态；但对粉末制品的压力成形，或对提高金属的塑性变形效果，平均应力的应力状态则能显示出一定的优越性。压力加工中的挤压方法和在封闭的模型中锻造，都可近似地认为是运用了平均应力的优点进行的塑性变形过程，虽然这种变形过程具有很强的三向压应力，但它是处于三向不等的压缩应力之中，因此其平均应力用三个主应力的平均值来表示

$$\sigma_m=\frac{\sigma_1+\sigma_2+\sigma_3}{3} \tag{1-4}$$

一般平均应力的强度越大，一次加工所能获得的变形程度也越大。这一点德国科学家 T. Karman 早在 20 世纪初用脆性很高的白色大理石和红砂石做成的圆柱形试件进行的镦粗试验就给予了证明（压缩变形程度可达 10% 以上）。

B　同号应力状态 T_4

在 T_4 中，无论三个拉伸应力彼此相等或者不相等，都不能产生较大的塑性变形，因为金

属受各向拉伸应力作用时，容易在塑性变形还不大的情况下就发生断裂，或者马上形成明显的应力集中而断裂。因此，在压力加工中的塑性变形，直接采用 T_4 应力状态是有害无益的。

C 异号应力 T_2 与 T_3

在 T_2 与 T_3 中，不论三个应力数值相等或不等，均可产生塑性变形。其中 T_2 应力状态图在压力加工中应用最为普遍，例如：棒材、线材、管材及型材等通过模孔的拉拔，带张力的板带轧制，斜轧穿孔等，都是在 T_2 应力的状态下完成的。T_3 应力状态图在压力加工中比较少见，带底的冲压成形的底部应力状态为 T_3，锻造中的开口冲孔也属这种应力状态的例子。

1.4.2.4 影响主应力状态、应力图示的因素

A 外摩擦的影响

众所周知，理想的光滑无摩擦的情况是不存在的。特别是压力加工过程中，工件在外力作用下，工件和工具接触表面间产生摩擦力更是不可忽略的。由于该摩擦力的作用往往会改变金属内部的应力状态，例如镦粗时，工件与工具接触表面在光滑无摩擦的条件下，其应力为单向压应力状态，如图 1-9（a）所示，金属将均匀变形（实际上这种情况是不存在的）。事实上因摩擦力的存在，金属内部应力状态为三向压应力状态。摩擦力的作用可由圆柱体镦粗后变为“单鼓形”而得到证明，如图 1-9（b）所示。

B 变形物体形状的影响

做拉伸试验时，开始阶段是单向拉伸主应力图示，如图 1-10（a）所示，当出现细颈以后在细颈部分变成三向拉应力主应力图示，如图 1-10（b）所示。

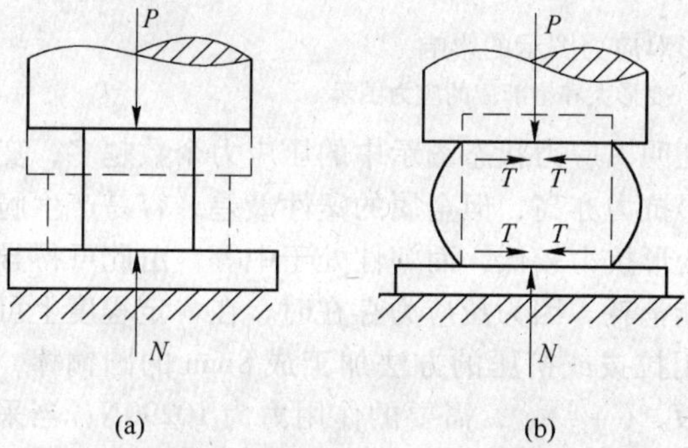

图 1-9 摩擦力对应力图示的影响，
（a）无摩擦时；（b）有摩擦时

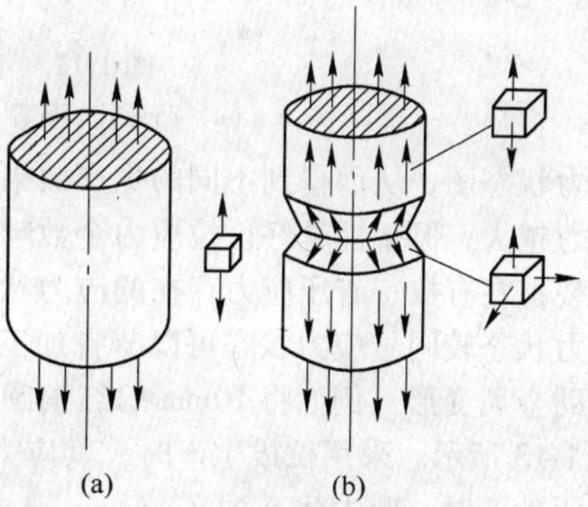

图 1-10 拉伸实验时出细颈前后的应力图示
（a）出细颈前；（b）出细颈后

C 工具形状的影响

当用凸形工具压缩金属时［见图 1-11（b）］，由于作用力方向改变，所以主应力状态图示相应地也随之改变。由图 1-11 可知，当摩擦力的水平分力 T_x > 作用力的水平分力 P_x 时，则为三向压应力状态，当 $T_x < P_x$ 时为二向压一向拉应力状态；当 $T_x = P_x$ 时为二向压应力状态。

D 不均匀变形的影响

由于某种原因产生了不均匀变形的，也能引起主应力状态图示的变化，如图 1-12（a）所示，用凸形轧辊轧制板材时，由于中部变形大，两边缘变形小，金属为保证其完整性，金属内部产生了相互平衡的内力，此时中部为三向压应力状态，而边部可能为二向压应力一向拉应力状态，如图 1-12（b）所示。

1.4.2.5 研究应力状态图的意义

研究应力状态图，在生产实践中有很大的指导意义，改变外部加工条件，可以得到不同的

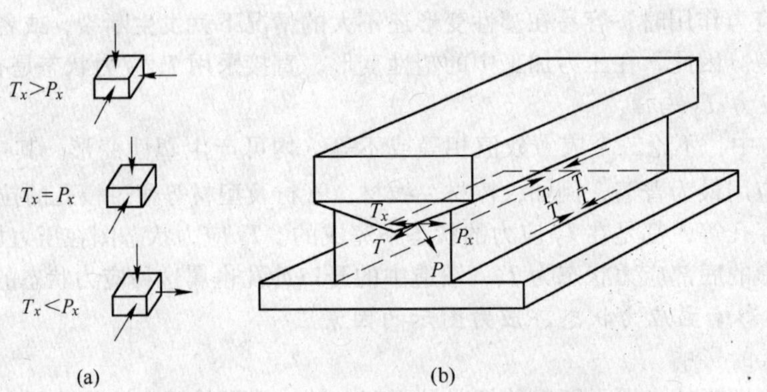

图 1-11　凸形工具对应力图示的影响

（a）作用力的大小和对应的应力图示；（b）凸形工具压缩金属

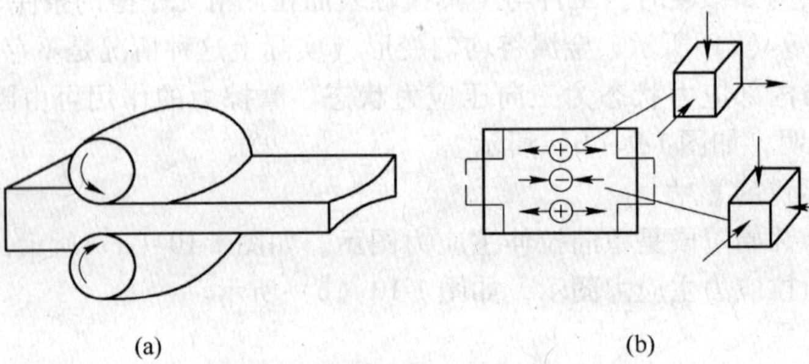

图 1-12　不均匀变形对应力图示的影响

（a）凸形轧辊轧制板材；（b）变形大和小部位的应力图示

应力状态图，从而得到不同的生产效果。实践证明，应力状态图示中的压应力个数越多，变形抗力越大，但塑性越好；拉应力个数越多，变形抗力亦高，但金属的塑性最差，容易产生脆性断裂；在有拉、有压应力存在的应力状态时，变形抗力较低，而塑性处于中等。由此可得异号应力状态较同号应力状态可以节省加工时的力能消耗，因为拉应力存在时，在一定程度上可以帮助金属变形。例如将 10mm 的红铜圆棒坯采用拉拔或挤压的方法加工成 8mm 的圆铜棒，如图 1-13 所示。采用拉拔生产时，其应力状态为 T_2（+--），需要的作用力为 10290N；当采用挤压生产时，应力状态为 T_1（---），需要的作用力为 34594N。不过，在选择加工条件时，还要看金属的本身性质。一般来说，塑性小（差）的金属，应尽可能选用三向压应力状态的加工条件。

1.4.3　变形图示

1.4.3.1　变形图示的概念

为了定性地说明变形区某一小部分或整个变形区的变形情况，常采用主变形状态图示（简称变形图示）。所谓变形图示就是在小立方体面上用箭头表示三个主变形是否存在（如拉伸时箭头向外指；压缩时箭头向里指），但不表示变形大小的图示。如变形区大部分都是某种变形图示，则此种变形图示就能代表工件整个加工变形过程的变形图示。

1.4.3.2　可能的变形图示

在金属塑性变形的过程中，尽管加工方式各有不同，但就金属的变形方式而言，由于受塑性变形时工件体积不变条件的限制，归纳起来只有三种可能的变形方式，如图 1-14 所示。可分别用符号 D_1、D_2、D_3 表示。

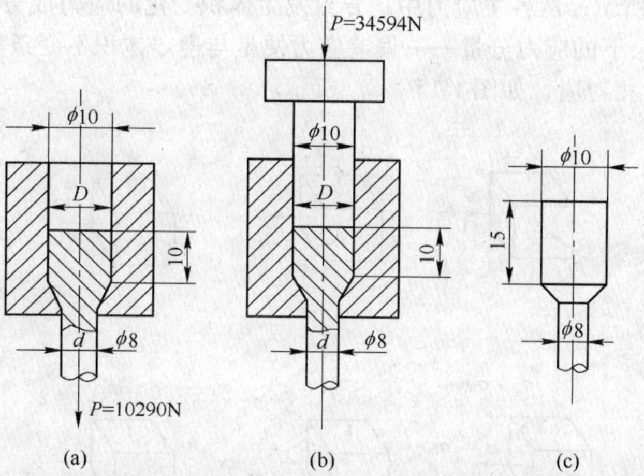

图 1-13　应力图示对单位变形力的影响

（a）拉拔；（b）挤压；（c）加工出的产品

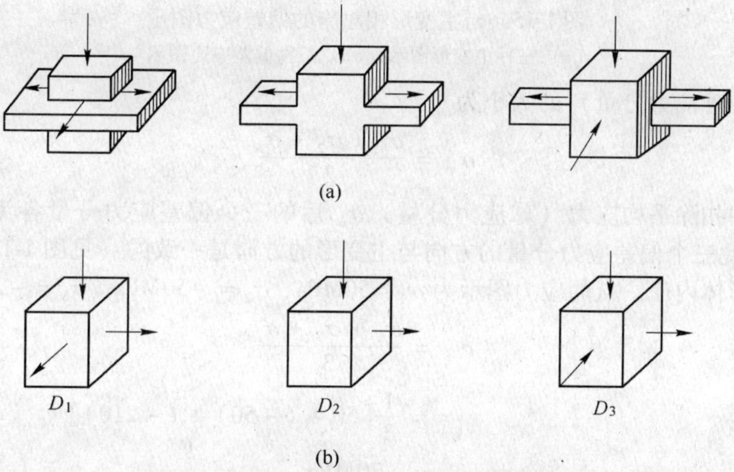

图 1-14　三种可能的变形图示

（a）变形方式；（b）变形图示

D_1——物体尺寸沿一个轴向被压缩，其余两个轴向伸长。例如有宽展情况的轧制和自由锻压。

D_2——物体尺寸沿一个轴向缩短，另一个轴向伸长，而第三个方向保持不变。它又称平面变形图示。如宽度较大的板带轧制或轧件宽度与孔型宽度相等时的轧制等。

D_3——物体尺寸沿两个轴向缩短，沿第三个轴向伸长，如挤压和拉拔等。

1.4.3.3　应力图示与变形图示的符号（箭头指向）往往不一致

应该注意，应力图示与变形图示的符号（箭头指向）往往不一致，这种不一致是由于在应力图示中各主应力包含了引起弹性体积变化的主应力成分；而变形图示中的主变形是指塑性变形而不包括弹性变形。对主应力引起的体积变化（弹性变形）的应力成分，称为平均应力（球应力），而使几何形状发生变化（塑性变形）的成分，称为偏差应力，它是主应力与平均应力的差值（见图 1-15）。这个差值能反映在主应力的方向上所发生塑性变形的方向和大小上。

如图 1-15（b）所示，从各主应力中把导致发生体积变化的应力成分——平均应力（球应力分量）σ_m 扣除，余下的应力分量——偏差应力便是与遵守体积不变条件的塑性变形相对应，即与三种主变形图示相对应，如图 1-15（a）所示。

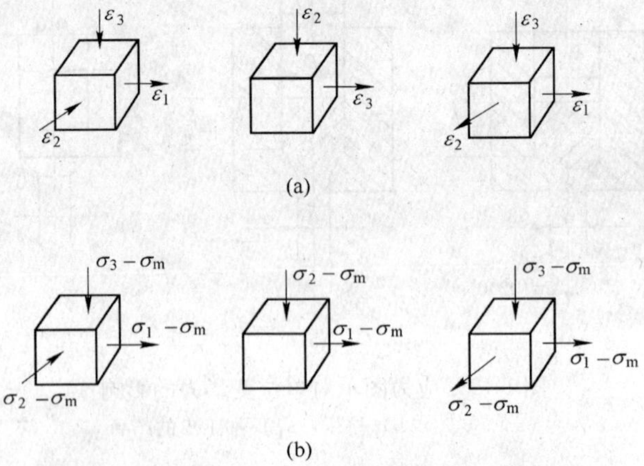

图 1-15　与主变形相对应的偏差应力图示

（a）三种主变形图示；（b）三种偏差应力图示

平均应力（球应力分量）的大小为

$$\sigma_m = \frac{\sigma_1 + \sigma_2 + \sigma_3}{3}$$

从主应力中扣除平均应力（球应力分量）σ_m 后的三个偏差应力分量各为 $\sigma_1-\sigma_m$、$\sigma_2-\sigma_m$、$\sigma_3-\sigma_m$。此三个偏差应力分量的方向与主变形的方向是一致的（见图 1-15）。

例如，变形体内任一点的应力图示为 $\sigma_1=50\text{MPa}$、$\sigma_2=-50\text{MPa}$、$\sigma_3=-210\text{MPa}$。此时

$$\begin{aligned}\sigma_m &= \frac{\sigma_1 + \sigma_2 + \sigma_3}{3}\\ &= \frac{1}{3}[50+(-50)+(-210)]\\ &= -70\text{MPa}\end{aligned}$$

$$\sigma_1-\sigma_m = 50-(-70) = 120\text{MPa}$$

$$\sigma_2-\sigma_m = -50-(-70) = 20\text{MPa}$$

$$\sigma_3-\sigma_m = -210-(-70) = -140\text{MPa}$$

可见，与这三个偏差应力相对应的变形图示：ε_1 和 ε_2 是伸长，而 ε_3 是缩短，为 D_1 图示。

又如轧制板带时 $\varepsilon_2=0$，与此对应的 $\sigma_2-\sigma_m=0$，即

$$\sigma_2 - \frac{\sigma_1 + \sigma_2 + \sigma_3}{3} = 0$$

或

$$\sigma_2 = \frac{1}{2}(\sigma_1 + \sigma_3)$$

因此，在平面变形情况下，并不是在没有主变形方向上没有主应力，而在此方向上的应力为

$$\sigma_2 = \frac{1}{2}(\sigma_1 + \sigma_3)$$

这是平面变形条件下的应力特点之一。从容易直观了解的变形特点来判断应力特点是方便的。

1.4.3.4　主变形图对金属塑性的影响

主变形图可以影响到金属的塑性。从保证发展金属最大变形角度来看，最容易发挥金属塑

性的是具有两个压缩变形的 D_3，而最不利于发挥金属塑性的则是 D_1 变形图示。主变形图示不同，则加工后金属内部的组织结构亦是不同的，由于组织结构的不同，金属的各种性能也将有很大的差异。如果在有两个主轴方向的压缩变形情况下，金属内所存在的各种弱点（易熔或脆性杂质等）只有在一个延伸方向才能暴露，因而降低了弱点对塑性的危害程度，而对于有两个主轴方向的延伸变形来说，就有两个方向暴露了其弱点，因而就增加了对塑性变形的危害程度。由此可知，主变形图对于金属内部的各种缺陷有直接的影响，并且这种影响直接关系着加工后金属的组织和性能。因此，在生产实践中，往往借助于主变形图来判断金属的组织和性能的变化情况。如图 1-16 所示，为一金属在加工前内部含有夹杂缺陷等，如果采用轧制或镦粗压缩变形，由于这两种加工方法，均存在两个方向延伸变形，因而杂质在加工后之变形如图 1-16（c）所示状态，如果采用挤压加工方法，则主变形有两个方向的压缩变形 D_3，因而加工后的杂质变形如图 1-16（b）所示的状态。由此可见，前两种加工方法的变形图 D_1，对降低金属材料的强度和塑性较 D_3 变形图示要大些。因此，当金属含有低强度的夹杂物时，采用挤压加工，不仅能发挥金属的塑性，而且也能提高产品的强度。但应该指出，金属在塑性加工时所发生的变形图示，将取决于加工工具的形状，而与应力状态的类型无关。例如，通过模孔的挤压或拉伸圆料的过程，其主应力图示分别为 T_1 和 T_2，而两者的主变形图示，则均为 D_3。

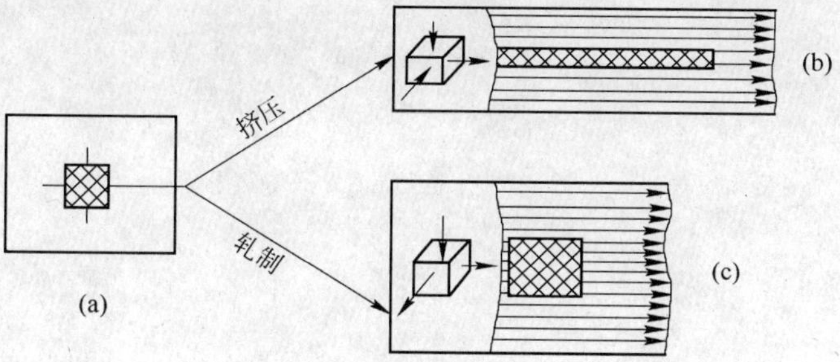

图 1-16　主变形图对夹杂物状态的影响

（a）未变形的情况；（b）经两向压缩一向延伸变形后的情况；

（c）经一向压缩两向延伸变形后的情况

▨夹杂物→纤维方向

习　题

1-1　解释弹性变形、塑性变形的概念。

1-2　对圆柱体进行镦粗、拉拔，矩形轧件轧制和带张力轧制板带进行受力分析。

1-3　什么叫应力图示，可能的主应力状态图示有哪几种？

1-4　分析轧制时轧件的应力图示。

1-5　变形图示的主变形方向与应力图示的主应力作用方向是完全一致的吗？分析原因。

1-6　不同的应力图示对金属的塑性和变形抗力有什么影响？

1-7　已知一点处的主应力状态为 $\sigma_1 = 60\text{MPa}$，$\sigma_2 = 50\text{MPa}$，$\sigma_3 = 40\text{MPa}$，试判断该点处能产生何种变形图示？

1-8　试分析某金属经过模孔拉拔后，能否不用力再顺利穿过该模孔，为什么？

1-9　定性分析单向拉伸（X_2）与拉拔（T_2）两种变形时，哪种情况需要的拉力大，为什么？

1-10　用应力图示对金属变形抗力的影响解释在其他条件相同时，为什么拉丝模的润滑质量越好，所需要的拉拔力越小？

1-11　内力产生的原因是什么？

1-12　应力集中的概念和危害是什么？

1-13　研究金属的应力状态的意义是什么？

1-14　以镦粗圆柱体为例说明外摩擦对金属内部应力状态和变形有什么影响？

1-15　将 10mm 的红铜圆棒坯采用拉拔或挤压的方法加工成 8mm 的圆铜棒，所需外力值相同吗，为什么？

2 金属在塑性加工变形中组织性能的变化

2.1 在冷加工变形中组织性能的变化

当金属与合金在低于回复的温度进行压力加工时，将完全发生加工硬化现象。此时，金属与合金的变形称为冷变形。钢在常温下进行的冷轧、拉拔和冷冲等压力加工过程皆为钢的冷变形过程。在冷加工变形过程中组织与性能将发生如下变化。

2.1.1 金属组织的变化

2.1.1.1 晶粒被拉长

在冷加工中，随着金属外形的改变，其内部晶粒的形状也大体上发生相应的变化，即均沿最大主变形方向被拉长、拉细或压扁，如图 2-1 所示。

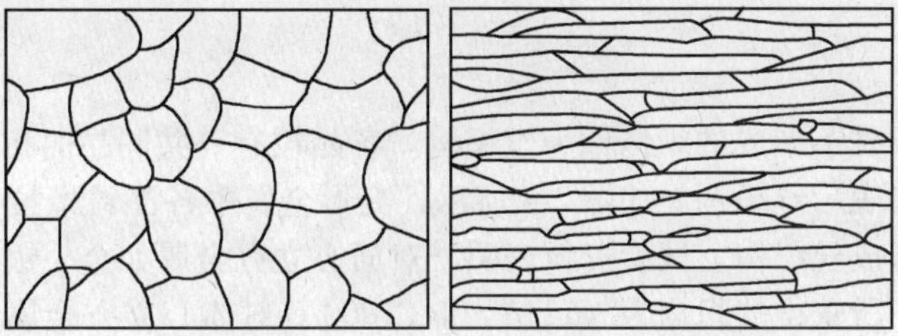

(a)　　(b)

图 2-1　冷轧前后晶粒形状变化

（a）冷轧前的等轴晶粒；（b）冷轧后的拉长、拉细或压扁的晶粒

晶粒被拉长的程度（变化程度），取决于主变形图和变形程度。对于两向压缩和一向拉伸的 D_3 主变形图示，最有利于晶粒的被拉长，其次是一向压缩和一向拉伸的 D_2 主变形图示。变形程度越大，晶粒形状的变化也越大。

在晶粒被拉长的同时，晶间夹杂物和第二相也跟着被拉长或拉碎呈点链状排列，这种组织称为纤维组织。变形程度越大，纤维组织越明显。由于纤维组织的存在，变形金属的横向（垂直于延伸方向）力学性能降低，而呈现各向异性。

2.1.1.2 亚结构

亚结构是指金属经过冷加工后，其各个晶粒被分割成许多单个的小区域，如图 2-2 所示。在这些小区域的边界上存在有大量位错组成的位错缠结，而这些区域的内部位错密度很低，故晶格的畸变很小。把每个小的区域称为亚晶，这种组织称为亚结构。例如，α－Fe，当变形量达到 20% 以后，亚结构就十分明显，大小约为 1～2μm。

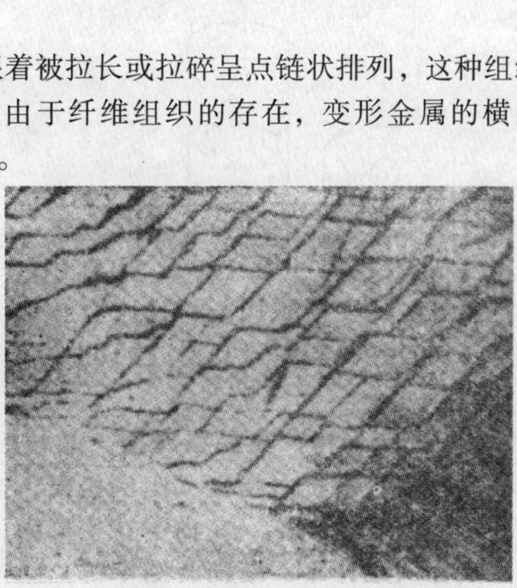

图 2-2　冷变形后的亚结构

2.1.1.3 变形织构

金属是由许多杂乱分布的晶粒相互不规则的嵌

合所组成的，如图2-3（a）所示。平均起来在不同的方向上，具有相同的性质，即所谓各向同性。在塑性变形过程中，当达到一定的变形程度以后，晶粒的形状和取向将发生改变，使原来的各向同性消失，而在一定方向上出现择优取向，使晶粒间的晶面和晶向趋于排成一定方向，如图2-3（b）所示，导致各向异性的产生。这种由原来位向紊乱的晶粒到出现有序化，并有严格位向关系的组织结构，称为变形织构。

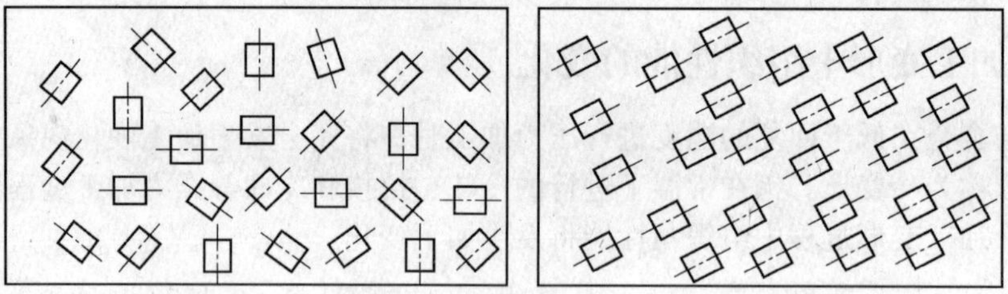

(a)　　(b)

图2-3　多晶体晶粒的排列情况

（a）晶粒的紊乱排列；（b）晶粒的整齐有序的排列

随着加工方式的不同，可以出现不同的变形织构。按照坯料或产品的外形可分为丝织构和板织构。

A　丝织构

在拉拔和挤压条件下形成的织构称为丝织构。各晶粒有一共同晶向相互平行，并与拉伸轴线一致，以此晶向来表示丝织构。如图2-4所示，变形金属中各晶粒经拉拔后，某一特定晶向平行于拉拔方向，形成丝织构。试验资料表明，对面心立方金属如金、银、铜、镍等，经较大变形程度的拉拔后，所获得的织构为（111）和（100）。对体心立方金属如铁、钼、钨等，经过拉丝后，所获得的织构为（110）。

B　板织构

对于在轧制过程中形成的织构称为板织构。由于晶面与轧制面平行，晶向又与轧制方向一致（见图2-5）。因此，板织构用其晶面和晶向来共同表示。例如，体心立方金属，当其〈100〉晶面∥轧制面，〈011〉晶向∥轧制方向，可简单用〈100〉〈011〉来表示板织构。

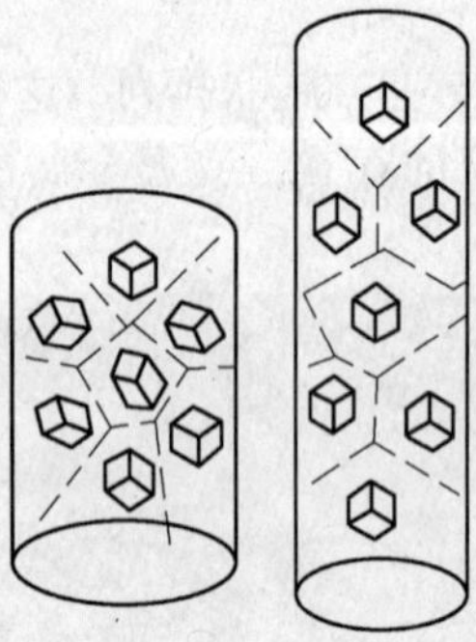

(a)　　(b)

图2-4　丝织构

（a）拉拔前；（b）拉拔后

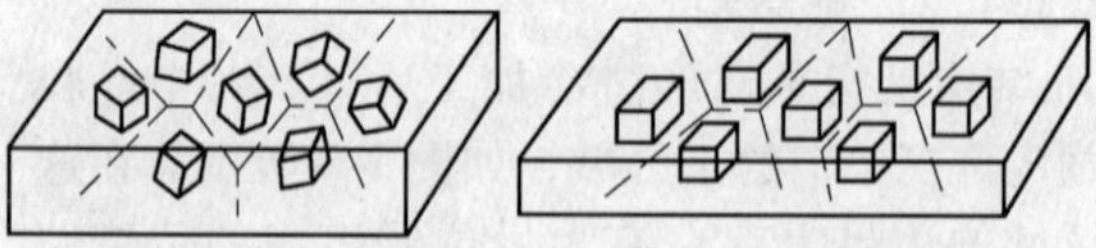

(a)　　(b)

图2-5　板织构示意图

（a）轧制前；（b）轧制后

金属在冷加工过程中所形成的变形织构特性，取决于主变形程度和变形图示的特性及合金的成分。变形程度越大，变形状态越均匀，则变形织构将越明显。主变形图对产生变形织构往往有决定性的作用。例如，D_3 图示，无论采用何种加工形式（拉拔、挤压和拉伸），均产生丝织构。同样在 D_2 图示下的轧制板带，就会产生板织构。金属或合金的成分对织构的影响较小。一般形成固溶体的合金和纯金属的变形织构较两相合金更容易形成。这是因为两相的塑性不同，在变形时产生相互牵制和影响，使规律性的变形不容易形成。

2.1.2　金属性能的变化

2.1.2.1　物理及物理－化学性质的变化

A　金属的密度降低

在冷加工过程中，由于晶内及晶间物质的破碎，使变形金属内产生大量的微小裂纹和空隙，因而导致金属的密度降低。例如，退火状态钢的密度为 7865kg/m^3，而经冷加工后，则降低为 7780kg/m^3。

B　金属的导电性降低（或电阻增大）

导电性一般随冷加工程度的增加而降低，这种降低在变形程度不大时尤为显著。例如，紫铜拉伸 4% 的变形时，其单位电阻增大 1.5%；当变形程度达 40% 时，其单位电阻增加为 2%，继续增加变形程度达 85% 时，此数值变化甚小。

C　导热性降低

如果随冷变形程度的增加，使晶间物质破坏，导致晶粒之间彼此直接接触，并且能使晶粒位向有序化，则这种变形的结果可能会使金属的导电性增加，即电阻减小。但由于晶间与晶内的破坏引起电阻增加的作用较大，因此对冷加工后的金属所反映出的导电性能是降低的。冷加工可使导热性降低，例如铜的晶体在冷加工后，其导热性降低可达 78% 之多。

D　化学稳定性降低

金属经冷加工后，使其内部的能量增高，导致其化学性能不稳定而容易被腐蚀。例如，经冷加工后的黄铜，可加速其晶间腐蚀，使黄铜在潮湿，特别是在有氨气的气氛中产生破裂。

2.1.2.2　产生加工硬化

由于在变形中产生晶格畸变，晶粒的拉长和细化，出现亚结构以及产生不均匀变形等，使金属的变形抗力指标（强度、硬度），随变形程度的增加而升高。又由于在变形中产生晶内和晶间的破坏、不均匀变形等，使金属的塑性指标（伸长率、断面收缩率等）随变形程度的增加而降低，这种现象称为加工硬化。图 2-6 所示 w(C) =0.27% 的碳钢，在冷拔时力学性能的变化曲线。

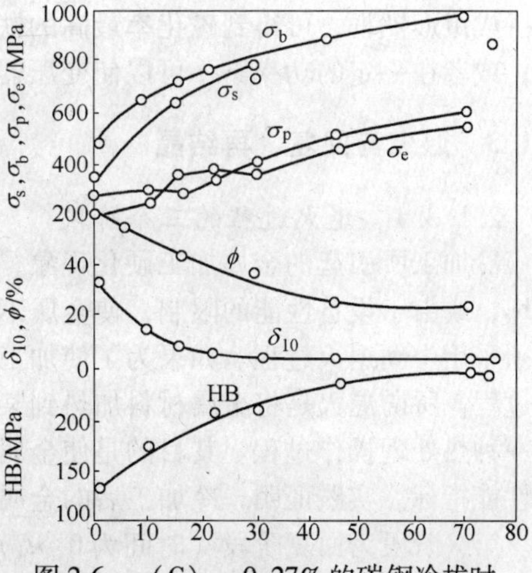

图 2-6　w(C) =0.27% 的碳钢冷拔时力学性能的变化

σ_b—强度极限；σ_s—屈服极限；
σ_p—比例极限；σ_e—弹性极限；
ϕ—断面收缩率；δ_{10}—伸长率；
HB—布氏硬度

加工硬化现象具有很重要的现实意义。首先，在生产中把它当做强化金属的一种方法，对于一些不能通过热处理来提高强度的金属或合金，可以采用加工硬化方法达到强化的目的，例如坦克履带、矿石破碎机衬板之所以具有高耐磨性，冷弹簧在卷制后之所以能具有高弹性，冷拔钢材之所以具有高强度等，都是加工硬化的结果。即使某些经过热处理的钢丝，也可以通过加工硬化进一步提高强度，以充分发挥材料的潜力。其次，加工硬化能保证金属某些工艺性能，并使之得以加工成型。例如冷拉金属线材时，由于通过模具的断面收缩部位引起加工硬化，所以这些部位的拉伸应力虽然增加，但不至于断裂，使冷拉工艺可持续进行。

加工硬化虽然能使金属的强度提高，但它同时也降低金属的塑性和韧性。此外，在冷加工工艺过程中，加工硬化需要不断增加机械功率，对设备、工具的强度提出了更高的要求。

2.1.2.3　产生织构与各向异性

金属与合金经冷加工后，由于出现织构而使金属呈现各向异性，表 2-1 为硅钢在不同晶向上的力学性能。

表 2-1　在不同方向上 3%硅钢的力学性能数据

晶　向	弹性模量/MPa	弹性极限/MPa	屈服极限/MPa	强度极限/MPa
〈100〉	117.6～131.3	282.4	365.6	406.7
〈110〉	197～205.8	290.1	372.4	441
〈111〉	254.8～282.4	372.4	426.3	468.5

在实际工作中，各向异性会引起严重的后果。因为各向异性使金属在不同的方向显示着不同的力学性能，因而导致加工的困难，例如在深冲的压延中，由于板料塑性有各向异性，使其在某一方向容易拉伸，而另一方向不容易拉伸，因而在边缘产生凸凹不平的形状，如图 2-7 所示，这种凸凹不平的波形称为“制耳”。很显然，这种“制耳”不仅增加了加工时的困难，而且使废品率提高而增加成本，导致产品收得率降低。

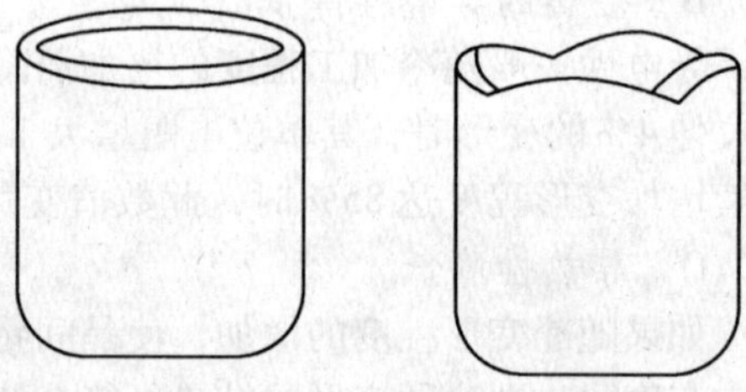

(a)　　　　(b)

图 2-7　冲压杯出现制耳情况

（a）无各向异性；（b）有各向异性

在某些情况下，由于织构而形成的各向异性也有一定的好处。例如变压器用硅钢片（硅的质量分数为 3%），是具有体心立方结构的铁素体组织，如果采用合适的加工过程，可以获得所希望的〈100〉〈110〉织构板材。这是因为沿着〈100〉方向最易磁化，若将这种板材沿轧制方向切成长条，使轧向与磁场平行而堆垛成芯棒或拼成矩形铁框，可得到磁化率最高的铁芯。显然，由于铁损的大大减少而提高了变压器的功率；或者在一定的功率下，可以使变压器的体积大为减小。

2.1.3　退火与回复、再结晶

2.1.3.1　退火过程的三个阶段

冷加工所引起的金属加工硬化现象，随变形程度的增加与积累，最终会导致金属完整性的破坏，或由于设备性能的限制，使金属不能继续进行加工。为了使该金属能继续进行冷加工，必须采用中间退火过程。如果为了使加工硬化的金属获得所需要的组织与性能，也需一定的退火过程。所谓退火是将金属材料加热到某一规定温度，并保温一定时间，而后缓慢冷却至室温的一种热处理操作过程。其目的是使金属材料内部的热力学稳定性提高，从而保证所要求的各种性能指标。实践证明，冷加工后的金属在加热过程中，一般依次经历三个阶段，如图 2-8 所示。第一阶段为回复阶段（时间为 $0 \to t_1$），晶粒组织基本不发生变化；第二阶段为 $t_1 \to t_2$ 的再结晶阶段，在此段时间内，晶粒发生了生核和成长现象，直到为新的等轴晶粒为止；第三阶段为晶粒长大阶段，在此段时间内（$t_2 \to t_3$），新晶粒逐步相互吞食而长大，直到一个较为稳定的晶粒尺寸。若将该图中的时间换算成相应的温度坐标 T，仍然可以成立。

2.1.3.2　退火过程中性能的变化

退火过程中性能的变化可用图 2-9 来描述。具体讲述如下。

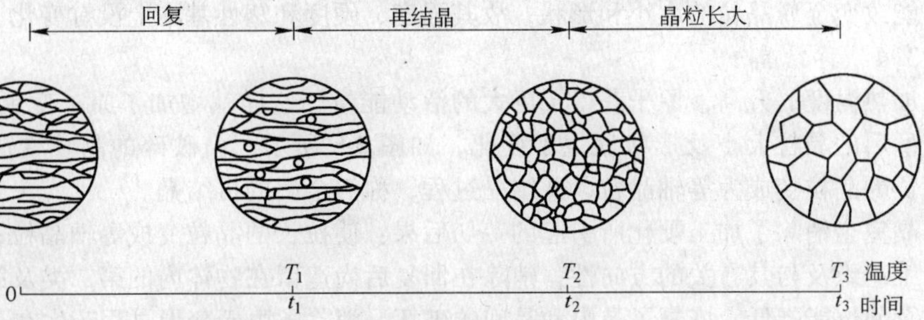

图 2-8　回复、再结晶及晶粒长大过程示意图

A　硬度及强度的变化

由硬度变化的曲线可以看出，在回复阶段硬度的变化很小，约占总变化的$\frac{1}{5}$；在再结晶阶段变化很大，占$\frac{4}{5}$。硬度一般是和强度成正比的一个性能指标，所以由此可以推知，回复过程中的强度变化也应和硬度的变化相似。

B　电阻的变化

与硬度变化不同，电阻在回复阶段已经有了较显著的变化，这种变化和再结晶过程中电阻的变化相差不大。在回复阶段曲线明显变化（电阻减小）表明，由于回复过程金属内的点缺陷密度显著下降的缘故所致。

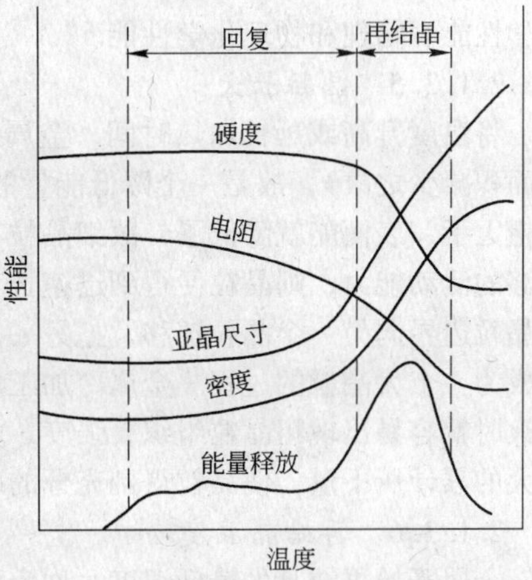

图 2-9　加工硬化金属在加热时性能的变化

C　密度的变化

由图中曲线的变化可以看出，密度的变化与电阻的变化相似，但变化的方向刚好相反。回复过程中密度的增加，说明金属内的空位及位错密度在减小。

D　亚晶尺寸的变化

在回复的前一阶段，亚晶尺寸变化很小；但到后一阶段，尤其在接近再结晶时，亚晶尺寸的变化显著增大。这是因为随回复温度的升高和时间的增加，将使位错逐渐变直和相互抵消的原因。

E　能量的释放

金属在塑性变形过程中所吸收的外部能量，大部分用来改变金属的形状和产生变形热而散失；大约有1%～10%的能量以各种应变能的方式储存在金属中（如晶格畸变、点缺陷、位错等），使金属的内能升高而处于热力学上的不稳定状态，有自发向稳定状态转变的趋势。因此，在加热退火过程中，由于原子动能的增加，将产生回复过程，降低储存能量，即能量的释放。

2.1.3.3　回复

回复的温度一般达$0.3T_M$（T_M为金属熔点的绝对温度）时，便产生回复现象。回复现象是依靠变形金属的加热，而使其原子的运动增加，借以增加其热振动，通过金属中的一些点缺陷和位错的迁移，使晶格畸变逐渐降低，内应力逐渐减小的过程。如图2-9所示，由于原子扩散能力低，不能产生较大位移，只是使晶格的弹性畸变大为减小，内应力和电阻都明显下降，但回复不能改变金属晶粒的大小和形状，故其强度、硬度和塑性基本上没有变化。

2.1.3.4　再结晶

由于加热温度的升高，原子获得了巨大的活动能量，这样就增加了原子变更位置的程度，因而使变形后的晶粒大小及形状发生了变化，如图 2-8 所示，由破碎的晶粒变成为整齐的晶粒，由拉长的晶粒变成为等轴晶粒，此结晶过程，称为金属的再结晶。

再结晶完全消除了加工硬化所引起的一切后果：使拉长的晶粒变成等轴晶粒；消除了晶粒变形的纤维组织及与其有关的方向性；消除在回复后尚遗留在物体内的第二类及第三类残余应力，并继续使位能降低，恢复了晶内和晶间的破坏，消除了由于变形过程产生在金属内的某些裂纹和空洞；加强了变形的扩散进行，使金属化学成分的不均匀性得到了改善；恢复了金属的力学性能、物理和物理化学性能。

2.1.3.5　晶粒长大

将温度升高或延长加热时间，金属的晶粒就会继续长大。晶粒长大可以降低表面能（晶界面积减少之故），故是一个降低能量的自发过程。因为粗晶粒的能量较细晶粒的能量低，晶粒粗大了，表面能就降低了，故细晶粒有变成粗晶粒的自发趋势。只要温度足够高，原子具有足够的活动能力，则晶粒便得到迅速长大。晶粒长大实际上是一个晶界迁移的过程，即通过一个晶粒边界向另一个晶粒迁移，把另一晶粒中的晶格位向逐渐改变为与长大晶粒相同位向，即合成为一个大晶粒的过程。金属冷加工后，晶粒大小越不均匀，则晶粒将长大得越快，再结晶退火时就容易出现粗晶粒组织，强度、塑性及韧性都将发生变化。所以在冷加工时，要给予足够大的累计压下量，使晶粒得到充分的破碎。

2.1.3.6　再结晶温度

金属开始再结晶的最低温度，称为再结晶温度（T_z）。就一定成分的金属或合金而言，再结晶温度 T_z，并不是一个固定不变的常数，而受许多因素的影响，其中主要的有下述几方面。

A　变形程度的影响

对于各种金属来说，再结晶需要一个最小的变形量，低于这一变形量，就不会产生再结晶。对同一种金属而言，其最小的变形量与杂质的含量、变形时的温度、原始晶粒尺寸等因素有关。图 2-10 是电解纯铁和 99% 的纯铝在各种变形程度时的再结晶温度。由图中曲线可以看出，随变形程度的增加，再结晶温度就越低，这是因为变形程度增加，储存在变形金属中的畸变能就越多，原子处于不稳定的状态就越严重，向稳定的平衡状态过渡所需的能量就会越少。因此，所需的再结晶温度就会越低。随着变形程度的增加，金属开始再结晶的温度将趋于某一恒定值，即所谓金属的最低再结晶温度。

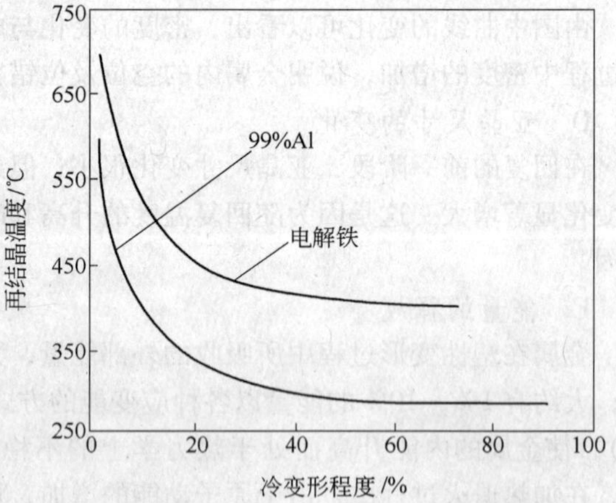

图 2-10　变形程度对再结晶温度的影响

B　保温时间的影响

在一定的变形程度条件下，保温的时间越长，或加热的时间越长，再结晶温度就越低。这是因为保温时间越长，原子的扩散移动也就越能充分地进行，所以再结晶温度就越低。图 2-11 表示小变形程度Ⅰ与大变形程度Ⅱ时的退火时间与再结晶温度的关系。

C 金属中杂质的影响

金属的化学成分对再结晶温度的影响比较复杂。金属的纯度越高，则其再结晶温度就越低。例如99.0%的纯铝再结晶温度为290℃，当纯度提高到99.999%时，则其再结晶温度仅为80℃。一般来说，金属中的合金元素成分越复杂，再结晶温度就越高。这是由于异类原子与变形中产生的结构缺陷（空位、位错等）的交互作用，阻碍了这些缺陷的运动，从而降低了再结晶速度，于是需要较高的再结晶温度来克服障碍，从而实现再结晶。

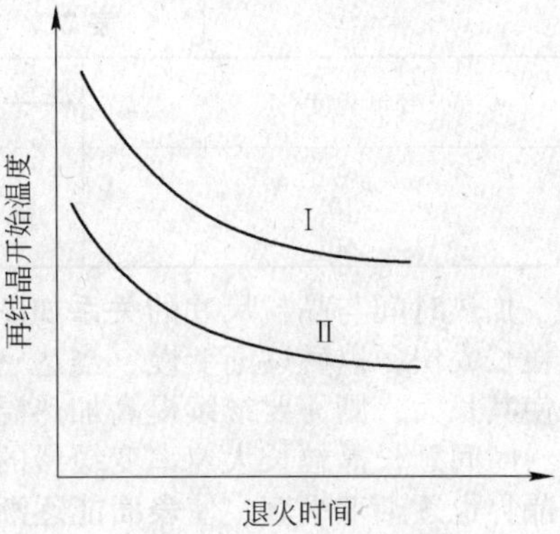

图2-11 再结晶温度与退火时间的关系
I—小变形程度；
II—大变形程度

D 原始晶粒大小的影响

原始晶粒越粗大，其变形抗力就越小，变形后的畸变能亦越小，因此，所需的再结晶温度就越高。

2.1.3.7 再结晶晶粒的大小

再结晶晶粒大小是金属在加工生产中的重要问题之一，它将直接影响金属的使用性能和工艺性能以及表面质量等。影响其大小的因素通常有几个主要方面。

A 合金成分的影响

一般来说，随合金元素及杂质含量的增加，晶粒尺寸将减小。图2-12中各曲线表明，就减小铝再结晶后的晶粒尺寸来说，能够大量溶入铝中的锌，其作用不如锰和铁。因为锰和铁两元素能分别形成难溶化合物 $MnAl_6$ 和不溶化合物 $FeAl_3$，这些化合物在退火过程中能最有效地阻碍晶粒长大，使之得到细小的晶粒组织。由此可以推知，合金的纯度愈高，晶粒愈易粗大；单相合金的晶粒较多相合金的晶粒易于粗大。

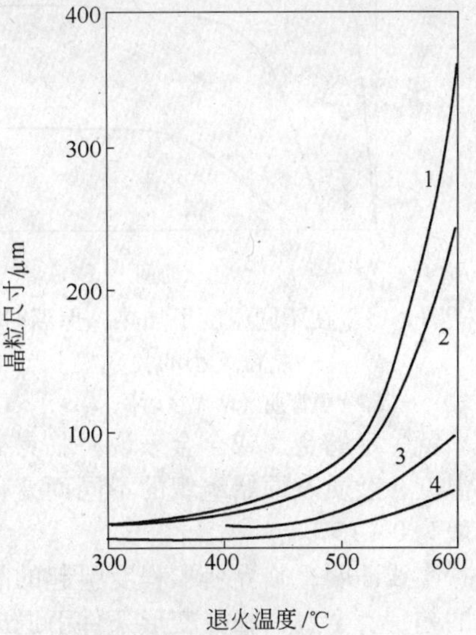

图2-12 铝及铝合金退火后晶粒大小与退火温度的关系（保温1h）
1—w（Al）=99.7%；
2—Al+［w（Zn）=1.2%］；
3—Al+［w（Mn）=0.6%］；
4—Al+［w（Fe）=0.55%］

B 原始晶粒大小的影响

原始晶粒愈大，则变形与再结晶后的晶粒也粗大。随着变形程度的增加，原始晶粒大小的影响将减弱。表2-2的数据为99.7% Al在600℃经40min加热后的再结晶晶粒尺寸。表中数据指出，当原始晶粒大小相差约19倍时，在小变形程度下，再结晶的晶粒尺寸相差约三倍多，在大变形程度（50%）下，相差约20%。由此可知，在半成品生产中，作为消除加工硬化使加工过程能进一步进行的中间退火工序，对成品的最终质量也有一定的遗传影响。因此，对中间退火时控制晶粒大小，也应引起足够重视。

C 加热温度及时间的影响

在实际生产中，冷加工金属的退火时间均超过了再结晶完成所需要的时间，因而晶粒都将发生不同程度的长大。晶粒长大依赖于原子扩散，而原子扩散速率又随温度升高而急剧加快。另外，在高温退火时的晶间夹杂物也将部分溶解，使阻碍晶粒长大的能量削弱了。所以随加热温度的升高，晶粒长大的速率将迅速提高，使最终的晶粒尺寸也变得粗大，如图2-12所示。

表 2-2　原始晶粒大小不同的再结晶晶粒

变形程度/%	原始晶粒尺寸/mm	
	1.13	0.06
5	2.64	0.75
10	2.05	0.51
50	0.54	0.44

加热时间与晶粒尺寸的关系如图 2-13 所示。图示中曲线的前一部分（相当于再结晶时期）晶粒长大快，以后逐渐变慢，当达一极限尺寸后，即使延长时间，晶粒也基本上不发生长大。要使其长大，则需要继续提高加热温度。

时间延长晶粒长大速率变缓慢的原因有两个方面：一方面是晶粒长大，晶界面积减小，导致晶界也逐渐变平直，使表面能逐渐降低并达到一定温度下的热力学平衡状态；另一方面，随晶界面积的减小，使晶界面上聚集的杂质浓度增加，这时阻碍晶粒长大的作用也逐渐增大。

D　变形程度的影响

当加热温度一定时，再结晶后的晶粒尺寸和变形程度之间存在着如图 2-14 所示的关系。图示中的 b 点称为临界变形程度，它的物理意义不仅意味着在该条件下退火时会得到极粗的晶粒，而且还包含着变形程度必须大于它，才能使金属产生再结晶。

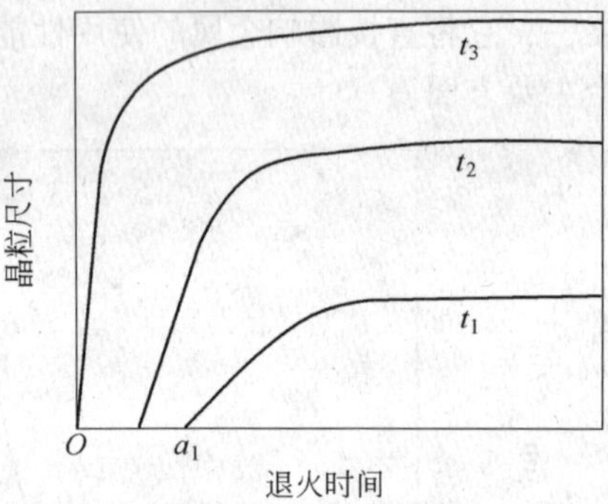

图 2-13　在不同温度下加热，保温时间与晶粒大小的关系

Oa_1—孕育期（t_1 温度时），$t_3>t_2>t_1$

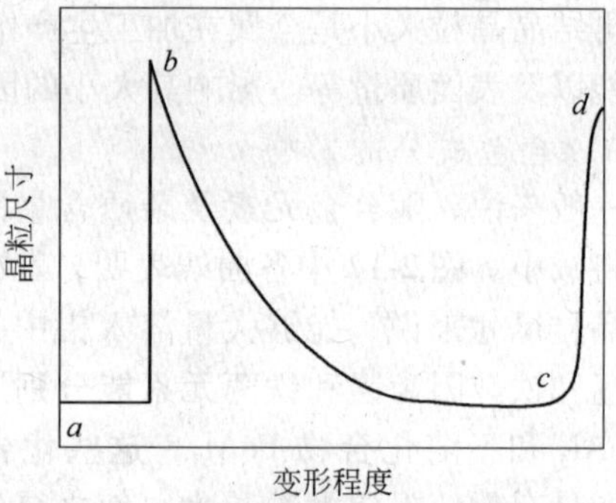

图 2-14　再结晶晶粒大小与变形程度的关系（示意图）

就一定的金属或合金来说，临界变形程度并不是一个固定不变的值，它将随加热温度、变形温度、杂质及原始组织的不同而变化。对碳钢来说，临界变形程度约为 2%～10%，高合金一般为 0～15%。

实践证明，临界变形程度引起的晶粒粗化机理与超过临界变形程度时的再结晶机理有本质上的差别。金属在临界变形条件下退火时，看不到新晶粒的形核与长大，此时晶粒的粗化，是由于个别的原始晶粒迅速吞并周围晶粒而长大的过程。所以这个过程是单一的晶粒长大而不是再结晶。促使晶粒长大的主要动力，是变形的不均匀而引起相邻晶粒中弹性畸变能的差异；另外也使某些相邻晶粒开始直接接触，这些均有利于晶粒的长大。

变形量小于临界变形程度（曲线的 ab 段）时，由于各个晶粒之间的弹性畸变能很小而不能引起强烈的晶粒长大，并且再结晶的形核率亦很少。因此，金属在该温度下退火时，只有极少数晶粒间界的迁移，使整个晶粒尺寸无明显的改变。

当变形超过临界变形程度（bc 段）时，在曲线的开始部分表明，除发生原始晶粒相互吞并的过程外，在某些区域还可能引起新晶核与核心的长大。随着变形程度的增加，在原始晶粒相互吞并之前，其变形能已普遍地引起新晶粒的形核与长大了，于是在整个金属体积中全面地发生了再结晶。因此，随变形程度的不断增加，再结晶生核数将愈来愈多。所以再结晶后的晶粒尺寸亦越小。

曲线中的cd段，表明变形程度很大（大于90%）时，晶粒尺寸又很粗大。这是因为很大的变形程度，将产生强烈的变形织构和晶间物质的破坏，使再结晶时的晶粒迅速长大的结果。

由此可见，为了获得优良的组织和性能，在制定压力加工工艺时，必须避免在临界变形量附近进行冷加工，例如工业上冷轧金属，一般都采用30% ~60%的变形量。

E 加热速度的影响

由图2－15可知，加热速度提高，再结晶后的晶粒细小。加热速度提高能细化再结晶晶粒的主要原因是消除了回复过程的影响。因为在加热过程中，金属达到再结晶开始温度以前，实际上已进行了不同程度的回复。加热速度愈慢，回复进行的就愈充分。回复消除了部分的点阵畸变和加工硬化，使系统的能量降低，使再结晶形核困难。因此，加热速度提高，使晶粒细小。此外，快速加热能减小阻碍晶粒长大的一些物质（第二相，夹杂等）的溶解过程，使晶粒长大的趋势减弱。

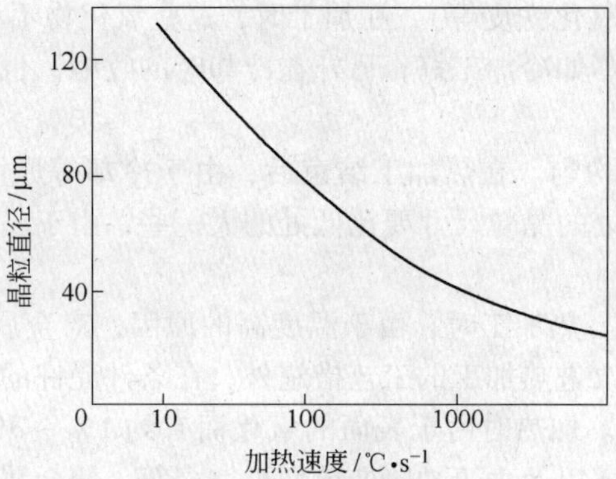

图2-15 高纯铁晶粒尺寸与加热速度的关系

2.2 热加工对组织与性能的影响

所谓热加工是指变形金属在完全再结晶条件下进行的塑性变形。因为各种金属的再结晶温度相差很大，所以热加工的概念也是相对的。例如对铁来说，它的最低再结晶温度为450℃，故在450℃以上进行的加工称为热加工；又如铝的再结晶温度在0℃以下，故铝的室温加工变形就属于热加工。一般来说，大多数的金属铸锭及铸坯是在热加工的条件下进行塑性加工变形的。

2.2.1 热加工的变形特点

在一定的条件下，热加工较其冷加工方法，具有一系列的优点：

（1）变形抗力低。在高温时，原子的运动及热振动增强，加速了扩散过程和溶解过程，使金属的临界切应力降低；另外，使许多金属的滑移系统数目增多，有利于变形的适应性（或协调性）；加工硬化现象因再结晶的完全进行而被消除。因而使热加工时金属抵抗能力减弱而降低了能量的消耗。

（2）塑性升高，产生断裂的倾向性减少。因为变形温度升高后，由于完全再结晶使加工硬化消除，在断裂与愈合的过程中，使愈合的速度加快以及为具有扩散性质的塑性机构的同时作用创造了条件。虽然在热加工的温度范围内，某些合金的塑性有波动，如$\alpha-Fe$与$\gamma-Fe$在800 ~950℃的相变，使塑性有所下降，但就总体来说，热加工温度范围内的金属塑性还是高的。

(3) 不易产生织构。这是因为在高温下产生滑移的系统较多，使滑移面和滑移方向不断发生变化。因此，在热加工时，在金属内的择优取向或方向性就小。

(4) 生产周期短。在生产过程中，不需要像冷加工那样的中间退火，从而使整个生产工序简化而提高了生产率。

(5) 组织与性能基本满足要求。这一方面是热加工能存在和发展的基本特点。

虽然热加工具有上述的优点，使之在生产实践中得到广泛的应用，但在与冷加工比较，它仍然存在不足之处：

(1) 生产细或薄的产品时较困难。对细或薄的加工件，由于散热较快，在生产中要保持热加工的温度条件是很困难的。因此，对于生产细或薄的金属材料，一般仍然采用冷加工（如冷轧、冷拔等）的方法。

(2) 产品表面质量差。产品的表面粗糙度与尺寸精确度较差，这是因为在加热时，金属的表面要生成氧化物（如氧化铁皮等），在加工时，这些氧化物不易清除干净，造成加工产品的表面质量和尺寸的精度不如冷加工好；另外在冷却时的收缩，也能使表面质量和尺寸精度降低。

(3) 组织与性能的不均匀。在热加工结束后，由于冷却等原因，使产品各处的温度难以保持均匀一致，温度偏高处的晶粒尺寸要比低处的大一些，由于晶粒大小不一，使得金属组织与性能不均匀。

(4) 产品的强度不高。热加工时，由于温度高的原因，对金属起到了软化的作用。因此，要提高产品的强度，除了改进热加工的工艺措施外，在条件允许的情况下，也可采用冷加工。

(5) 金属的消耗较大。加热时由于表面的氧化而有约 1% ~3% 左右的金属烧损，在加工过程中也有氧化铁皮的脱落以及由于缺陷造成切损增多等，使金属的收得率降低。

(6) 对含有低熔点的合金不宜加工。例如，在一般的碳钢中含有较多的 FeS，或在铜中含有铋时的热加工，由于在晶界上有这些杂质所组成的低熔点共晶体发生熔化，使晶间的结合遭到破坏而引起金属的断裂。

2.2.2　金属组织性能的变化

2.2.2.1　对铸态组织的改造及细化晶粒

铸态组织的不均匀性，可从铸坯断面上看出三个不同的组织区域，最外一层是由细小的等轴晶组成的一层薄壳，和这薄壳相连的是一层相当厚的粗大柱状晶区域，其中心部分则为粗大的等轴晶。从成分看，除了特殊的偏析造成的成分不均匀外，一般的低熔点物质、氧化物及其他非金属夹杂，多集结在柱状晶的交界处。此外，由于存在气孔、分散缩孔、疏松及裂纹等缺陷，使铸坯的密度较低。组织和成分的不均匀以及较低的密度，是铸坯塑性差、强度低的基本原因。

在三向压缩应力状态占主导地位的情况下，热加工由于再结晶的作用，能够最有效地改变金属与合金的铸态组织。在合理的变形量条件下，可以使铸态组织发生下列的有利变化：

(1) 热加工一般是通过多道次的反复变形来完成的。由于在每一道次中硬化和软化过程是同时发生的，使变形而破碎的粗大柱状晶粒，通过反复的改造而成为较均匀、细小的等轴晶粒；并且还能使某些微小裂纹得到愈合。

(2) 由于三向压应力状态的作用，可使铸态组织中存在的气泡焊合、缩孔压实、疏松压密而变为较致密的组织结构。

(3) 在应力的作用下，原子的热运动借助于高温的能量而增强了扩散的能力，这就有利于铸坯化学成分的不均匀性大大地相对减少。

上述的有利变化表明，热加工可使铸态组织改造成为变形（或加工）组织，它比铸坯有较高的密度，均匀细小的等轴晶粒以及较均匀的化学成分。因此，金属的塑性指标和强度指标均有明显的提高（有关变形抗力指标可以提高0.5~1.0倍）。

2.2.2.2 热加工时的纤维组织

纤维组织是热加工的一个重要特征。铸态金属在热加工中所形成的纤维组织与金属在冷加工中由于晶粒被拉长而形成的纤维组织是不同的。

在热加工中形成的纤维组织有各种原因，最常见的是由非金属夹杂所造成的。这种夹杂物的再结晶温度较高，在热加工的过程中难于发生再结晶；同时在高温下也具有一定的塑性，变形时将沿着最大延伸方向被拉长而形成线条状。当变形完成后，被拉长的晶粒，由于再结晶的作用而变成为许多细小的等轴晶粒，而被拉长的夹杂物，则仍保持被拉长的状态而形成纤维组织。这种纤维组织，不像由晶粒拉长所形成的纤维组织。在一般情况下，要减少这种纤维组织的产生，只能在变形过程中通过不断改变变形的方向来避免。例如，直接用连铸板坯轧成板材时，所采用的角轧法、横轧－纵轧法就是避免纤维组织的产生和减小性能的方向性。

2.2.2.3 热加工中产生的带状组织

带状组织的产生与纤维组织的形成有关。如低碳钢在热加工中有时会出现珠光体呈带状排列。这种带状组织的形成，是因为热加工时夹杂物排列成纤维状，经缓慢冷却后，铁素体首先在夹杂物的周围析出而排列成行，珠光体也随后成行析出，形成带状组织。在滚珠轴承钢中，由于在枝状晶的各枝晶间存在有碳化物，这些碳化物经变形后被破碎成颗粒沿金属的延伸方向排列而形成碳化物的带状组织。被加工金属中带状组织的出现，对金属的力学性能也是有影响的。

另外，在热加工时，也可能同时产生变形织构及再结晶织构，热轧矽钢片的生产，就是利用热加工使金属出现方向性及性能各处的不均匀性。

2.2.2.4 热轧钢的性能特点——方向性

由于纤维组织的出现，会使变形金属在纵向和横向上具有不同的力学性能，从表2-3中可以看出，沿纤维方向（纵向）试样具有较高的强度和塑性。

表2-3 45号钢力学性能与纤维方向的关系

钢坯试样方向	σ_b/MPa	$\sigma_{0.2}$/MPa	δ/%	ψ/%	α_k/J
纵向	701	461	17.5	62.8	41
横向	657	431	10.0	31.0	24

2.3 钢材组织性能的控制——控制轧制

2.3.1 控制轧制的概念

2.3.1.1 什么叫控制轧制

控制轧制是指在比常规轧制温度稍低的条件下，采用强化压下和控制冷却等工艺措施来提高热轧钢材的强度、韧性等综合性能的一种轧制方法。控制轧制钢的性能可以达到或者超过现有热处理钢材的性能。

2.3.1.2 控制轧制的优点

控制轧制具有常规轧制方法所不具备的突出优点。归结起来大致有如下几点：

(1) 许多试验资料表明，用控制轧制方法生产的钢材，其强度和韧性等综合力学性能有很大的提高。例如控制轧制可使铁素体晶粒细化，从而使钢材的强度得到提高，韧性得到改善。

(2) 简化生产工艺过程。控制轧制可以取代常化等温处理。

(3) 由于钢材的强韧性等综合性能得以提高，自然地导致钢材使用范围的扩大和产品使用寿命的增长。从生产过程的整体来看，由于生产工艺过程的简化，产品质量的提高，在适宜的生产条件下，会使钢材的成本降低。

(4) 用控制轧制钢材制造的设备重量轻，有利于设备轻型化。

2.3.1.3 控制轧制的种类

控制轧制是以细化晶粒为主，用以提高钢的强度和韧性的方法。控制轧制后奥氏体再结晶的过程，对获得细小晶粒组织起决定性作用。根据奥氏体发生塑性变形的条件（再结晶过程、非再结晶过程或$\gamma-\alpha$转变的两相区变形），控制轧制可分为三种类型。

A γ再结晶型控制轧制（温度不低于950℃）

它是将钢加热到奥氏体化温度，然后进行塑性变形，在每道次的变形过程中或者在两道次之间发生动态或静态再结晶，并完成其再结晶过程。经过反复轧制和再结晶，使奥氏体晶粒细化，这为相变后生成细小的铁素体晶粒提供了先决条件。为了防止再结晶后奥氏体晶粒长大，要严格控制接近于终轧几道的压下量、轧制温度和轧制的间隙时间。终轧道次要在接近相变点的温度下进行。为防止相变前的奥氏体晶粒和相变后的铁素体晶粒长大，特别需要控制轧后冷却速度。这种控制轧制适用于低碳优质钢和普通碳素钢及低合金高强度钢。据资料统计，再结晶型的控制轧制较普通轧制，可使抗拉强度σ_b提高10%～30%，冲击韧性α_k提高20%～50%。

B 未再结晶型控制轧制（950℃～A_{r3}）

它是将钢加热到奥氏体化温度后，在奥氏体再结晶温度以下发生塑性变形，奥氏体变形后不发生再结晶。因此，变形的奥氏体晶粒被拉长，晶粒内产生大量变形带，在相变过程中在r晶界和变形带上形成α核，使α的形核点增多，相变后铁素体晶粒α细化，对提高钢材的强度和韧性有重要作用。这种控制工艺适用于含有微量合金元素的低碳钢，如含铌、钛、钒的低碳钢。

C 两相区控制轧制

它是将钢加热到奥氏体化温度后，经过一定变形，然后冷却到奥氏体加铁素体两相区再继续进行塑性变形，并在A_{r1}温度以上结束轧制。实验表明：在两相区轧制过程中，可以发生铁素体的动态再结晶；当变形量中等时，铁素体只有中等回复而引起再结晶；当变形量较小时（15%～30%），回复程度减小。在两相区的高温区，铁素体易发生再结晶；在两相区的低温区只发生回复。经轧制的奥氏体相转变成细小的铁素体和珠光体。由于碳在两相区的奥氏体中富集，碳以细小的碳化物析出。因此，在两相区中只要温度、压下量选择适当，就可以得到细小的铁素体和珠光体混合物，从而提高钢材的强度和韧性。

在实际轧制中，由于钢种、使用要求、设备能力等各不相同，各种控制轧制可以单独应用，也可以把两种或三种控制工艺配合在一起使用。

2.3.2 控制轧制与钢材的强度、韧性

衡量金属材料强度的指标有屈服极限、强度极限等，但经常采用屈服极限来表示。衡量韧性的指标有冲击韧性值和脆性转变温度。

控制轧制能使钢材强韧化，其实质是通过调整各轧制工艺参数（如加热温度、变形量、

终轧温度、轧后冷却）来控制钢在整个轧制过程中的冶金学过程（如奥氏体的再结晶、合金元素及其碳、氮化物的固溶和析出、相变、加工硬化、织构等），最后达到控制钢材组织和性能的目的。

控制轧制提高钢材强度及韧性的三个主要机理。

2.3.2.1 晶粒细化

对于亚共析钢来说，铁素体晶粒越细，钢材的强度越高，韧性越好。相变前的奥氏体晶粒越小，相变后的铁素体晶粒也越小。控制轧制可以通过两种方法使奥氏体晶粒细化：一种是奥氏体加工和再结晶交替进行使晶粒细化；另一种是在奥氏体未再结晶区轧制。

降低钢坯加热温度得到较小的原始奥氏体晶粒，加大每一道次的变形量，降低终轧温度，都有利于奥氏体再结晶晶粒的细化。

为了实现在奥氏体未再结晶区轧制，需要提高奥氏体的再结晶温度，当钢中含铌、钛、钒等微量元素时，就具有这样的效果。因为这些元素的碳化物和氮化物由奥氏体析出后，可以明显地抑制奥氏体再结晶，从而有效地提高奥氏体再结晶温度，使轧制过程能在非结晶区域进行。

2.3.2.2 碳、氮化物强化

钒、铌、钛是比较强的碳化物或氮化物形成的元素，它们的碳化物或氮化物对钢的组织和性能发生强化作用。

碳化物和氮化物在高温时溶解于奥氏体，奥氏体向铁素体转变后析出，对钢直接起弥散强化作用。

2.3.2.3 亚晶强化

奥氏体晶粒的变化，在奥氏体+铁素体两相区域轧制时与在奥氏体再结晶温度以下轧制时相同。已相变的铁素体晶粒经轧制（变形）产生亚晶粒、位错等使钢强化。在两相区域轧制的钢材相变为铁素体晶粒（先形变后相变）和含有亚晶的铁素体晶粒（先相变后形变）的混合组织，从而使钢的韧性和强度提高。

2.3.3 轧制工艺参数的控制

在轧制工艺参数中包括有：

（1）温度参数，如加热温度、轧制温度、冷却终了温度；

（2）速度参数，如变形速度、冷却速度等；

（3）变形程度参数，如道次变形程度、总变形程度等；

（4）时间参数，如道次间的间隙时间、变形终了后到开始急冷的时间等。

为了使钢获得好的强韧性（强度和韧性性能），必须使之具有适宜的组织结构。其中晶粒大小是支配钢材强韧性能的首要因素，因此在确定各工艺参数时，不能不考虑晶粒大小的变化。图2-16为各温度范围轧制时，奥氏体及铁素体的组织变化示意图。可见在高温区（Ⅰ区）奥氏体得到初步细化。相变后得到魏氏组织。在中温区（Ⅱ区），奥氏体得到细化，相变后为铁素体和珠光体组织。低温区（Ⅲ区）是再结晶温度以下，在此区域内奥氏体在变形中产生加工硬化，相变后得到细小的铁素体和珠光体组织。

2.3.3.1 变形温度的控制

变形温度是使钢材具有良好强韧性能的重要工艺条件。加热是实现控制轧制的先决条件，它对钢材性能和合适的组织结构具有很重要的作用。

图2-17（a）表示加热温度对少量珠光体含铌和含钒钢的奥氏体晶粒大小的影响，其化学

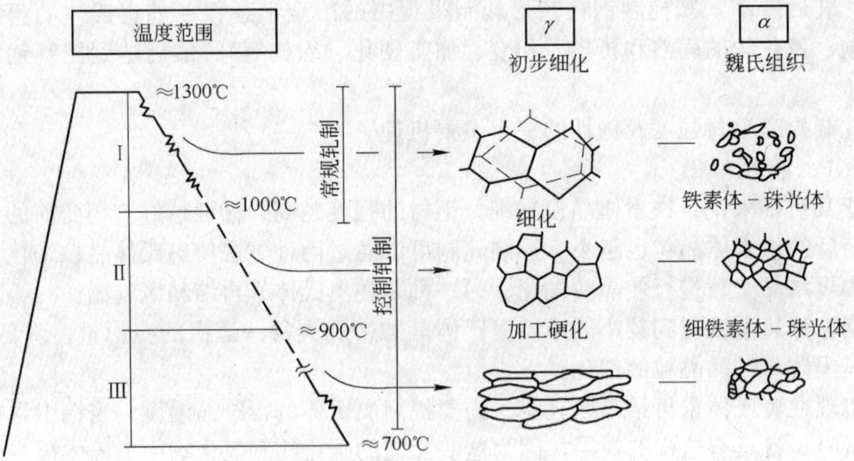

图 2-16　轧制时奥氏体及铁素体组织变化

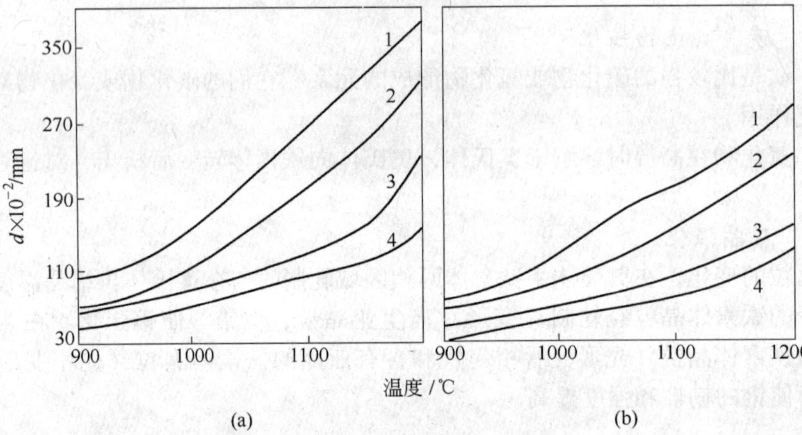

图 2-17　奥氏体晶粒尺寸（a）和铁素体晶粒尺寸（b）
与少量珠光体钢的奥氏体化温度关系

成分列于表 2-4 中。

表 2-4　少量珠光体钢的化学成分（质量分数）

钢种号	C	Mn	Si	V	Nb	Al	N
1	0.08	1.36	0.30	—	—	0.020	0.007
2	0.08	1.30	0.30	0.08	—	0.021	0.006
3	0.08	1.46	0.50	—	0.04	0.023	0.007
4	0.08	1.38	0.44	0.04	0.03	0.035	0.007

不同成分的钢在 900℃时有不同大小的奥氏体晶粒，不含铌和钒的钢具有较粗大的奥氏体晶粒（0.0075mm）。钢种 4 为含铌和钒的钢，晶粒很细小（0.0036mm），当加热到 950℃时，奥氏体晶粒开始长大。

加热温度至 1000℃时，非合金化钢和某些少量含钒钢的奥氏体晶粒开始急剧长大；而含铌和含钒与含铌的钢仍保持细晶粒，只有当温度加热到 1150～1200℃才开始急剧长大。

图 2-17（b）也可定量地看出奥氏体化温度对空冷钢的铁素体晶粒尺寸影响的规律性。当轧前的加热温度由 1200℃降至 1050℃时，铁素体晶粒细化了 0.5～1 级。这是因为奥氏体晶粒

的原始晶界在热加工之后的再结晶过程中，是最容易形成新晶核的地方。晶界的总面积愈大，说明原始晶粒愈细小，在再结晶开始阶段产生新晶核的数量就愈多，再结晶的晶粒就愈小。这就是降低轧前的加热温度能获得细化组织的原因所在。因此，钢的强韧性得到改善。

终轧温度在任何轧制的温度参数中，都具有特别重要的意义，它对产品组织与性能往往能起决定性的作用。图 2-18 为在不同的终轧温度下，轧制几种不同成分的钢，其力学性能的变化曲线。从图中可以看出，随着终轧温度的降低，所有钢的屈服强度升高。这是由于获得了比较细小的铁素体晶粒的结果。当终轧温度由 950℃降到了 800℃时，钢从韧性断裂到脆性断裂的转变温度降低了。当终轧温度进一步降低到 700℃时，则对不同化学成分的钢，其影响是不同的。当钢中含 w（Mn）=1.5% 和 w（Nb）=0.04% 时，脆性转变温度继续降低；当含 w（Mn）=1.0% 和 w（Nb）=0.045% 时，脆性转变温度不变；而对其他所有化学成分的钢，脆性转变温度升高，这种升高可以认为，轧制时形成的铁素体发生了变形，而且再结晶也不完全，因此使抗冲击韧性降低。

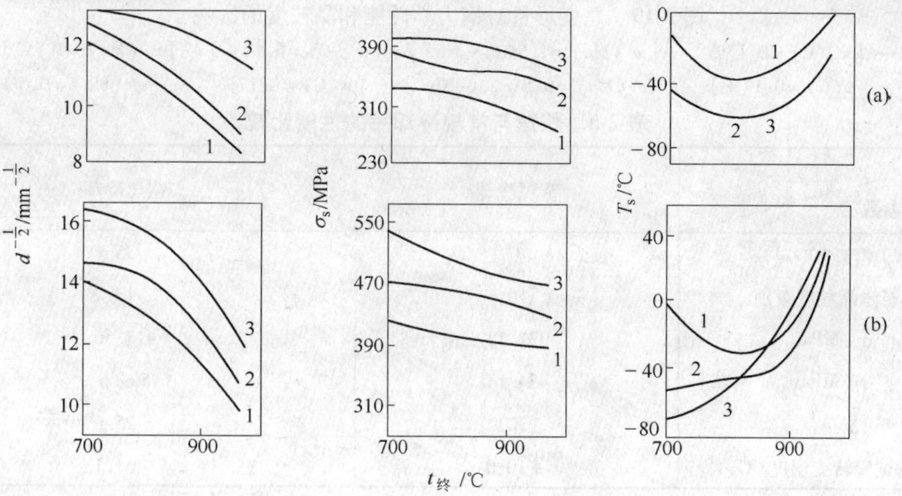

图 2-18 终轧温度对 w（C）=0.17% 的钢的铁素体晶粒大小、屈服极限和脆性转变温度的影响

（a）不含 Nb；（b）w（Nb）=0.4%；1—w（Mn）=0.5%；2—w（Mn）=1.0%；3—w（Mn）=1.5%

2.3.3.2 变形程度的控制

在控制轧制过程中，一般随变形程度的增加，晶粒变细。从而使钢材的强度升高，脆性转变温度下降。如图 2-19 所示，对 w（C）=0.17% 和 w（Mn）=0.5% 或 w（Mn）=1.5% 的普碳钢和铌细化晶粒钢进行研究的结果。所采用的变形程度为 36% ~87%，终轧温度为 800℃。

在 w（Mn）=0.5% 的钢中，随变形程度的增加，铁素体晶粒变细。铌钢的晶粒，始终要比普碳钢的更细些，在 w（Mn）=1.5% 的钢中，这种效应不明显。其他机械性能的变化与晶粒度的变化有紧密的联系。屈服强度随变形程度的增加以及晶粒度的减小而升高，而对脆性转变温度的影响，则是随着变形程度的增加，以及随着晶粒度的减小，脆性转变温度急剧下降。这就是说，细晶粒对抗冲击能力的有利效应非常强，足以超过屈服极限的提高。

2.3.3.3 冷却速度的控制

轧后的冷却速度对钢材的强韧性能有明显的影响。如表 2-5 所示。

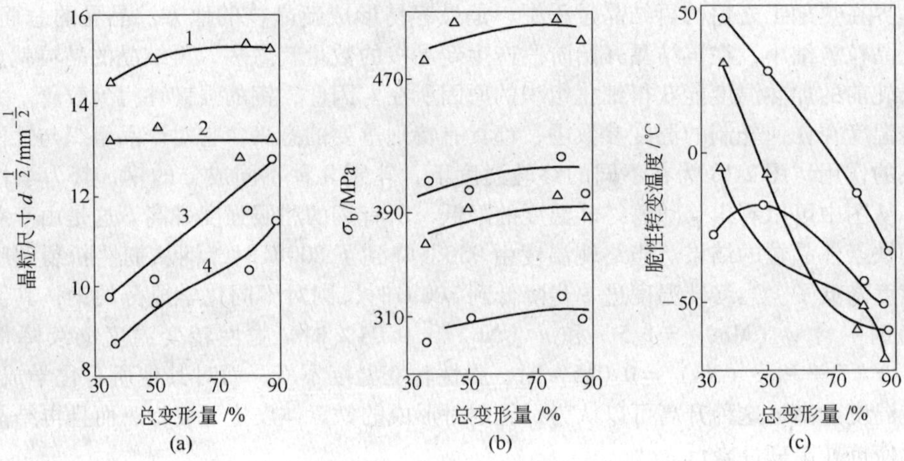

图 2-19　总变形量对钢力学性能和晶粒度的影响

1—［w（C）=0.17%］-［w（Mn）=1.5%］-Nb；2—［w（C）=0.17%］-［w（Mn）=1.5%］；
3—［w(C)=0.17%］-［w（Mn）=0.5%］-Nb；4—［w(C)=0.17%］-［w（Mn）=0.5%］

表 2-5　快速与常规冷却后的性能比较

参数 \ 工艺	常规冷却	快速冷却
冷却速度/℃ · s^{-1}	1	35
铁素体晶粒度级别	10	13
σ_s/MPa	337.12	413.56
σ_b/MPa	434.14	509.6
δ/%	30	25
落锤试验转变温度/℃	+10.0	-51.1

轧后的快速冷却虽然有明显的效果，但该效果与终轧时的温度有密切的关系。图 2-20 所示为不同终轧温度下，冷却速度对力学性能和晶粒大小的影响。由图 2-20 可以看出：

（1）在相同的冷却条件下，终轧温度愈低，铁素体晶粒就愈细，与其相应的屈服强度也大，脆性转变温度也就愈低。

（2）在相同的终轧温度和冷却条件下，含铌钢的晶粒尺寸较碳钢的小，故与其相应的屈服强度高，脆性转变温度低。

（3）在相同的终轧温度条件下，由于轧件断面的大小不同，使冷却速度不同。显然断面小的冷却快，故在图示中明显地表现出晶粒的细小，屈服强度高，脆性转变温度对碳钢来讲是降低的；而对含 Nb 钢，则随含 Mn 量的增加，当快速冷却时会在钢中出现贝氏体，对冲击韧性不利，使脆性转变温度较高，为此，对含 Mn 量高的任何钢种，在终轧温度较高时(950℃)，采用较低的冷却速度是适宜的，可使贝氏体消除，使冲击韧性改善。

实践证明，对某种钢材产品，实行轧后急冷，对其强度和韧性也有良好的作用。如对 45MnSiV 的 ϕ8 螺纹钢筋（Ⅳ级）的轧后处理就是一例。试验中所采用的工艺制度是轧后预冷至 900~970℃，进行水淬。终淬温度为 250~350℃，然后空冷。经处理后钢材的 σ_s 为 1450~1750MPa，σ_b 为 1510~1900MPa，δ_{10}为 5.0%~9.0%。

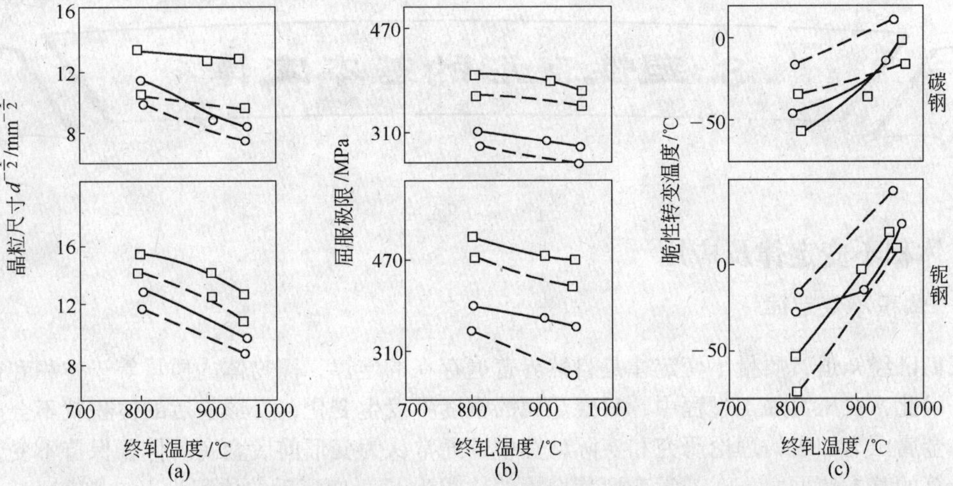

图 2-20　冷却速度对力学性能和铁素体晶粒度的影响

圆圈—0.5Mn；方形—1.5Mn；直线—19mm 直径的棒材空冷；虚线—20mm 直径的棒材空冷

习　题

2-1　冷加工时金属的组织是如何变化的？

2-2　冷加工时金属的性能有何变化？

2-3　回复与再结晶有何作用？

2-4　再结晶的晶粒大小对加工性能有何意义，生产实践中如何控制晶粒大小？

2-5　热加工的优点和缺点是什么？

2-6　何谓变形织构，它对金属制品加工有何影响？

2-7　在通常情况下，拉丝为什么不采用热加工，而挤压又为什么不采用冷加工？

2-8　什么是加工硬化，冷加工为什么会容易产生加工硬化？

2-9　加工硬化的优点是什么？

2-10　加工硬化的缺点是什么？

2-11　再结晶温度是否不变，它与哪些因素有关？

2-12　何谓控制轧制，它有几种类型？

2-13　在轧制温度控制中，为什么说终轧温度对产品组织与性能起决定性的作用？

2-14　提高钢材强韧性时，控制轧制的工艺参数有哪些？

2-15　连铸坯塑性差、强度低的原因是什么？

2-16　为什么轧制的钢材较铸钢的力学性能好？

3 塑性变形的基本定律

3.1 体积不变定律及应用

3.1.1 体积不变定律

我们已经知道，质量不变定律是自然界普遍存在的定律，而物体的质量等于体积和密度的乘积。因此，在压力加工过程中，只要金属的密度不发生变化，变形前后的体积就不会产生变化。在金属压力加工的理论研究和实际计算中，通常认为变形前后金属的体积保持不变，它是变形计算的基本依据之一。若设变形前金属的体积为 V_0，变形后的体积为 V_1，则有：

$$V_0 = V_1 = 常数 \tag{3-1}$$

实际上，金属在塑性变形过程中，其体积总有一些变化，这是由于：

（1）在轧制过程中，金属内部的缩孔、气泡和疏松被焊合，密度提高，因而改变了金属体积。例如铸造状态下的沸腾钢锭，热轧前密度为 $6.9\mathrm{t/m^3}$，经轧制后为 $7.85\mathrm{t/m^3}$，体积约减少 13%，但继续加工时则始终不再改变。镇静钢锭和连铸坯的密度一般在 $7.6\mathrm{t/m^3}$ 左右，经轧制后其体积的变化约为 3%。这就是说除内部有大量存在气泡的沸腾钢锭（或有缩孔及疏松的镇静钢锭、连铸坯）的加工前期外，热加工时，金属的体积是不变的。

（2）在热轧过程中金属因温度变化而发生相变以及冷轧过程中金属组织结构被破坏，也会引起金属体积的变化，不过这种变化都极为微小。例如，冷加工时金属的密度约减小 0.1% ~0.2%。不过这些在体积上引起的变化是微不足道的，况且经过再结晶退火后其密度仍然恢复到原有的数值。

3.1.2 体积不变定律的应用

虽然体积不变定律是有条件和相对的，但是，这个定律对于金属塑性变形加工过程中的一系列问题，提供了分析问题的方便条件。例如在轧制过程中，对于确定每一道次的轧件尺寸以及各道次的变形程度等，都是基于体积不变为前提而确定的。

下面就举几个体积不变定律的应用：

（1）确定轧制后轧件的尺寸。设矩形坯料的高、宽、长分别为 H、B、L，如图 3-1（a）所示。轧制以后的轧件的高、宽、长分别为 h、b、l，如图 3-1（b）所示。根据体积不变条件，则

$$V_1 = HBL$$

$$V_2 = hbl$$

即

$$HBL = hbl$$

在生产中，一般坯料的尺寸均是已知的，如果轧制以后轧件的高度和宽度也已知时，则轧件轧制后的长度是可求的，即

$$l = \frac{HBL}{hb}$$

同样在轧制圆柱形的物体、环形断面以及复杂断面的型材时，均可利用体积不变定律的关

系式进行计算其中某一个数据。

（2）利用体积不变定律的数学关系式，可以提高加工产品金属的收得率。如在轧制中已知产品的尺寸，可以反过来确定使金属的消耗最小的坯料尺寸。齿轮的轧制，就是利用这个关系确定的坯料尺寸。

例 3-1：轧 50mm×5mm 角钢，原料为连铸方坯，其尺寸为 120mm×120mm×3000mm，已知 50mm×5mm 角钢每米理论质量 3.77kg，密度为 7.85t/m³，计算轧后长度 l 为多少？

解：

坯料体积 $V_0 = 120\times120\times3000 = 4.32\times10^7\,\text{mm}^3$

50mm×5mm 角钢每米体积为 $3.77/(7.85\times10^3\div10^9) = 4.8\times10^5\,\text{mm}^3$

由体积不变定律可得

$$4.32\times10^7 = 4.8\times10^5\times l$$

轧后长度 $l\approx90\text{m}$

例 3-2：某轨梁轧机上轧制 50kg/m 重轨，其理论横截面积为 6580mm²，孔型设计时选定的钢坯断面尺寸为 325mm×280mm，要求一根钢坯轧成三根定尺为25m 长的重轨，计算合理的钢坯长度应为多少？

解：根据生产实践经验，选择加热时的烧损率为2%，轧制后切头、切尾及重轨加工余量共长 1.9m，根据标准选定由于钢坯断面的圆角损失的体积为2%。由此可得轧后轧件长度应为

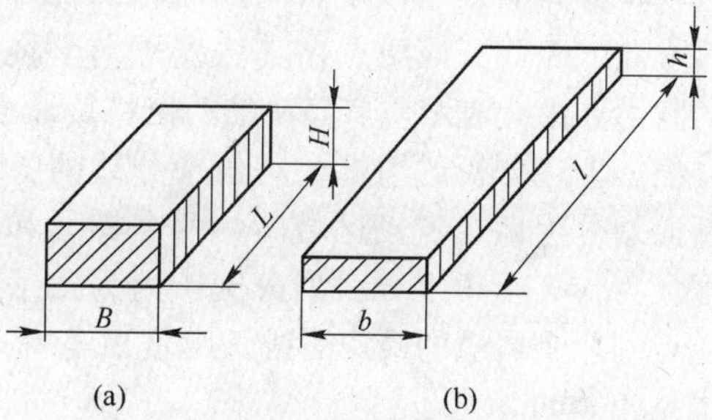

图 3-1 矩形断面工件加工前后的尺寸

（a）加工前矩形坯料；（b）加工后矩形轧件

$$l = (3\times25 + 1.9)\times10^3 = 76900\text{mm}$$

由体积不变定律可得

$$325\times280L(1-2\%)(1-2\%) = 76900\times6580$$

由此可得钢坯长度

$$L = \frac{76900\times6580}{325\times280\times0.98^2} = 5673\text{mm}$$

故选择钢坯长度为 5.7m。

3.2 最小阻力定律及其应用

3.2.1 最小阻力定律的内容

根据体积不变定律可知，在轧制过程中，轧件在高度方向被压下的金属，将向纵向和横向流动而形成延伸和宽展。由于加工条件的状况不同（如轧辊直径、轧件宽度及摩擦系数的不同等），即使在压下量相同的情况下轧制，产生的延伸和宽展值，也是不可能相同的。如果要知道延伸与宽展的关系情况，就必须根据外界的条件对延伸与宽展起何作用进行分析，才能知道变形区内金属质点的流动规律。而最小阻力定律，就能很好说明金属质点的流动方向，并指出了流动方向与应力之间的近似关系，为生产实践中估计宽展和延伸值的大小创造了有利条件。

实践证明：物体在变形过程中，其质点有向各个方向移动的可能时，则物体内的各质点将是沿着阻力最小的方向移动，这就是通常所讲的最小阻力定律的定义。

它清楚地告诉我们，金属塑性变形加工时，金属各部分的质点移动和移动阻力之间，存在着简单的近似关系，即移动值与阻力间的反比关系。因此，我们可以认为最大主变形将是大多数金属质点遇到的阻力最小方向。由于该定律是金属塑性变形过程中的一个普遍规律，因此将如何判断最小阻力的方向呢？为此，我们通过下面的例子来阐明和分析这个问题。

3.2.2　镦粗矩形六面体时金属质点的流动

图 3-2 为压缩矩形断面的变化情况，由图可清楚地看出：随着压缩量的增加，矩形断面逐渐变成多面体、椭圆和圆形断面。对于这个现象如何来认识呢？最小阻力定律告诉我们，如果两个方向的外部条件相同，则每个质点将向最小阻力方向移动。在图示中进行压缩时，什么方向是最小阻力的方向呢？这个方向应该是该质点向断面轮廓所作的最短法线方向，因此，该质点在其法线方向上将受到最小的阻力。由此克服质点移动的功也将是最小的。

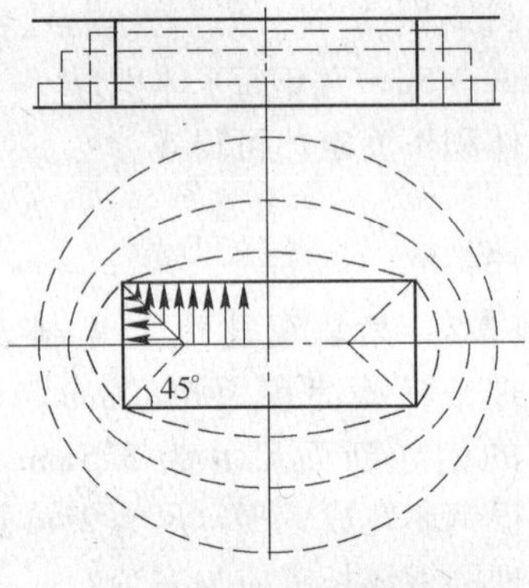

图 3-2　压缩矩形断面柱体时质点流动规律

根据上述分析的情况，用角平分线的方法把矩形断面划分为四个流动区域——两个梯形和两个三角形。为什么用角平分线划分呢？因为角平分线上的质点到两个周边的最短法线长度是相等的。因此，在该线上的金属质点向两个周边流动的趋势也是相等的。

由图可见，每个区域内的金属质点，将向着垂直矩形各边的方向移动，由于向长边方向移动的金属质点较向短边移动的多，故当压缩量增大到一定程度时，将使变形的最终断面变形为圆形。这是因为任何断面的周边长度，均以圆为最小极限。所以最小阻力定律在数学中称为最小周边定律，按此分析，可以得到这样的结论：任何断面形状的柱体，当压缩量足够大时，最后都将变成圆形断面。这个结论通过长期的大量实践得到了充分证明。

3.2.3　轧制生产中金属质点的流动

如果在轧制过程中，除轧辊直径不相同外，其他所有的条件均相同时，轧件在宽展和延伸方向的变化将如何呢？由于轧辊的直径不相同，必然会使轧件的宽展和延伸的变化不同。下面可通过图 3-3来说明直径对延伸与宽展的影响。

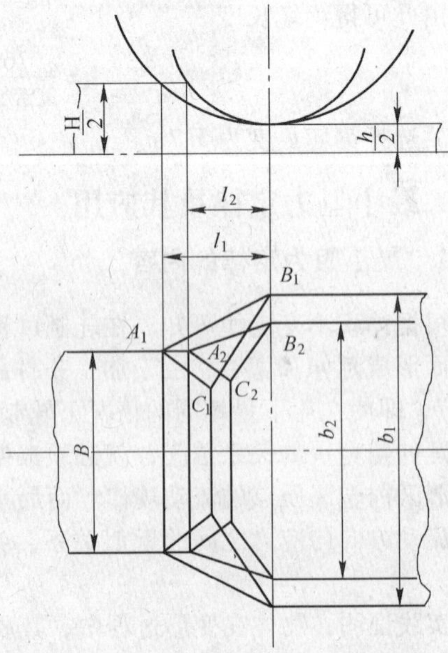

图 3-3　轧辊直径对宽展的影响

从图 3-3 中可以清楚地看到，在压下量相同的情况下，轧件在变形区中的延伸方向接触弧长度是不同的，即大轧辊直径较小轧辊直径的接触弧长大，因此，在该方向上产生的摩擦阻力也是大辊径较小辊径的大，故在这两种辊径下轧出来的轧件尺寸除厚度相同外，其长度和宽度是不相同的。一般大辊径轧出的轧件长度较小辊径轧出来的要小，而宽度则是大辊径较小辊径轧出来的大一些。对于这个结论还可以从图中看出，向宽度方向流动的三角

形面积是 $A_1B_1C_1$ 较 $A_2B_2C_2$ 大，面积大说明向该方向流动的金属质点就多，因而也导致了宽度的增大。

根据上述同样的道理，可以分析在其他条件相同的条件下，轧件的宽度不同得到的宽展也是不相同的。由图 3-4 所示可以看出：由于等分角线所构成的三角形面积相等，因此，两者在向宽度方向流动的质点数目是一样多的。但是它们与整个接触面上质点数目相比，显然在（a）种情况下的比值较（b）种情况下要大，另外由于变形时所有质点的流动都要相互制约，因此（b）种情况下质点向宽度方向的移动比（a）种情况受到的制约要强些，故造成的宽展量（b）种情况较（a）种情况要小。

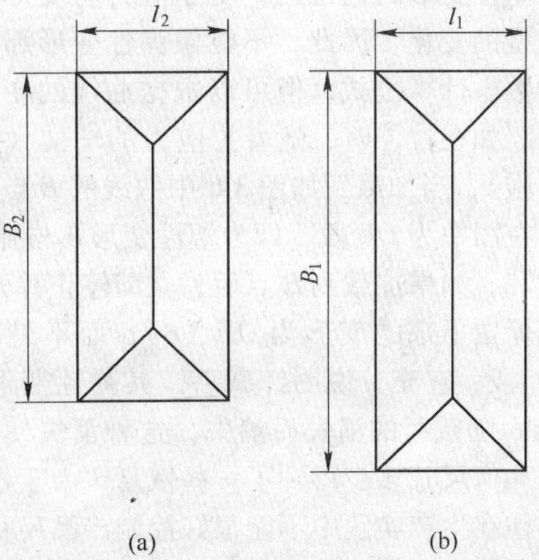

图 3-4　轧件宽度对宽展的影响

（a）轧件宽度小；（b）轧件宽度大

在轧钢生产中，我们看到的总是轧件在长度方向的尺寸较宽度方向要大得多，为什么会产生这个现象呢？这主要是由于轧辊的形状和表面状态引起的。如图 3-5 所示，在具有横槽（a 部分）的情况下轧制时，金属的延伸将受到限制而使宽展增加；当在具有环形槽（b 部分）的情况下轧制时，则金属向宽度方向的移动将受到阻碍而容易延伸。但是即使轧辊的表面很光滑，由于表面加工的特点，仍然会存在不同程度的环形槽，造成金属质点横向移动较纵向移动困难，因而使金属变形容易延伸。

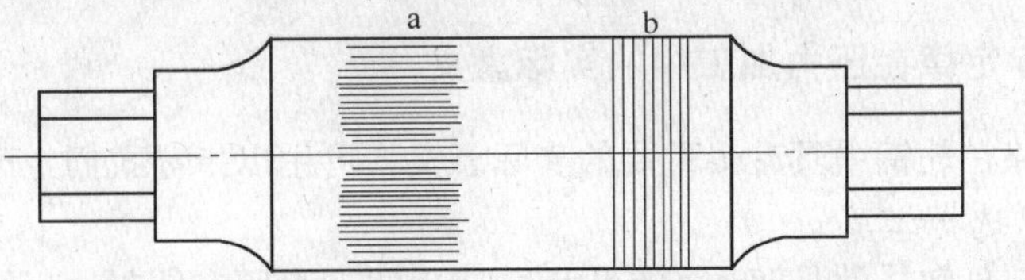

图 3-5　轧辊表面状态对纵横变形的影响

a—横槽；b—环形槽

另外，在轧制情况下，由于轧件在变形区内与轧辊在纵横方向的接触状况不相同，纵向为圆弧状接触，而横向为直线型的平面接触，由最小阻力定律可知，圆弧状造成的线性阻力较直线型的阻力小，因而造成了金属变形容易沿着纵向延伸。

最后还应该指出，在一般情况下，轧件在变形区内的纵横比是小于 1 的，它也说明了变形区内金属质点向着边界距离最短方向流动。由于纵向的边界距离短，因此，质点在该方向的流动阻力最小，导致了延伸增加、宽展减小。

3.3 弹塑性共存定律

3.3.1 弹塑性共存定律

当物体受外力作用时，使物体呈现了应力状态，并使原子位能升高而导致物体几何形状和尺寸的变化，即所谓变形。大量实验证明，所有的变形都是由弹性变形和塑性变形两部分组成。为了说明在塑性变形过程中，有弹性变形存在，我们通过拉伸实验为例来说明这个问题。

图 3-6 为拉伸实验的变化曲线（*OABC*），当应力小于屈服极限时，为弹性变形的范围，在

曲线上表现为 OA 段，随着应力的增加，即应力超过屈服极限时，则发生塑性变形，在曲线上表现为 ABC 段，在曲线的 C 点，表明塑性变形的终结，即发生断裂。

从图中可以看出，在弹性变形的范围内，应力与变形的关系成正比，可用胡克定律近似表示。在塑性变形的范围内，由于应力与变形关系是曲线型的变化，因此，不能像弹性变形那样有一定的数学计算公式，但可以根据曲线的变化进行分析。如在拉伸时，随着拉应力的增加（大于屈服极限），当加载到如图 3-6 中曲线的 B 点时，则变形在图中为 OE 段，即为塑性变形 δ 与弹性变形 ε 之和，如果加载到 B 点后，立即停止并开始卸载，则保留下来的变形为 OF（δ），而不是有载时的 OE 段，它充分说明卸载后，其弹性变形部分 EF（ε）随载荷的消失而消失，这种消失使变形物体的几何尺寸多少得到了一些恢复，由于这种恢复，往往在生产实践中不能很好控制产品尺寸。

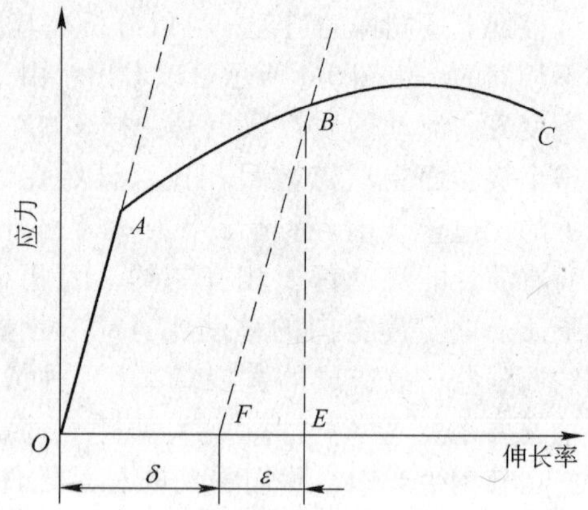

图 3-6　拉伸时应力与变形的关系

上面分析的过程是从宏观现象说明弹性变形与塑性变形的关系。根据曲线的变化，还可以说明弹性变形与塑性变形的关系，由曲线可知 A 点为弹性变形与塑性变形的临界（交接）点，要使物体产生塑性变形，必须先有弹性变形或者说在弹性变形的基础上，才能开始产生塑性变形，只有塑性变形而无弹性变形（或痕迹）的现象在金属塑性变形加工中，是不可能见到的。因此，我们把金属塑性变形在加工中一定会有弹性变形存在的情况，称之为弹塑性共存定律。

3.3.2　弹塑性共存定律在压力加工中的实际意义

弹塑性共存定律在轧钢中具有很重要的实际意义，可用以指导我们生产的实践。

3.3.2.1　用以选择工具

在轧制过程中工具和轧件是两个相互作用的受力体，而所有轧制过程的目的是使轧件具有最大限度的塑性变形，而轧辊则不允许有任何塑性变形，并使弹性变形愈小愈好。因此，在设计轧辊时应选择弹性极限高，弹性模数大的材料；同时应尽量使轧辊在低温下工作。相反的，对钢轧件来讲，其变形抗力愈小，塑性愈高愈好。

3.3.2.2　由于弹塑性共存，轧件的轧后高度总比预先设计的尺寸要大

如图 3-7 所示，轧件轧制后的真正高度 h 应等于轧制前事先调整好的辊缝高度 h_0，轧制时轧辊的弹性变形 Δh_n，（轧机所有部件的弹性变形在辊缝上所增加的数值）和轧制后轧件的弹性变形 Δh_M 之和，即：

$$h = h_0 + \Delta h_n + \Delta h_M \qquad (3\text{-}2)$$

因此，轧件轧制以后，由于工具和轧件的弹性变形，使得轧件的压下量比我们所期望的值小。

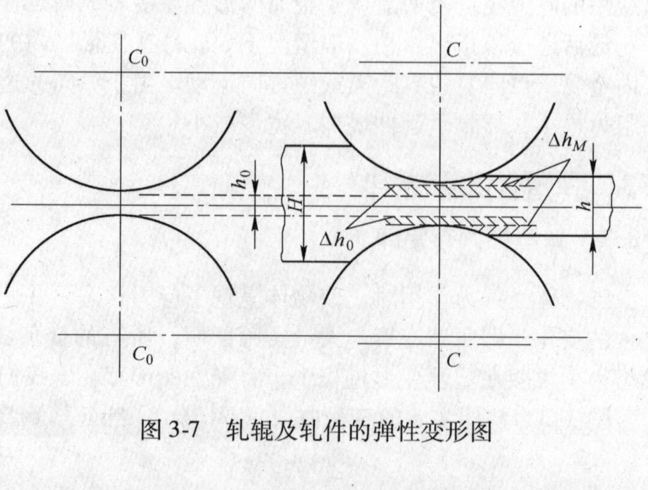

图 3-7　轧辊及轧件的弹性变形图

为使轧制成品能获得准确的尺寸，对于轧机的弹性变形所造成的影响，可采取一些有效措施加以消除。例如，型材孔型设计时，针对不同类型的轧机和孔型要选取适当小一些的辊缝值。在轧制过程中轧辊、机架、轴承、压下螺丝和螺母等在轧制压力的作用下发生弹性变形，使辊缝增大，这种现象称为辊跳。各种轧机的辊跳值相差很大，我们选取的辊缝值不应小于辊跳与孔型允许磨损量之和。辊缝较大时，轧槽浅，孔型共用性好，调整比较方便；但辊缝过大，使开口孔型轧槽过浅，将起不到限制金属流动的作用及其他弊端。辊缝值一般取孔型高度的10% ~20%。大中型开坯机一般取8 ~15mm，大中型轧机的粗轧孔型可取6 ~10mm，成品孔型可取4 ~6mm。又例如，轧制钢板时，特别是厚度越小的钢板，Δh_n 的值较 Δh_M 的值大得多，因此，希望轧辊等的强度和刚性要大，使其在轧制时所产生的弹性变形尽可能减小。所以有的钢板轧机之轧辊是高强度的合金辊或锻辊，以及小工作辊径和大的支撑辊，都是为了减小轧辊弹性变形的影响。在生产中就是采用上述方法来减小弹性恢复和工具弹性变形的影响，就是弹塑形共存定律的指导作用。

3.4 极限状态理论

3.4.1 极限状态理论

3.4.1.1 极限状态的类型

金属的塑性变形过程，它包括两种极限状态：第一种极限状态是屈服，第二种极限状态是破坏。屈服是金属由弹性变形转变为塑性变形的转折点，是塑性变形的开端。破坏则是金属塑性变形过程的终结。

3.4.1.2 金属屈服极限 σ_s 与金属屈服的概念

A 金属屈服极限 σ_s 的概念

它是在特定条件下测得的，即是在室温下，慢速单向拉伸或单向压缩（线应力状态）时测定的金属发生屈服时的单向拉伸或单向压缩的应力值。这个值也是金属力学性能的一个重要指标，如表3-1所示。

表3-1 GB/T 700—1988 规定的碳素结构钢的性能指标

牌号	等级	拉伸试验													冲击试验	
		屈服点 σ_s/MPa						抗拉强度 σ_b/MPa	伸长率 δ_5/%						温度 /℃	V形冲击功（纵向） J
		钢材厚度（直径）/mm							钢材厚度（直径）/mm							
		≤16	>16 ~ 40	>40 ~ 60	>60 ~ 100	>100 ~ 150	>150		≤16	>16 ~ 40	>40 ~ 60	>60 ~ 100	>100 ~ 150	>150		
		不小于							不小于							不小于
Q195	—	(195)	(185)	—	—	—	—	315 ~390	33	32	—	—	—	—	—	—
Q215	A	215	205	195	185	175	165	335 ~410	31	30	29	28	27	26	—	—
	B														20	27
Q235	A	235	225	215	205	195	185	375 ~460	26	25	24	23	22	21	—	—
	B														20	27
	C														0	
	D														-20	
Q255	A	255	245	235	225	215	205	410 ~510	24	23	22	21	20	19	—	—
	B														20	27
Q275	—	275	265	255	245	235	225	490 ~610	20	19	18	17	16	15	—	—

B　金属的屈服

金属屈服就意味着金属由弹性变形过渡到塑性变形，由金属屈服极限的概念可知，只有在某一特定条件下，当外力达到屈服极限 σ_s 时，金属才发生塑性变形；但是在任意条件下，金属屈服就不能简单地理解为外力达到屈服极限 σ_s 时，金属就发生塑性变形，也就是说在任意变形条件下，不能用屈服极限 σ_s 的大小来判断金属发生塑性变形的难易。而应该这样理解：金属发生塑性变形时所需的外力大，则我们说金属难屈服，它的变形抗力就大，即不容易变形；金属发生塑性变形时所需的外力小，则我们说金属容易屈服，它的变形抗力就小，即容易变形。

3.4.1.3　在线应力状态下由拉伸实验建立的屈服条件

拉伸一试样，当主应力 σ_1 的数值达到该材料的屈服极限（$\sigma_1 = \sigma_s$）时，试样开始发生塑性变形，这一点很容易为实验所证实。

然而在 $\sigma_2 \neq 0$ 和 $\sigma_3 \neq 0$ 的情况下，塑性变形究竟将在什么条件下才能开始呢，这一问题就必须依靠极限状态理论来解决。

3.4.1.4　极限状态理论

它是研究弹性变形终了、塑性变形即将开始时主应力与屈服极限间关系的理论。

对于一定材料，在一定的变形条件下，可以认为金属的屈服只决定于物体所承受的应力状态，即各主应力分量满足于其一定的函数关系 $f(\sigma_1, \sigma_2, \sigma_3) = 0$ 时，金属就会从弹性变形转为塑性变形。

开始产生塑性变形的条件叫做极限应力状态或叫屈服条件，研究塑性变形体内每点发生的应力 σ_1，σ_2，σ_3 与金属屈服应力 σ_s 之间的关系之后，我们便可以解决在塑性变形时所需外力的大小的问题，才有可能计算轧制、锻压时所需的能量。这对我们有效地发挥现有设备的能力极为有利。

归纳起来讲现已提出的极限状态理论有以下四种：最大法线应力理论；最大变形理论；主应力差理论；能量理论。其中前两种理论均与事实不符而被推倒，下面仅就后两种理论加以讨论。

3.4.2　主应力差理论（Tresca 屈服条件）

在研究多晶体塑性变形的实验中，在有明显屈服效应的试样上，可观察到屈服时与主应力方向约呈 45°角的吕德斯带，于是便推想塑性变形的开始与最大切应力有关。如图 3-8（a）的异号应力状态，在 MM'面上的切应力：

$$\tau' = \sigma_1 \cos\theta_n \sin\theta_n$$

$$\tau'' = \sigma_3 \sin\theta_n \cos\theta_n$$

因为 σ_3 本身为压应力，所以切应力总和为 $\tau_n = \tau' - \tau'' = \dfrac{\sigma_1 - \sigma_3}{2}\sin 2\theta_n$

当 $\theta_n = 45°$时，切应力为最大值：

$$\tau_n = \tau_{max} = \frac{\sigma_1 - \sigma_3}{2} \tag{3-3}$$

所谓最大切应力理论，就是假定对同一金属在同样的变形条件下，无论是简单应力状态或是复杂应力状态，当作用于物体的最大切应力达到某个极限值时，物体便开始塑性变形。即：

$$\tau_{max} = \frac{\sigma_1 - \sigma_3}{2} = k \tag{3-4}$$

据假定，切应力极值 k 与应力状态无关，即单向应力状态、平面应力状态和体应力状态的 k 值都一样，故可由单向拉伸（或压缩）来确定 k。
单向拉伸时：

$$\tau_n = \tau_{max} = \frac{\sigma_1}{2} = \frac{\sigma_s}{2}$$

切应力的极值：

$$k = \tau_{max} = \frac{\sigma_s}{2}$$

则 Tresca 屈服条件为：

$$\sigma_1 - \sigma_3 = \sigma_s \tag{3-5}$$

由式（3-6）可见，同号应力状态比异号应力状态所需的单位变形力（在工具作用方向上单位面积所受的力）要大。因为同号应力状态两个主应力 σ_1 和 σ_3 在斜面上引起的切应力 τ' 和 τ'' 方向相反如图 3-8（b）所示，所以两者合起来的 τ_n 就小，但切应力达到极限值 k 时才产生屈服，所以此时要使 τ_n 达到 k 就必须加大单位变形力；而异号应力状态由于 σ_1 和 σ_3 在斜面上引起的切应力 τ' 和 τ'' 方向相同如图 3-8（a）所示，所以两者合起来的 τ_n 就大，这时用较小的单位变形力就可使 τ_n 达到 k。

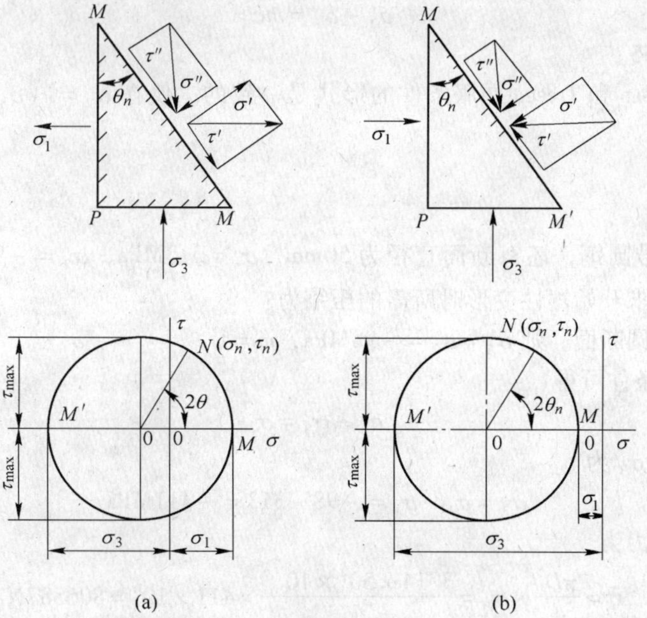

图 3-8　异号和同号应力状态
（a）异号应力状态；（b）同号应力状态

3.4.3　能量理论（Mises 屈服条件）

为实践所证明最正确最全面的极限状态理论是能量理论。这一理论认为，金属的塑性变形开始于使其体积发生弹性变形的单位变形位能累积到了一定限度时的塑性状态，而这一限度与应力状态无关。其屈服条件表达式为：

$$\frac{1}{\sqrt{2}}\sqrt{(\sigma_1 - \sigma_2)^2 + (\sigma_2 - \sigma_3)^2 + (\sigma_3 - \sigma_1)^2} = \sigma_s \tag{3-6}$$

上述塑性方程式表示了在体应力状态下，金属由弹性变形过渡到塑性变形时，三个主应力与金属的屈服极限间所必备的数学关系。为便于应用，有必要对上式进行简化。

由前面内容可知，三个主应力大小次序为：$\sigma_1 > \sigma_2 > \sigma_3$（按代数值），也就是 σ_2 在 σ_1 和 σ_3 之间变化。现取下述三个特殊情况：

$$\sigma_2 = \sigma_1;\ \sigma_2 = \sigma_3;\ \sigma_2 = \frac{\sigma_1 + \sigma_3}{2}$$

加以研究。

（1）当 $\sigma_2 = \sigma_1$ 时，屈服条件可表示为

$$\sigma_1 - \sigma_3 = \sigma_s$$

（2）当 $\sigma_2 = \frac{\sigma_1 + \sigma_3}{2}$ 时，屈服条件可表示为

$$\sigma_1 - \sigma_3 = \frac{2}{\sqrt{3}}\sigma_s = 1.155\sigma_s$$

（3）当 $\sigma_2 = \sigma_3$ 时，屈服条件可表示为

$$\sigma_1 - \sigma_3 = \sigma_s$$

综上所述，可得到 Mises 屈服条件的简化形式：

$$\sigma_1 - \sigma_3 = m\sigma_s \tag{3-7}$$

式中的 $m = 1 \sim 1.155$。

由上可见，Mises 和 Tresca 屈服条件的形式是一致的，仅在 $\sigma_2 = (\sigma_1 + \sigma_3)/2$ 时两者相差 15.5%。

3.4.4 例题

（1）镦粗 45 号圆钢，坯料断面直径为 50mm，$\sigma_s = 313\text{MPa}$，$\sigma_2 = -98\text{MPa}$，若接触表面主应力均匀分布，求开始塑性变形时所需的压缩力？

解：因工件为圆断面，则 $\sigma_1 = \sigma_2 = -98\text{MPa}$，$m = 1$

由 Mises 屈服条件可得

$$\sigma_1 - \sigma_3 = \sigma_s$$

所以压缩应力 σ_3 为

$$\sigma_3 = \sigma_1 - \sigma_s = -98 - 313 = -411\text{MPa}$$

则所需的压缩力为

$$P = \frac{\pi D^2}{4} \cdot \sigma_3 = \frac{3.14 \times 50^2 \times 10^{-6}}{4} \times 411 \times 10^6 = 806587\text{N}$$

（2）若有一物体的应力状态为 -108MPa、-49MPa、-49MPa，$\sigma_s = 59\text{MPa}$，分析该物体是否开始塑性变形？

解：按 $\sigma_1 > \sigma_2 > \sigma_3$ 代数值规定，可得

$$\sigma_1 = \sigma_2 = -49\text{MPa},\ m = 1,\ \sigma_3 = -108\text{MPa}$$

计算 $\sigma_1 - \sigma_3$ 可得

$$\sigma_1 - \sigma_3 = -49 - (-108) = 59\text{MPa} = \sigma_s$$

计算结果说明符合屈服条件，可以开始塑性变形。

（3）拉拔一工件的应力状态为 -49MPa、-49MPa、14MPa，$\sigma_s = 196\text{MPa}$，分析该物体是否开始塑性变形？

解：按 $\sigma_1 > \sigma_2 > \sigma_3$ 代数值规定，可得

$$\sigma_2 = \sigma_3 = -49\text{MPa},\ m = 1,\ \sigma_1 = 147\text{MPa}$$

计算 $\sigma_1 - \sigma_3$ 可得

$$\sigma_1 - \sigma_3 = 147 - (-49) = 196\text{MPa} = \sigma_s$$

计算结果说明符合屈服条件，可以开始塑性变形。

习　题

3-1　什么叫体积不变定律，有什么意义？

3-2　什么叫最小阻力定律，有何实际意义？

3-3　利用最小阻力定律分析小辊径轧制的优点。

3-4　为什么镦粗任何形状的截面，其变形的最终结果会是圆形截面。

3-5　拉丝时为什么 $\sigma_1 < \sigma_s$，还能产生塑性变形，它与 $\sigma_1 > \sigma_s$ 的变形有何区别？

3-6　利用最大切应力理论说明为什么工件在三个相等的压应力作用下，不论应力有多大也不能产生塑性变形。

3-7　拉拔时易于产生塑性变形，是否意味着这种加工方法有利于发挥金属的塑性，为什么？

3-8　轧制时，变形区内的金属在高向压下后，产生了延伸和宽展，解释为什么延伸总是大于宽展？

3-9　弹塑共存定律的内容是什么？

3-10　如何理解金属的屈服？

3-11　金属屈服极限 σ_s 的概念是什么？

3-12　镦粗 45 号圆钢，坯料断面直径为 50×10^{-3}m，$\sigma_s = 313$MPa，$\sigma_2 = -98$MPa，若接触表面主应力均匀分布，求开始塑性变形时所需的压缩力。

3-13　利用最小阻力定律判别如图 3-9 中各质点的流动方向。

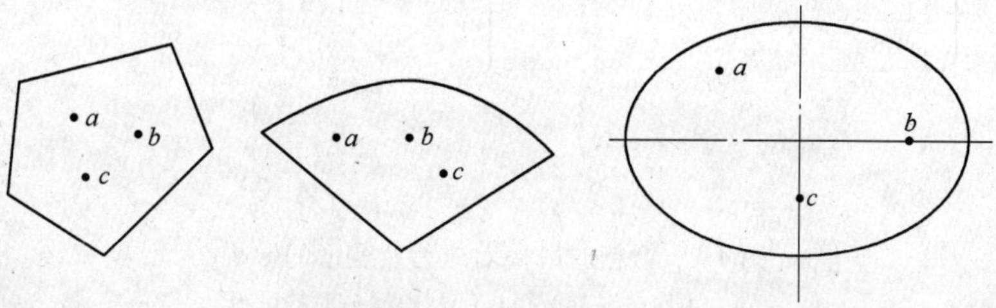

图 3-9　习题 3-13

4 金属塑性加工中的摩擦与润滑

金属塑性加工中，工具与工件的接触面上两者多少要发生相对滑动或有相对滑动的趋势，于是在此接触面上就存在阻碍这种滑动的摩擦，同时也就有减少摩擦的润滑问题。本章主要讲述金属塑性加工中摩擦的特点、作用、种类和减少摩擦的技术措施和摩擦系数的确定方法。

4.1 外摩擦的影响与特征

由于在压力加工过程中，不可避免地要在工具与变形金属间产生摩擦力，这种摩擦力对金属的变形过程有很大的影响。

4.1.1 外摩擦的影响

4.1.1.1 改变了应力及变形的分布

加工时，由于摩擦的存在而改变了金属在变形时的应力状态，结果导致变形的不均匀。这个情况可以通过图4-1所示的镦粗得到说明。

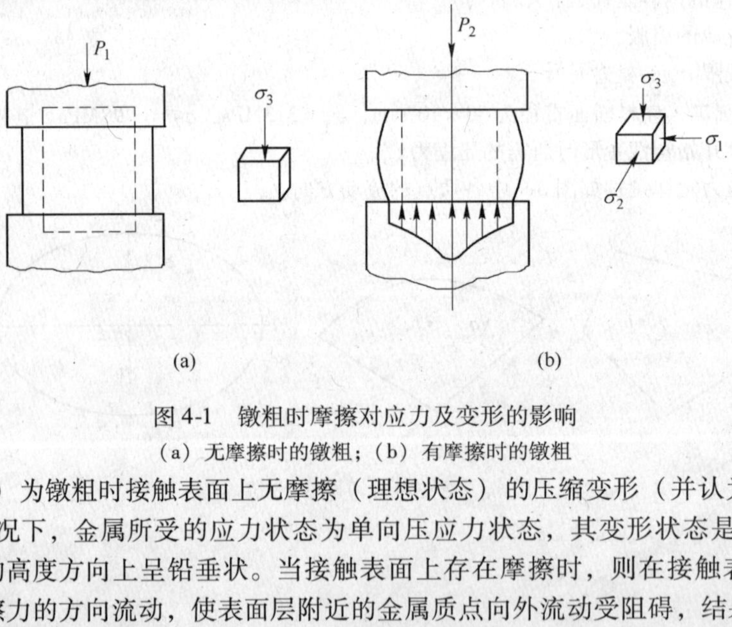

图4-1 镦粗时摩擦对应力及变形的影响

（a）无摩擦时的镦粗；（b）有摩擦时的镦粗

图4-1（a）为镦粗时接触表面上无摩擦（理想状态）的压缩变形（并认为金属的性能均匀），在这种情况下，金属所受的应力状态为单向压应力状态，其变形状态是均匀的，因此，在金属侧表面的高度方向上呈铅垂状。当接触表面上存在摩擦时，则在接触表面上的金属质点，将逆着摩擦力的方向流动，使表面层附近的金属质点向外流动受阻碍，结果造成金属的侧表面变形成为鼓形，如图4-1（b）所示，这种情况下的应力状态，不是单向压应力状态，而是三向压应力状态。这种三向压应力状态的强弱分布是不均衡的，由中心层向外层逐渐减弱，在外层的边缘，可以认为是单向压应力状态。例如在轧制中厚板时，我们见到钢板的两个侧边总是呈现鼓形而不是平直状，就是因为轧制时在接触表面沿轧辊轴线方向上的接触摩擦的影响所致。

4.1.1.2 增加了变形时的能量

由图4-1所示的情况也可以看出，当压缩量相同时，对于图4-1（a）中所需的外力P_1，显然较图4-1（b）中的P_2力小。这是因为图4-1（b）中的变形力P_2，不能全部用来使金属产生塑性变形，或者说，P_2力除了使金属发生塑性变形外，还有一部分力要用来克服接触表面的摩擦阻力；而在图4-1（a）中，因为没有摩擦存在，而无须克服接触表面的摩擦阻力。因此，在压缩量相同的条件下，P_2力必然要比P_1力大。由此可知，当P_1与P_2力相等时，图4-1（a）中的变形量一定会较图4-1（b）中的变形量大得多。据此，在塑性加工过程中，如果摩擦的影响越大，则所需要的变形能量也就越大，金属的塑性变形也就越困难。实践证明，在一般的操作条件下进行冷锻时，由于摩擦力的影响而导致加工负荷增加30%。

4.1.1.3　降低工具的使用寿命

由于摩擦力使金属的变形抗力增加，因而在保证金属变形量的条件下，必然会导致工具内引起很大的应力；同时还会因摩擦的存在而提高工具表面的温度，使工具的强度降低，特别是对于经过淬火及低温回火处理的工具，强度的降低尤为显著；此外，摩擦力还会引起工具的磨损，摩擦系数越大，磨损的程度亦越显著，从而使工具的使用寿命也降低了。

4.1.1.4　降低了加工产品的质量

摩擦对所有的加工产品，不仅使表面的质量降低，而且也使加工产品的内部质量降低。首先摩擦使得轧辊表面逐渐变得粗糙，造成轧件的表面质量变差；其次是当接触表面的摩擦增加时，在接触面阻止金属质点流动的能力就越强，其侧表面的鼓形将越严重，金属变形的不均匀程度也将更为显著。因此，当变形终了时，会使加工产品组织结构不均匀，其结果会导致产品的机械性能也不均匀。所以，减小接触表面的摩擦，对提高表面质量和内在质量是有利的。

4.1.1.5　摩擦的有益作用

前面的几个方面，是外摩擦在金属塑性变形过程中的不良影响，应尽可能采取措施来减小。但是，并非在所有压力加工过程中都希望减小摩擦。就轧制过程来说，如果没有摩擦，轧制过程是不可能建立起来的。为了强化轧辊咬入轧件和轧制过程，通常采用增加摩擦系数的方法。

在压力加工过程中，还可以根据摩擦的特点和分布，达到控制所需要的变形，如在轧制时，就可以根据摩擦系数大小的变化，来控制延伸和宽展变形；又如用冲压法来制造管状的加工产品，常使冲头上保持相当高的摩擦以负担部分拉应力，使冲击管子的前端所受的拉应力减小，因而可采用较大的一次变形量而不发生断裂；挤压时，因摩擦系数大而产生了死区，但由于该区阻止了坯料表面的脏物及缺陷流向模孔而保证了产品的表面质量。

4.1.2　外摩擦的特征

金属压力加工中的摩擦条件与机械运转时的滑动及滚动摩擦条件有很大的不同。因此，与机械摩擦相比较，金属压力加工中的摩擦有下述几个方面的重要特征。

4.1.2.1　摩擦面的单位压力很大

在热加工时通常为98～490MPa；冷加工时为490～2450MPa，有时还会更高，如冷轧高强度的合金时，轧辊接触表面的单位压力可达2940～3920MPa；而重负荷的轴承上，其单位压力不超过19.6～39.2MPa。由于接触表面的压力大而使弹性压扁严重，造成了摩擦系数的增大；另外，大的压力也容易将润滑剂挤走或压成极薄的一层薄膜，这不利于加工中的润滑。

4.1.2.2　表面不断更新和扩大

金属由于变形而使接触表面不断扩大，导致内层金属不断涌出而成为新的接触表面。这种在变形过程中不断形成的新表面及旧表面的不断破坏，使塑性变形过程中的摩擦系数也将不断发生变化。另外，工具在加工过程中也不断地遭受磨损，使工具的表面在使用过程中不断地变化，这也是直接影响摩擦情况改变的因素之一。

4.1.2.3 摩擦对的性质相差很大

在压力加工时的工具，由于强度和刚度很大而只发生弹性变形；被加工的金属相对柔软得多而发生塑性变形。摩擦对的这种性质差别，导致变形金属与工具在接触表面产生很大的滑动，例如在冷轧带材时，由于轧制速度最高可达40m/s，而轧辊和轧件之间的相对滑动速度约为轧制速度的15%～20%，可见相对滑动速度也可达8m/s左右。

4.1.2.4 接触表面的温度高

在热加工中，与工具接触的变形温度可达800～1200℃。有的难熔金属的热加工温度高达1200～2000℃。冷拉拔与冷轧时一般可达200～300℃，有时可高达400℃。高温下不仅会改变金属氧化铁皮的厚薄、结构和性能，也会改变工件金属的组织与性能，若有润滑剂，也会改变其状态和性能。

4.1.2.5 接触面积大

这一特征在大型的热轧生产中尤为明显，其接触面积往往高达几千至几万个平方毫米。而球面轴承和滚珠轴承的接触均是点接触，即使有弹性变形，使接触面积有所增大，但最大也不超过几个至十几个平方毫米。

4.1.2.6 变形金属表面组织是变化的

热变形时金属在加热炉中被加热到很高的温度（钢1250℃左右），其表面被氧化生成很厚的炉生氧化层，塑性变形时，炉生氧化层因表面扩大而脱落，由于温度高又暴露在空气中而再次生成氧化物。但因炉内加热生成的炉生氧化物与加工变形中生成的再生氧化物的条件不同，其结构组织也不相同，前者因为生成氧化物的时间长而疏松脆硬；后者因时间短，加之氧气充足，使其氧化层的结构致密。氧化层的这种改变，引起变形金属表面组织的变化而使摩擦系数发生改变。

4.2 摩擦理论

4.2.1 塑性变形时摩擦的分类

根据塑性变形时接触表面的特征，可以把外摩擦分为：干摩擦、边界摩擦和液体润滑摩擦三种。

（1）干摩擦。它是指变形金属与工具表面之间没有任何其他介质和薄膜，两者完全处于直接接触的状态。但在塑性变形时，由于变形金属的表面总要产生氧化铁皮，或者吸附一些气体和灰尘。因此，在金属压力加工过程中真正的干摩擦是不存在的。通常所说的干摩擦，指的是在接触面间不加润滑剂的状态。

（2）液体润滑摩擦。在变形金属与工具的表面之间，完全被加入的润滑剂隔开，把原来工具与金属之间的摩擦变为润滑剂内部的摩擦，这种摩擦称为液（流）体润滑摩擦或称液体摩擦。

显然这种摩擦状态的阻力最小，但其效果与润滑剂的性质（如黏度）、工具的运动速度和接触面上压力的大小有关。正是由于这种摩擦的阻力最小，所以往往利用它来改进生产工艺，增加金属的变形量，减小变形力及提高工具的使用寿命等。

（3）边界摩擦。在液体润滑摩擦的条件下，润滑剂承受接触压力的一部分，并保持较低的摩擦力，随着接触面上压力的增加，被挤走的润滑剂也将增多，使变形金属与工具表面之间，仅保存一层极薄的润滑膜（其厚度在千分之一毫米以下），严重时可能出现局部区域的粘连工具现象，这种摩擦状态，称为边界摩擦。

在这种摩擦条件下，接触面上的摩擦力显然比液体摩擦大，而比干摩擦小。影响边界摩擦的主要因素，是边界润滑膜的性质和它与金属表面的结合强度，如吸附能力越强，则效果将更为显著。因此，接触表面的压力、温度等是选择合适润滑膜的重要条件。

在生产中，以上三种摩擦状态不是截然分开的，常常会出现混合摩擦状态。如干摩擦与边界摩擦混合的半干摩擦；边界摩擦与局部液体摩擦混合的半液体摩擦等。

4.2.2　干摩擦理论

实验中表明，相互接触的摩擦对表面，即使是经过精细的加工，从微观上看，也是由无数参差不齐的凸牙与凹坑所构成，如图4-2所示。如果使两者相互接触，在整个宏观相接触的范围（摩擦场）内，只有为数极少的点发生直接接触，这些接触点只占摩擦场面积的1%～10%。由于接触点少，即使外加载荷很轻微，这些接触点承受的负荷仍然很大，并将发生凸牙与凹坑间的相互插入和咬合，同时凸牙与凹坑间的接触也是很不规则的。

由图4-2所示的干滑动摩擦图形可以看出，随着负荷P的增加，相互插入的点就越多，插入的深度也越大，相互间的咬合也就越紧。当负荷P力足以使摩擦对之间产生相对移动时就不可避免地要引起下列的过程：

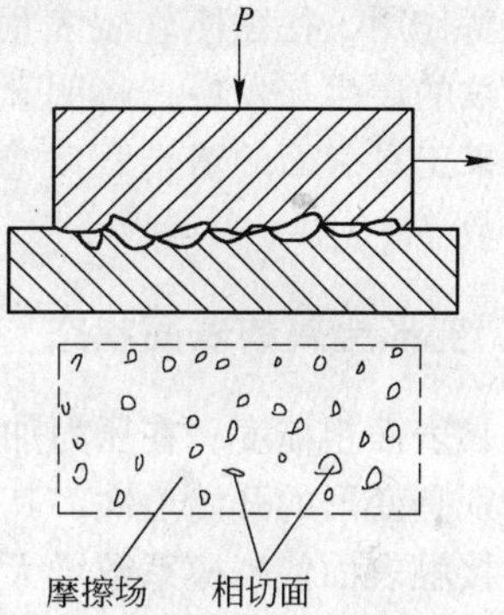

图4-2　干滑动摩擦时表面接触示意图

（1）强度较大的一些凸牙、凹坑，会使强度较小的凸牙和凹坑发生变形和切断。凸牙与凹坑的强度，不仅将取决于金属的强度，而且还取决于凸牙和凹坑的大小。可以认为：摩擦对的双方都有强与弱的凸牙和凹坑，因此，在变形金属与工具的接触面上，都会存在不同程度的凸牙与凹坑发生变形和切断的现象。例如轧制时，在轧辊的表面上发现的金属微粒，就是轧件表面的凸牙被切断的结果；而轧辊的磨损，可以认为主要是轧辊表面凸牙被切断而引起的。由于轧辊的强度比轧件大，所以凸牙被切断的概率是不相等的。

（2）由于切断不会突然发生，在切断前要先发生变形，而塑性变形要产生变形热，切断也要产生热量。当热量局限在接触表面而不能迅速散失时，必然会使接触表面的温度升高，即产生摩擦热。当摩擦对中的其中一个熔点较低时，可能会发生低熔点的金属焊贴在熔点高且坚硬的工具面上，这在轻金属加工中是比较容易见到的。

（3）由于凸牙与凹坑都具有一定的高度和深度。因此，变形、切断和温度等因素不只局限于接触表面层中，这就是外摩擦不仅是个表面现象，而且还与表面层附近的金属组织状态有关的原因所在。

总之，金属塑性加工时的外摩擦是个极其复杂的问题，如在连续加工过程中工具的磨损，与上述的每个过程都有密切联系。

4.3　影响外摩擦的因素

实验和实践证明，影响摩擦系数的因素很多，其中主要有工具的表面状态、变形金属的表面状态、变形金属与工具的性质、单位压力、变形温度、变形速度以及润滑条件等。这些因素在压力加工过程中，它们既相互联系又相互影响，因此，摩擦系数的变化规律是一个很复杂的问题，下面就它们各自的影响做一些简述。

4.3.1　工具的表面状态

首先，摩擦系数的大小，与轧辊表面的光洁度有关。表面愈光洁，则摩擦系数 f 就愈低。例如工具表面的人工刻痕、堆焊可获得最大的摩擦系数，而在冷加工时工具使用的润滑剂可以获得最小的摩擦系数。还有在钢板轧制过程中，刚换上的新轧辊较轧制一段时的轧辊的摩擦系数要小，因此，在压下量相同时，旧轧辊较新轧辊容易咬入，而钢材的表面质量，则是新辊较旧辊的好。

另外，对于新轧辊的表面摩擦大小，在不同的方向是不同的，如轧辊表面的圆周方向摩擦系数较横向摩擦系数一般要小 20% 左右，这主要是由于轧辊车削或磨削时，都在轧辊旋转时进行加工，轧辊表面总有环向刀痕（见图 4-3），使其表面的摩擦系数产生了方向性所致。

最后，工具的使用（或磨损）也影响摩擦系数的变化和方向性，如热轧时，轧辊因受冷却和热轧件的交替作用，往往使轧辊表面产生龟裂、环状裂等。裂纹的产生与发展，将明显地引起摩擦的方向性。如果工具表面的清洁程度愈好，也能明显减小摩擦系数。

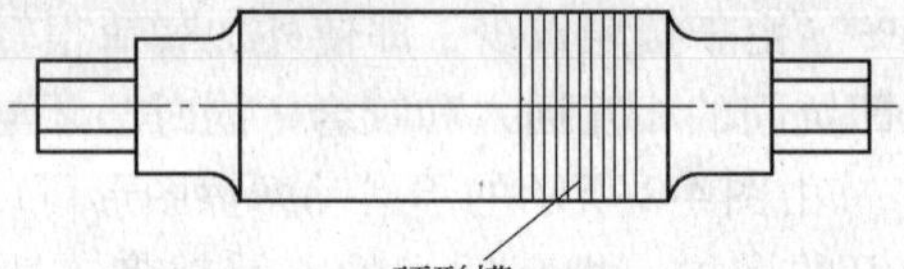

图 4-3　切削方向对摩擦系数的影响

4.3.2　变形金属的表面状态

工具表面粗糙度，在压力加工过程中往往是起主导作用，但也不能忽视变形金属的表面状态，特别是变形的开始道次，其影响是较显著的。如铸坯的表面凸凹不平较严重时，会因这种粗糙的接触表面使摩擦系数增大。但应该注意，变形金属的原始表面状态只在最初道次的加工时才有明显的作用，随着道次的增加，金属表面的凸凹不平将被压平，而金属表面将呈现工具表面的压痕，因此，变形金属的表面凸凹被压平后，接触表面的摩擦情况将与工具的表面状态有密切的关系。

4.3.3　变形金属和工具的化学成分

4.3.3.1　轧辊材质的影响

我们知道，钢轧辊的含碳量比铸铁的低，所以钢轧辊的硬度小，不耐磨，轧制一段时间后表面变得粗糙，使得摩擦系数 f 增加；另外，钢辊比铁辊易粘钢，本身摩擦系数 f 也大。

4.3.3.2　钢种的影响

钢的化学成分不同，其组织与性能就不同，加热时形成的氧化铁皮的性质也就不同，从而使得摩擦系数也就不同。在正常轧制温度（大于 950℃）条件下高碳钢比低碳钢的摩擦系数大；合金钢比碳素钢的摩擦系数大（奥氏体不锈钢是碳素钢摩擦系数的 1.5 倍）。

所以轧钢生产时，在轧制高合金钢时要单独选择孔型系统，否则容易产生过充满（出耳子）现象。

4.3.4　变形温度

轧制温度对摩擦系数影响的实验曲线，如图 4-4 所示。此曲线是用铸铁辊轧制含碳量为 0.5% ~0.8% 的钢件时绘制的，由图可以看出，在 700℃之前，随着温度的升高，摩擦系数 f 增加，在 700℃时摩擦系数 f 达最大值；此后温度升高摩擦系数 f 值逐渐降低。对于轧制含碳量 w（C）$<0.5\%$ 的钢件时摩擦系数 f 达最大值的温度为 900 ~1050℃。

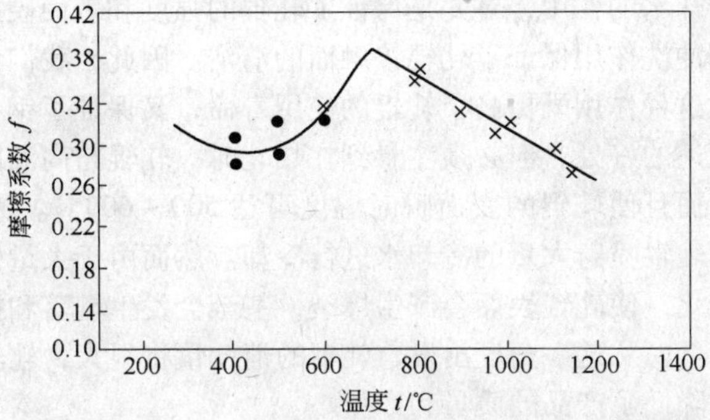

图 4-4 轧制碳钢时摩擦系数与轧制温度的关系

温度对摩擦系数影响的规律可以理解为：在温度较低时，金属表面的氧化铁皮黏附在表面上，质地又较硬，表现出与工具之间的摩擦系数较小。随着温度的升高，氧化铁皮增厚，金属的强度也逐渐降低，因而使摩擦系数增大。当温度升高达一定值（大约为1000℃）后，随温度的升高，氧化铁皮变软或脱离金属的表面，在金属和工具之间形成了一个隔绝层而起到润滑剂的作用，因此，使摩擦系数减小。

在一般热轧过程中轧制温度对摩擦系数的影响规律可以概括为：随着轧制道次的增加，轧件的温度不断降低，轧制中的摩擦系数 f 变得越来越大。

4.3.5 变形速度

实践表明，摩擦系数与轧制速度的关系，总的来说是随轧制速度的增加，其摩擦系数是降低的。这可能是轧制速度增加，使轧件和轧辊的接触时间减少导致彼此机械咬合作用减弱之故。

根据摩擦系数与速度的这种变化规律，在生产实践中得到了广泛的应用，例如在可调速的可逆式轧机上进行轧制时，为了不使咬入条件恶化，往往采用低速咬入高速轧制的方法，即使轧辊在低转速下将轧件拉入轧辊，一旦轧件被轧辊咬入后，就增加轧辊的转速，使轧件迅速获得变形，这种轧制方法，是对摩擦系数的合理利用。

另外，如图 4-5 是在连轧机上冷轧薄带钢时（采用工艺润滑）摩擦系数与轧制速度的关系。由图 4-5 可知，轧制速度提高，摩擦系数 f 减小，主要原因是随速度提高被带入变形区的润滑油量增多，油膜厚度增大。在高速区摩擦系数 f 变化不大，甚至略增，原因可能是温度效应明显，油的黏度降低，使带入油的条件恶化等。对其他塑性加工过程也可得到随加工速度增加摩擦系数降低的结论。如锻锤比压力机镦粗相比其摩擦系数小 20% ~25%，采用矿物油润滑锻镍铬不锈钢时高速锻和低速锻摩擦系数分别为 0.05 和 0.18。

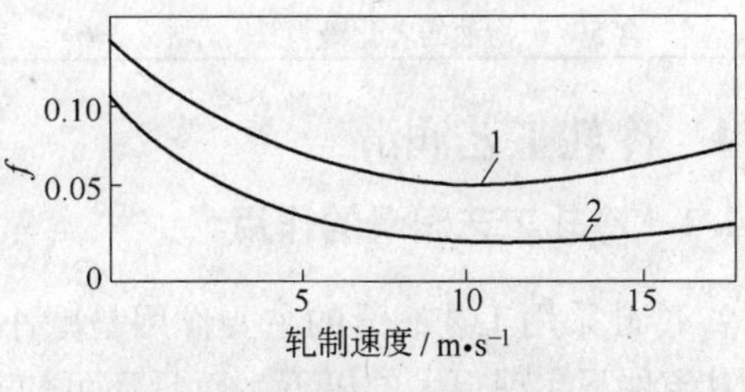

图 4-5 摩擦系数与轧制速度的关系曲线
1，2—分别用矿物油乳化液和棕榈油乳化液润滑

4.3.6 冷却水

在钢板热轧生产中，没有采用什么润滑剂。然而用来冷却轧辊的冷却水，则起到了一定的

润滑作用。这是因为冷却水的作用，首先是保证了轧辊的强度和表面硬度，因而使轧辊的磨损较缓慢；其次由于水的冲洗作用保证了轧辊接触面的清洁。因此，我们说水的作用间接地起到了一定的润滑作用，故这种作用既提高了轧辊的使用寿命，又保证了钢板的表面质量。

用水冷却虽然有上述的好处，但必须注意到在热轧时，轧辊与高温的金属相接触中，不仅要承受巨大的轧制力，而且使轧辊的表面瞬时温度可达 500～600℃。为了保证轧辊的表面硬度和轧辊强度，必须向轧辊喷射大量的冷却水进行冷却。然而由于大量水的冷却，又造成轧辊表面冷热状态的急剧变化，使轧辊表面会产生爆裂，甚至会发生剥落和掉肉等缺陷，从而又导致了轧辊的使用寿命降低。从这一角度出发，轧辊的消耗量将很大，轧辊更换也很频繁而影响轧机的作业率，因此，降低了产品的质量和产量。

由此可见，用水冷却既存在有利的一面，又有不利的一面，在生产中要控制冷却水的量是比较困难的。为了解决生产中不利的一面，在冷轧采用润滑剂的启发下，20 世纪 60 年代后期，在热连轧机的精轧机组上首先应用了工艺润滑剂，并取得了明显的效果。不同的润滑剂所起的效果是不同的，表 4-1 为用不同润滑油作润滑剂时的摩擦系数 f。

表 4-1　用不同润滑油作润滑剂时的摩擦系数 f

润滑油种类	实验次数	摩擦系数 f	
		范围	平均值
干燥的轧辊	3	0.194～0.231	0.215
变压器油	3	0.101～0.107	0.104
20 号机械油	3	0.082～0.094	0.088
11 号饱和汽缸油	4	0.067～0.069	0.068
24 号饱和汽缸油	4	0.052～0.056	0.055
52 号过热汽缸油	3	0.047～0.050	0.049
棉子油	4	0.066～0.069	0.067
氢化葵子油	7	0.058～0.062	0.060
棕榈油	3	0.058～0.060	0.059
蓖麻油	13	0.040～0.045	0.042
聚合棉子油 2 号	2	0.046～0.048	0.047
3 号	2	0.039～0.040	0.040
4 号	2	0.034～0.036	0.035
5 号	4	0.033～0.035	0.034
含 5% 矿物油的乳化液	6	0.065～0.081	0.071

4.4　冷轧工艺润滑

4.4.1　冷轧工艺润滑的作用

冷轧采用工艺润滑的主要作用是减小金属的变形抗力，这不但有助于保证在已有的设备能力条件下实现更大的压下，而且还可使轧机能够经济可行地生产厚度更小的产品。此外，采用有效的工艺润滑也直接对冷轧过程的发热率以及轧辊的温升起到良好影响。在轧制某些品种时，采用工艺润滑还可以起到防止金属粘辊的作用。

4.4.2　对冷轧工艺润滑剂的要求、工艺润滑剂的基本类型

4.4.2.1　对工艺润滑剂的要求

（1）能较大幅度地降低摩擦系数，润滑效果好。

（2）在工具和金属表面上在高速高压下能够有均匀而良好的润滑层，也就是在带钢表面

上形成均匀、致密的一层油膜，而且这层油膜要有足够的强度，以保证稳定的润滑条件。

(3) 润滑剂要有一定的化学稳定性，它不能腐蚀金属及工具表面，而且不至于游离，产生沉淀。

(4) 润滑剂要有适当高的燃点，以避免在加工过程中由于变形热导致的温度升高而燃烧。

(5) 加工后易于在表面清除，同时含灰分要少，否则退火后在金属表面上留下燃烧油迹，使表面质量变坏。

(6) 润滑剂应当具有良好的冷却性能，以便把变形热带走，使轧制稳定，同时还要考虑到资源情况，做到质量好而价格便宜。

其中 (1)、(2) 更为重要，一般认为润滑剂性能的良好与否，取决于润滑剂中含有一种叫做游离脂肪酸的物质，它的含量越多，则润滑效果越好。一般矿物油比动植物油所含游离脂肪酸要少。润滑剂应当有一定的黏度。黏度是随温度，轧制压力而改变的，轧制压力大黏度则高，温度高则黏度低。

4.4.2.2 轧制润滑剂的基本类型

轧制润滑剂可按化学成分、聚合状态、用途等进行分类。

按聚合状态，轧制生产中采用的润滑剂可分为：油和水－油混合物、乳化液。

A 油和水－油混合物

在轧机上主要采用便于向轧辊和金属喷涂流动性好的液体油。按其化学成分可将它们分为以下五种：

(1) 矿物油。

(2) 植物脂肪和动物脂肪。

(3) 以合成脂肪酸为基础的油。

(4) 矿物油和植物油或合成油的混合物。

(5) 以植物油生产废料为基础的润滑油。

B 乳化液

一种液相以细小液滴形式分布于另一种液相中，形成两种液相组织的足够稳定的系统，称为乳化液。形成液滴的液体称为分散相，乳化液的其余部分称为分散(连续)介质。

4.5 轧制时的摩擦系数

前一节讨论了各种因素对摩擦系数的影响，而这些因素在数量上很难个别地、精确地确定它们的影响，同时在变形时因各种条件的变化(如滑动速度、温度、润滑等)，使得在计算时必须采用平均值，用它来近似考虑摩擦力。直到现在主要是用正压力摩擦系数的方法来计算摩擦力。下面仅介绍轧制生产中常用的摩擦系数的计算方法。

4.5.1 热轧时摩擦系数的计算

艾克隆德根据影响摩擦系数的因素，提出了一个计算摩擦系数的经验公式，即

$$f = K_1 K_2 K_3 (1.05 - 0.0005t) \tag{4-1}$$

式中 K_1 ——轧辊材质影响系数，对于钢轧辊 $K_1 = 1.0$，铸铁轧辊 $K_1 = 0.8$；

K_2 ——轧制速度影响系数，可按实验曲线图 4-6 确定；

K_3 ——轧件材质影响系数，可据表 4-2 所列的实验数据选取；

t ——轧制温度 (700～1200℃之间适用)。

应该指出，对表 4-2 中 K_3 的选取要慎重，这是因为当 K_1 与 K_2 不考虑时，利用表中的 K_3

值计算的结果将偏高，即为不计 K_1 与 K_2 时的 1.1～1.8 倍。显然这个结果很难说明问题，但由于目前尚缺乏这方面的深入研究，还不能对 K_3 进行修订。

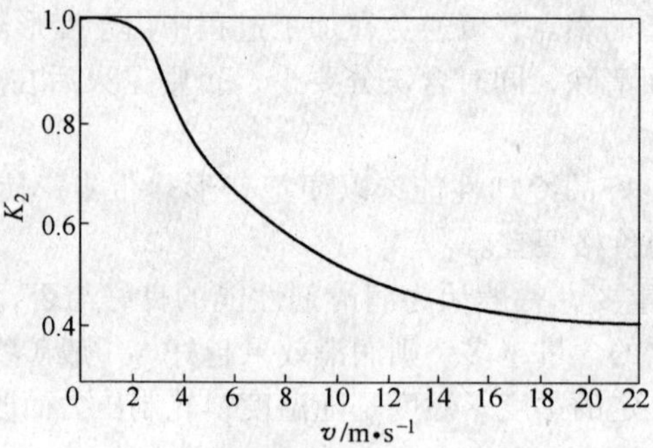

图 4-6　轧制速度的影响系数 K_2 值

表 4-2　轧件材质的影响系数 K_3 值

钢　种	钢　号	K_3
碳素钢	20～70、T7～T12	1.0
莱氏体钢	W18Cr4V、W9Cr4V2、Cr12、Cr12MoV	1.1
珠光体－马氏体钢	4Cr9Si2、5CrMnMo、5CrNiMo、3Cr13 CrMoMn、3Cr2W8	1.3
奥氏体	0Cr18Ni9、4Cr14NiW2Mo	1.4
含纯铁体或莱氏体的奥氏体钢	1Cr18Ni9Ti、Cr23Ni13	1.47
纯铁体钢	Cr25、Cr25Ti、Cr17、Cr28	1.55
含硫化物的奥氏体钢	Mn12	1.8

4.5.2　冷轧时摩擦系数的计算

冷轧中计算摩擦系数的方法很多，根据生产中的实际效果，采用下式计算较多，即

$$f = K\left[0.07 - \frac{0.1v^2}{2(1+v)\quad +3v^2}\right] \tag{4-2}$$

式中　K——润滑剂的种类与质量的影响系数，其值见表 4-3；

v——轧制速度，m/s。

表 4-3　润滑剂种类对摩擦系数的影响

润　滑　条　件	K
干摩擦轧制	1.55
用机油润滑	1.35
用纱锭油润滑	1.25
用煤油乳化液润滑（含 10%）	1.0
用棉子油、棕榈油或蓖麻油润滑	0.9

习　题

4-1　何谓外摩擦，它对压力加工有何不利影响？

4-2　解释外摩擦为什么会降低工具的使用寿命？

4-3　分析轧钢时轧辊磨损的原因。

4-4　解释外摩擦为什么会降低产品的质量?

4-5　解释在加工中摩擦的有益作用。

4-6　解释摩擦热产生的原因。

4-7　影响摩擦的因素有哪些?

4-8　分析轧制温度对摩擦影响的规律。

4-9　变形速度对摩擦的影响规律。

4-10　解释热轧时冷却轧辊的冷却水为什么会间接地起到润滑的作用?

4-11　润滑在冷轧生产中有何实际意义?

4-12　轧制生产中如何合理利用摩擦?

4-13　轧制温度过高，轧件为什么不容易咬入?

4-14　某四辊冷轧机 $\phi1500/\phi420\text{mm}\times2250\text{mm}$ 采用支撑辊传动，轧辊转速 $n=23\text{r/min}$，用机油润滑轧制碳钢，计算该轧制时的摩擦系数 f。

5 金属的塑性与变形抗力

5.1 金属塑性的概念及测定方法

5.1.1 金属塑性的基本概念

金属之所以能进行压力加工主要是由于金属具有塑性这一特点。所谓塑性，是指金属在外力作用下，能稳定地产生永久变形而不破坏其完整性的能力。金属塑性的大小，可用金属在断裂前产生的最大变形程度来表示。一般通常称压力加工时金属塑性变形的限度，或“塑性极限”为塑性指标。

应当指出，不能把塑性和柔软性混淆起来。不能认为金属比较软，在塑性加工过程中就不易破裂。柔软性反映金属的软硬程度，它用变形抗力的大小来衡量，表示变形的难易。不要认为变形抗力小的金属塑性就好，或是变形抗力大的金属塑性就差。例如：室温下奥氏体不锈钢的塑性很好，能经受很大的变形而不破坏，但它的变形抗力却非常大；工业纯铁的变形抗力很低，柔软性很好，但在轧制温度约在 1000 ~ 1050℃之间就要断裂，这就是说它没有塑性；高速钢的变形抗力较工业纯铁要高 2 ~ 3 倍，但在 1000 ~ 1050℃之间进行轧制时并没有破裂；对于过热和过烧的金属与合金来说，其塑性很小，甚至完全失去塑性变形的能力，而变形抗力也很小；也有些金属塑性很高而变形抗力又小，如室温下的铅等。

金属的塑性不仅受金属内在的化学成分与组织结构的影响，也和外在的变形条件有密切关系。同一金属或合金，由于变形条件不同，可能表现有不同的塑性，甚至由塑性物体变为脆性物体，或由脆性物体转变为塑性物体。例如受单向拉伸的大理石是脆性物体，但在较强的平均应力下压缩时，却能产生明显的塑性变形而不破坏。对金属与合金塑性的研究，是压力加工理论与实践上的重要课题之一。研究的目的在于选择合适的变形方法，确定合理的变形温度、速度条件以及采用的最大变形量，以便使低塑性难变形的金属与合金能顺利实现成型过程。

5.1.2 金属塑性的测定方法

5.1.2.1 塑性指标

由于变形力学条件对金属的塑性有很大影响，所以目前还没有一种实验方法能测出可表示所有压力加工方式下金属塑性的指标。为了正确选择变形温度、速度条件和最大变形量，必须测定金属在不同条件下允许的极限变形量——塑性指标。每种实验方法测定的塑性指标，虽然只能表明金属在该变形过程中所具有的塑性，但也不应否定一般测定方法的应用价值，因为这些实验可以得到相对的和可比较的塑性指标。这些数据可定性地说明在一定变形条件下，各种金属塑性的高低；对同一金属，能反映哪种变形条件下的塑性高。这对正确选择变形温度、速度和变形量的范围都有直接参考价值。

表示金属与合金塑性变形性能的主要指标有：

（1）拉伸试验时的伸长率（δ）与断面收缩率（ψ）。

（2）冲击试验时的冲击韧性 a_K。

（3）扭转试验的扭转转速 n。

(4) 锻造及轧制时刚出现裂纹瞬间的相对压下量。

(5) 深冲试验时的压进深度，损坏前的弯折次数。

5.1.2.2 金属塑性的测定方法

测定金属塑性的方法最常用的有力学性能试验方法和模拟试验法（模仿某种加工变形过程的一般条件，用小试样进行试验的方法）两大类。

A 力学性能试验

(1) 拉伸试验是在材料试验机上进行的。拉伸速度通常在（3~10）$\times 10^{-3}$m/s 以下，对应的变形速度为 $10^{-3}\sim10^{-2}s^{-1}$，相当于一般液压机的变形速度。有的试验在高速试验机上进行，拉伸速度约为3.8~4.5m/s，相当于蒸汽锤、线材轧机、宽带钢连轧机变形速度的下限。如果要求更高或变化范围更大的变形速度，需设计制造专门的高速变形机。

在拉伸试验中可以确定伸长率 δ 和断面收缩率 ψ 两个塑性指标，金属材料的伸长率和断面收缩率愈大，表示该材料的塑性愈好，即材料能承受较大的塑性变形而不破坏。一般把伸长率大于百分之五的金属材料称为塑性材料（如低碳钢等），而把伸长率小于百分之五的金属材料称为脆性材料（如灰口铸铁等）。塑性好的材料，它能在较大的宏观范围内产生塑性变形，并在塑性变形的同时使金属材料因塑性变形而强化，从而提高材料的强度，保证了零件的安全使用。此外，塑性好的材料可以顺利地进行某些成型工艺加工，如冲压、冷弯、冷拔、矫直等。因此，选择金属材料作机械零件时，必须满足一定的塑性指标。

$$\delta = \frac{l-L}{L} \times 100\%$$

$$\psi = \frac{F_0 - F}{F_0} \times 100\%$$

伸长率 δ 表示金属沿拉伸轴方向上在断裂前的最大变形。由试验得知，一般塑性较高的金属，拉伸变形到一定阶段便开始出现细颈，使变形集中在试样的局部区域直到拉断；同时，在细颈出现以前试样受单向拉应力，细颈出现以后使该处受三向拉应力。由此可见，试样断裂前的伸长率，包括了均匀变形和集中的局部变形两部分，反映了在单向拉应力和三向拉应力作用下两个阶段的塑性总和。

伸长率大小与试样的原始计算长度有关，试样越长，集中变形数值的作用越小，伸长率就越小。因此，δ 作塑性指标时，必须把计算长度固定下来才能相互比较。对圆柱形试样规定有长 $L_0=10d$（d 是试样的原始直径）和 $L_0=5d$ 两种标准试样。

断面收缩率 ψ 也仅反映在单向拉应力和三向拉应力作用下的塑性指标，它与试样的原始计算长度无关。因此在塑性材料中用 ψ 作塑性指标，可以得出比较稳定的数值，故有其优越性。

(2) 冲击弯曲试验。冲击韧性值 a_K 不完全是一种塑性指标，它是弯曲变形抗力和试样弯曲挠度的综合指标。因此，同样的 a_K 值，其塑性可能很不相同。有时由于弯曲变形抗力很大，尽管破断前的弯曲变形程度较小，a_K 值也可能很大；反之，虽然破断前弯曲变形程度较大，但变形抗力很小，a_K 值也可能较小。由于试样有切口（切口处受拉应力作用），并受冲击作用，因此所得的 a_K 值能较敏感地反映材料的脆性倾向；如果试样中有组织结构的变化、夹杂物的不利分布、晶粒过分粗大和晶间物质熔化等，可较明显地反映出来。例如，在合金结构钢中，若二次碳化物由均匀分布状态变为沿晶界成网状形式分布时，这种变化虽然在拉伸试验中，塑性指标 δ 和 ψ 不改变，而在冲击弯曲试验中，却使 a_K 值降低了0.5~1倍；在某些合金钢中，由于脱氧不良也会使塑性降低，不过在拉伸试验中反映不出来，但其 a_K 值在这种情况下却降低了 1 ~ 2 倍。

为了判明 a_K 值的急剧变化是否由于塑性急剧变化而引起的，最好配合参考在试验条件下的强度极限（σ_b）变化情况。例如，当 σ_b 变化不大或有所降低而 a_K 值显著增大，这表明是由塑性急剧增高而引起的；而在 a_K 值较高的温度范围内 σ_b 值很高，则不能证明在此度范围内塑性最好。因此，按 a_K 值来决定最好的热加工温度范围，就要具体分析，否则会得出不正确的结论。

（3）扭转试验是在专用的扭转试验机上进行的。试验时，将圆柱形试样的一端固定，另一端扭转，用破断前扭转的转数（n）表示塑性的大小。试样将受纯剪力，切应力在试样断面中心为零，而在表面有最大值。纯剪时一个主应力为拉应力，另一个主应力为压应力；这种变形所确定的塑性指标能反映材料同时受数值相等的拉应力和压应力作用时的塑性。所以扭转试验，被广泛用于金属与合金的塑性研究。在斜轧穿孔时，轧件在变形区内受扭转作用，所以，有人用扭转试验来确定合适的穿孔温度。扭转试验结果可用如图 5-1 所示的曲线表示。

B　模拟试验法

（1）顶锻试验也称镦粗试验，是将圆柱形试样在压力机或落锤上镦粗，把试样侧面出现第一条可见裂纹时的变形量，作为塑性指标，即

$$\varepsilon = \frac{H - h}{H} \times 100\%$$

式中　H——试样的原始高度，mm。

h——试样的变形后高度，mm。

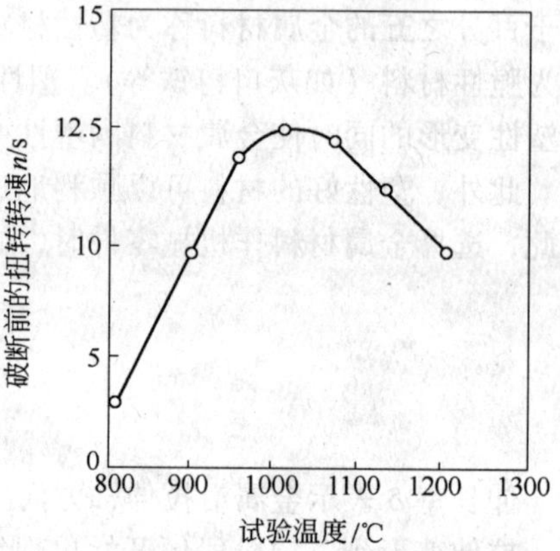

图 5-1　W18Cr4V 高速钢破断前扭转转速与试验温度的关系

此种试验方法反映了应力状态与此相近的锻压变形过程（自由锻、冷镦等）的塑性大小。在压力机上镦粗，一般变形速度为 $10^{-2} \sim 10s^{-1}$，相当于液压机和初轧机上的变形速度；而落锤试验，相当于锻锤上的变形速度。因此，在确定压力机和锻锤上锻压变形过程的加工温度范围时，最好分别在压力机和落锤上进行顶锻试验。

实验证明，对同一金属在一定温度和速度条件下进行镦粗时，可能得出不同的塑性指标，这将取决于接触表面上外摩擦的条件和试样的原始尺寸。因此，为使所得结果能进行比较，对顶锻试验必须定出相应的规程，说明进行试验的具体条件。

镦粗试验的缺点是在高温下对塑性较高的金属，尽管变形程度很大，试样侧表面也可能不出现裂纹，因而得不到塑性极限。不过在顶锻过程中形成裂纹，有时是因表面存在缺陷造成的，这在试验时是应注意的。

（2）楔形轧制试验有两种不同的做法，一种是在平辊上将楔形试样轧成扁平带状。轧后观察、测量首先出现裂纹处的变形量（$\Delta h/H$），此变形量就表示塑性大小。此方法不需制备特殊轧辊，但确定极限变形量比较困难，因为试样轧后高度是均匀的，而伸长后原来一定高度的位置发生了变化，除非在原试样的侧面上刻竖痕；否则轧后便不易确定原始高度的位置，因而也就不好确定极限变形量。另一种方法是在偏心辊上将矩形轧件轧成楔形件。这种方法采用的上轧辊有刻槽，下轧辊是平的，如图 5-2 所示。由于切制的轧槽使两辊间距在轧制过程中产生变化，所以轧后根据厚度变化的楔形件最初出现裂纹处的变形量 $\Delta h/H$ 来确定其塑性大小。用此法测得的极限变形量与试验温度的关系曲线如图 5-3 所示。

用偏心辊试验的方法比前一种优越，主要是可以准确地定出极限变形量，也免除了加工试样的麻烦。但应指出，由于单辊刻槽造成上下辊工作直径不等，在两辊转数相同时，必然使上下辊之间产生轧制速度差。这种速度差，既可能导致轧件表面损坏，也使变形力学条件发生一定变化，故对测定结果也产生一定影响。为克服上述缺点，近年来多采用双辊刻槽轧成楔形以测定塑性的大小。双辊刻槽法其辊形如图 5-4 所示。楔形轧制试验法的优点是：一次试验便可得到相当大的压下率范围，因此，往往只需要进行一次试验便可以确定极限变形量；其次是试验条件可以很好地模拟轧制时的情况。因此，这种方法广泛用于确定金属与合金轧制过程的塑性。

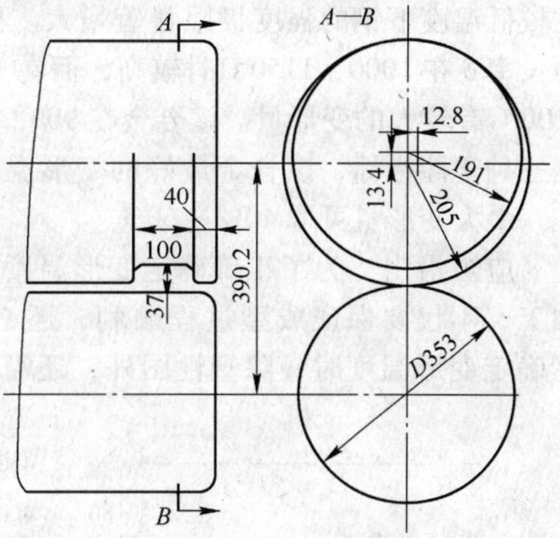

图 5-2 偏心轧辊

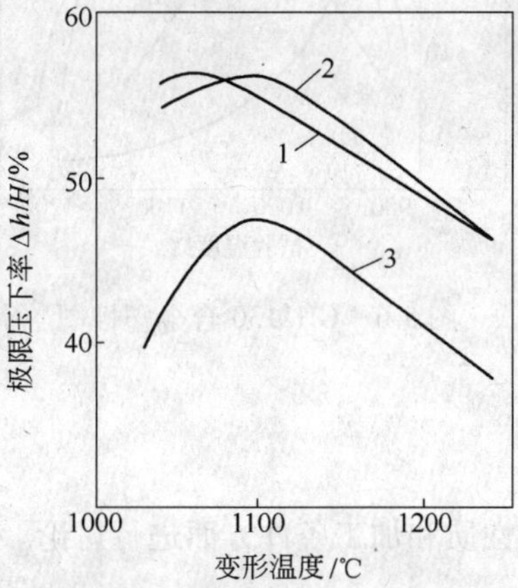

图 5-3 W18Cr4V 钢的塑性图（在 ϕ300 轧机偏心辊上轧制）

1—电渣锭；2—扁锭表面；3—扁锭中心

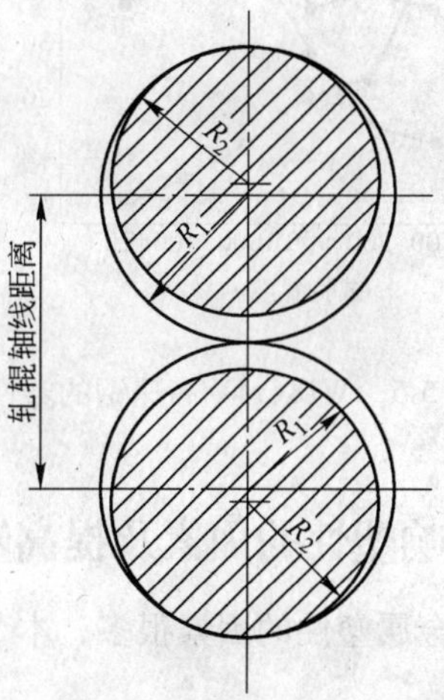

图 5-4 双辊刻槽轧成楔形件的轧辊

5.1.3 塑性图

测出不同加工条件下的塑性指标，画出塑性指标与变形温度关系的曲线图，称之为塑性图。

塑性图有很大实用价值。由热拉伸、热扭转等机械性能试验法测绘的塑性图，可确定变形温度范围；而顶锻和楔形轧制的塑性图，不仅可以确定变形温度范围，还可以分别确定自由锻造和轧制时的许用最大变形量。由于各种测定方法只能反映其特定的变形力学条件下的塑性情况，为了确定实际加工过程的变形温度，塑性图上需要给出多种塑性指标，最常用的 δ、ψ、a_K、n 等。此外，还经常给出 σ_b 曲线作为参考。现举例说明塑性图的应用。由图 5-5 和图 5-1 可见，该钢种在 900 ~ 1200℃ 范围内塑性最好。据此，可将钢锭加热的极限温度确定为 1230℃，超过这个温度，钢锭可能产生轴向断裂和裂纹；变形终了温度不应低于 900℃，因为在较低温度下钢的强度极限显著增大。图5-6为变形高温合金GH2130的塑性图。由图看出，伸长率δ在1000～1150℃时较高，而在1200℃时很低a_K值在1000℃时最大；顶锻时在950～1100℃有较大的变形量。该合金在900℃时硬而脆；在1200℃顶锻时晶界失去联结力。综合以上三种塑性指标，该合金最好的变形温度范围是950～1050℃，即在该温度范围内进行热加工，最大变形量可取40%～60%。

应当指出，为了正确确定变形温度范围，仅有塑性图是不够的，因为许多钢与合金的加工，不仅要保证成型过程顺利，还必须满足钢材的某些组织与性能方面的要求。为此，在确定变形温度时，除塑性图外，还需配合合金状态图和再结晶图及必要的显微组织检查。

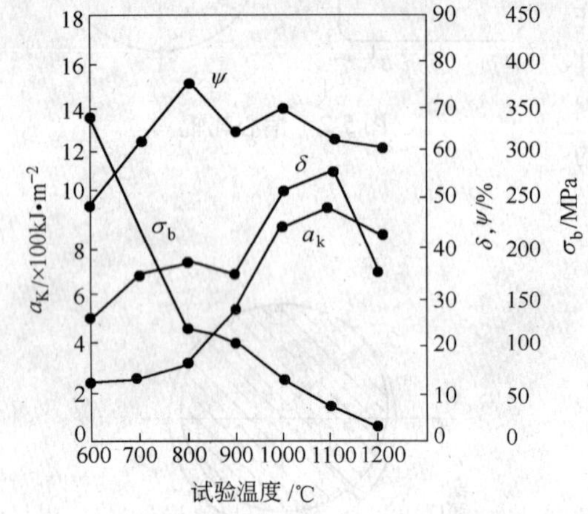

图5-5　W18Cr4V高速钢的塑性图

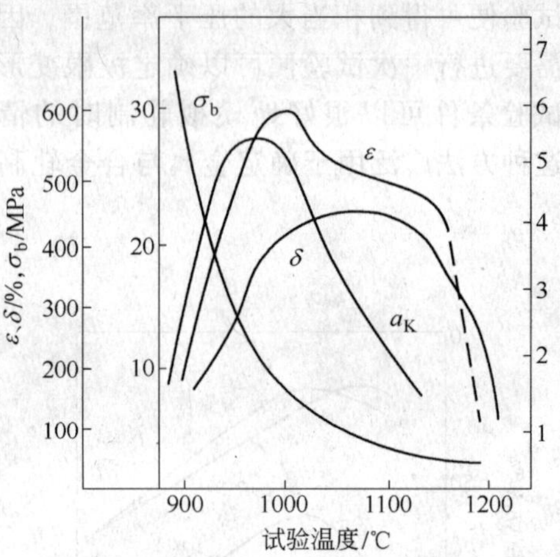

图5-6　GH2130合金塑性图

5.2　影响塑性的因素及提高塑性的途径

影响金属塑性的因素很多，本节主要从金属的自然性质和加工条件方面进行讨论。

5.2.1　金属的自然性质

金属的自然性质即化学成分和组织状态对塑性的影响。实际上这方面的问题很复杂，至今人们对这方面的了解还不全面。下面以钢为研究对象，分析化学成分和组织对塑性的影响。

5.2.1.1　化学成分的影响

在碳钢中，Fe和C是基本元素。在合金钢中，除Fe和C外还含有合金元素，常见的合金元素有Si、Mn、Cr、Ni、W、Mo、V、Co、Ti等。此外由于矿石和加工等方面的原因，在各类钢中还含有一些杂质，如P、S、N、H、O等。一般的影响规律是随着碳和杂质含量的增加，金属的塑性降低。

A　碳

碳对碳钢的性能影响最大，碳能固溶于铁形成铁素体和奥氏体，它们都具有良好的塑性和较低的变形抗力。当碳的含量超过铁的溶碳能力时，多余的碳便与铁形成化合物Fe_3C，该化合物称为渗碳体。渗碳体具有很高的硬度而塑性几乎为零，使碳钢的塑性降低，抗力提高。随着含碳量的增加，渗碳体的数量也增加，塑性的降低与变形抗力的提高就更明显，如图5-7所示。对于冷成形的碳钢，含碳量应较低；在热成形时，虽然碳能全部溶于奥氏体中，但碳含量越高，碳钢的熔化温度越低，热加工的温度范围也越窄，奥氏体晶粒长大的倾向也越大，再结晶速度也越慢，这些对热成形都是不利的。

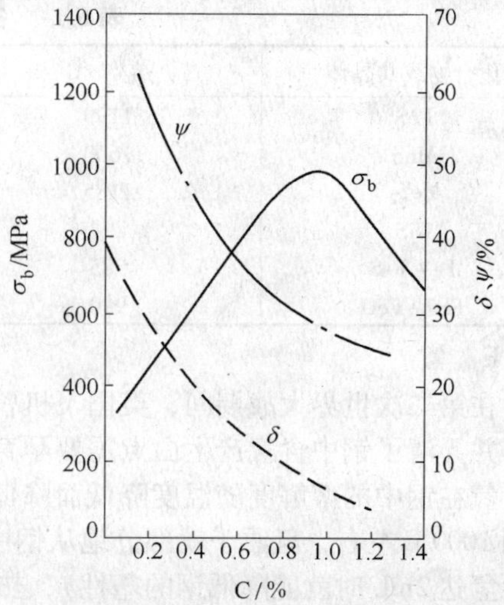

图5-7 碳含量对碳钢力学性能的影响

B 磷

磷一般说来是钢中有害杂质，磷能溶于铁素体中，使钢的强度、硬度增加，但塑性、韧性则显著降低。这种脆化现象在低温时更为严重，故称为冷脆。一般希望冷脆转变温度低于工件的工作温度，以免发生冷脆。冷脆对在高寒地带和其他低温条件下工作的结构件具有严重的危害性。当钢中含磷量超过0.1%时，冷脆现象就特别明显，当含磷量超过0.3%时，钢已全部变脆，故对冷加工成型钢（冷镦钢、冷冲压钢板等），应严格控制磷的含量。此外，磷具有极大的偏析倾向，这会使局部含磷量增高，造成该区域为冷脆的发源地。1954年冬天，英国3.2万t的"世界协和"号油船，在爱尔兰寒风凛冽的海面上航行，突然船体中部发生断裂，船很快就沉没了。后来又发生了几起类似的沉船事件。经研究发现，沉船是由于外界温度太低，金属材料（含磷量高）变脆后断裂所致。

在某些情况下，磷也起有益作用，如增加耐蚀性，提高磁性，减少叠轧薄板黏结等。钢材中的炮弹钢就是在钢中有意多添加磷，让钢含磷量高，使炮弹在爆炸的时候尽量炸出多的弹片，增大炮弹的杀伤力。

C 硫

硫是钢中有害杂质，它在钢中几乎不溶解，而与铁形成FeS，FeS与Fe的共晶体其熔点很低，呈网状分布于晶界上。当钢在800～1200℃范围内进行塑性加工时，由于晶界处的硫化铁共晶体塑性低或发生熔化而导致加工件开裂，这种现象称为热脆（或红脆）。图5-8说明硫对低碳钢塑性的影响。但当钢中含有足够数量的锰便可消除硫的有害作用。锰和硫有较强的亲和力，在钢中加入锰就可以形成硫化锰而取代易引起红脆性的硫化铁等。锰的硫化物熔点较高（见表5-1），并且它在钢中不是以网状包围晶粒，而是以球状形式存在，从而使钢的塑性提高。

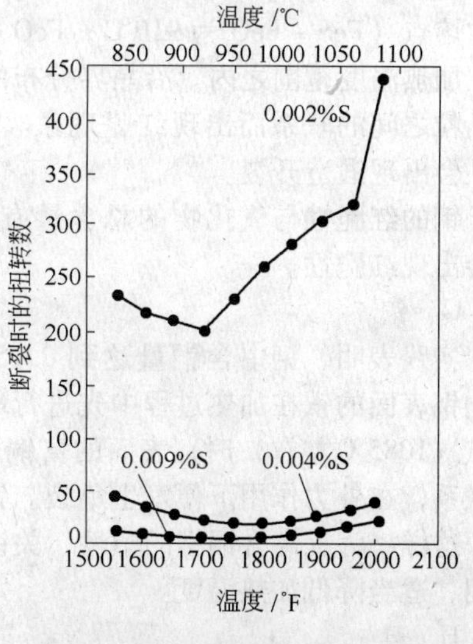

图5-8 硫对低碳钢塑性的影响

另外，硫化物夹杂促使钢中带状组织形成，恶化冷轧板的深冲性能，降低钢的塑性。

D 氮

590℃时，氮在铁素体中的溶解度最大，约为0.42%；但在室温时则降至0.01%以下。若将含氮量较高的钢自高温较快地冷却时，会使铁素体中的氮过饱和，并在室温或稍高温度下，氮将逐渐以Fe_4N形式析出，造成钢的强度、硬度提高，塑性、韧性大大降低，使钢变脆，这种现象称为时效脆性。

表 5-1　各种硫化物和共晶体熔点

化合物或共晶体	熔点/℃	化合物或共晶体	熔点/℃
FeS	1199	FeS - MnS	1179
MnS	1600	Mn - MnS	1575
MoS_2	1185	MnS - MnO	1285
NiS	797	$Ni - Ni_3S_2$	645
Fe - FeS	985	$2FeS - Ni_3S_2$	885
FeS - FeO	910		

E　氢

在第二次世界大战期间，英国飞机曾发生过突然断裂事故。发现钢中含氢是造成事故的主因，并弄清了钢中含氢产生白点需要孕育期和钢中去氢的规律，解决了长期存在的问题。

氢在钢中的溶解度随温度降低而降低。氢对热加工时钢的塑性没有明显的影响，因为当加热到1000℃左右，氢原子就部分地从钢中析出。但对于某些含氢量较多的钢种（即每100g钢中含氢达2mL时就能降低钢的塑性），热加工后又较快冷却，会使从固溶体析出的氢原子来不及向钢表面扩散，而集中在晶界、缺陷和显微空隙等处而形成氢分子（在室温下原子氢变为分子氢，这些分子氢不能扩散）并产生相当大的应力。在组织应力、温度应力和氢析出所造成的内应力的共同作用下会出现微细裂纹，即所谓白点，该现象在合金钢中尤为严重。所以，在实际生产中，容易出现白点的钢种的连铸坯原则上不能采用热送热装，要等连铸坯中的氢原子充分地向钢表面扩散后，才能送往加热炉加热、轧制。

F　氧

氧在铁素体中溶解度很小，主要是以 Fe_3O_4、FeO、MnO、M_3O_4、SiO_2、Al_2O_3 等夹杂物形式存在。这些夹杂物以杂乱、零散的点状分布于晶界上。氧在钢中不论形成固溶体还是夹杂物，都使塑性降低，以夹杂物形式存在尤为严重。因为，氧化物本身的熔点（FeO - 1370℃；MnO - 1610℃；Al_2O_3 - 2050℃；SiO_2 - 1713℃）都超过热加工时加热温度的上限，而某些共晶体的熔点（FeS - FeO 为 910℃；FeO - SiO_2 为 1175℃；FeO - Al_2O_3 - SiO_2 为 1025 ~ 1205℃），则在加热温度范围之内。沿晶界分布的氧化物共晶体，随温度的升高会软化或熔化，因此削弱了晶粒之间的联系而出现红脆现象。如：含铁为23% ~29%的高镍合金，当含0.0199%的氧时，会出现锻造开裂。

钢的红脆性与氧化物的总含量有关，有资料记载，钢中氧化物的总含量大于0.01%时，就会出现红脆性。

G　铜

实践表明，钢中含铜量达到0.15% ~0.30%时，钢表面会在热加工中龟裂。一般认为，含铜钢表面的铁在加热过程中先进行氧化，使该处的浓度逐渐增加，当加热温度超过富铜相的熔点（1085℃左右）时，表面的富铜相便发生熔化，渗入金属内部晶粒边界，削弱了晶粒间的联系，在外力作用下便发生龟裂。钢中的碳和某些杂质元素如锡和硫等，都会助长钢的龟裂。这样，为提高含铜钢的塑性，关键在于防止表面氧化，为此，应尽量缩短在高温下的加热时间，适当降低加热温度。

H　硅

硅在钢中大部分溶于铁素体，使铁素体强化，特别是能显著地提高弹性极限。在奥氏体钢中，含硅量在0.5%以上时，由于加强了形成铁素体的趋势，对塑性产生不良影响。在硅钢中，当含硅量大于2.0%时，使钢的塑性降低。当含硅量达到4.5%时，在冷状态下钢已变得很脆，如果加热到100℃左右，塑性就有显著改善。一般冷轧硅钢片的含硅量都限定在3.5%左右。此外，由于硅钢促使石墨化，加热时脱碳比较严重。

I 铝

铝对钢及低合金钢的塑性起有害作用。这可能是由于在晶界处形成氮化铝所致。铝作为合金元素加入钢中是为了得到特殊性能。含铝量较高的铬铝合金，在冷状态下塑性较低。

5.2.1.2 组织的影响

钢的化学成分一定而组织不同时，塑性也有很大差别。

(1) 单相组织（纯金属或固溶体）比多相组织塑性好。多相组织由于各相性能不同而使变形不均匀，使基本相往往被另一相机械地分割，导致塑性降低。这时第二相的性质、形状、大小、数量和分布将起重要作用。若金属内两相变形性能相近，金属的塑性为两相的平均值；当两相性能差别很大时，一相的塑性很好而另一相硬而脆，则变形主要在塑性好的相内进行，另一相对变形起阻碍作用。

(2) 晶粒细化有利于提高金属的塑性。因为在一定的体积内，金属细晶粒数目必然比粗晶粒金属的多，塑性变形时位向有利于滑移的晶粒也越多，故变形能较均匀地分散到各个晶粒。另外，从每个晶粒的应变分布来看，细晶粒的晶界影响能遍及整个晶粒，使晶粒中心的应变和靠近晶界处的应变差异就小。总之，细晶粒金属的变形不均匀性和因变形不均匀性所引起的应力集中均较小。所以，开裂的机会也少，断裂前可承受的塑性变形量增加。

(3) 化合物杂质呈球状分布对塑性较好；呈片状、网状分布在晶界上时，使金属的塑性下降。

(4) 经过热加工后的金属比铸态金属的塑性高。

5.2.1.3 铸造组织的影响

铸坯的塑性低，性能不均匀是来源于其化学成分和组织结构的不均匀。

(1) 铸态材料的密度较低，因为在接近铸锭的头部和轴心部分，分布有宏观和微观的孔隙，沸腾钢钢锭有皮下气泡。

(2) 用一般方法熔炼的钢锭，经常发现有害杂质（如硫、磷等）的很大偏析，特别是在铸锭的头部和轴心部分。

(3) 对于大钢锭，枝晶偏析会有较大的发展。

(4) 在双相和多相的钢与合金中，第二相组织会成为粗大的夹杂物，常常分布在晶粒边界上。

由于铸锭的化学成分和组织结构的不均匀，在压力加工时会产生不均匀变形，出现有害的附加应力，在这种应力的作用下，很容易在宏观或微观孔隙、脆性相以及在高温熔化的液态相处开裂。这就不难理解为什么铸锭的塑性低并且在其中心层塑性更差的事实。

5.2.2 变形温度对塑性的影响

温度是影响塑性的最主要的因素之一。在确定新钢种压力加工工艺制度时的最主要内容之一，便是确定最好的热加工温度范围，一般是采用塑性最高的温度范围而避开低塑性的温度范围。

不同的钢种，温度对其塑性的影响也不同。通过实验对很多常见的，有代表性的钢种进行了分析研究，最后将温度对典型合金钢塑性的影响归纳成五种基本规律，如图5-9所示。

曲线1表示金属塑性随温度升高而增加，温度超过1200℃以后，其塑性直线下降。大多数工业用钢诸如各种碳素钢与合金结构钢都属于这一类型。

曲线2表示金属的塑性随温度升高而降低，温度超过900℃以后，下降趋势更加显著。这一曲线只适用于少数高合金钢，如1Cr25Ni20Si2不锈钢属于这一类。显然对这种合金钢加工非常困难。

曲线 3 表示随温度升高塑性很少变化，滚动轴承钢 GCr15 就属于这种类型。

曲线 4 表示在某一中间温度金属的塑性下降，而温度更高些或较低时都有较好的塑性，工业纯铁属于这种类型。

曲线 5 表示温度升高至某一中间温度时塑性较高，继续升高温度时塑性降低，如 1Cr18Ni9 Ti 不锈钢就属于这种类型。

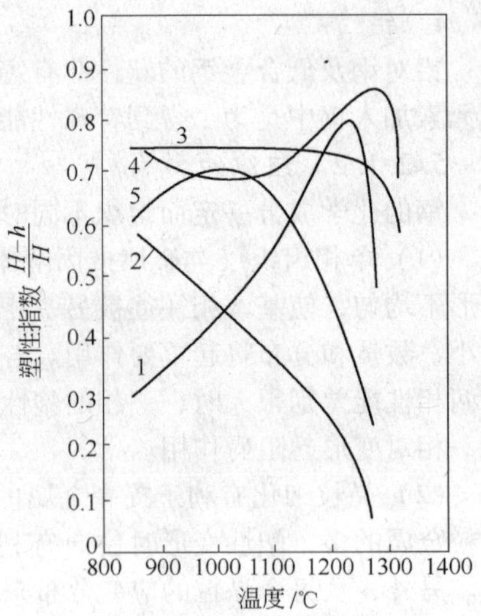

图 5-9　温度对合金钢塑性的影响

从上面的几种曲线变化可知，塑性随温度的升高而增加，只是在一定条件下才是正确的。这是因为变形温度的影响与金属本身的组织结构有密切的关系。例如，晶界条件随温度的升高而变化，使其晶粒与晶粒之间的联系可能减弱。就拿温度对碳素钢的塑性影响来说，总的趋势是随温度的升高，塑性是增加的。但是，在温度升高的全过程中，在某一温度范围内，塑性则是下降的，如图 5-10 所示。为了便于分析说明，用 Ⅰ、Ⅱ、Ⅲ、Ⅳ表示塑性降低区，1、2、3 表示塑性增高区。

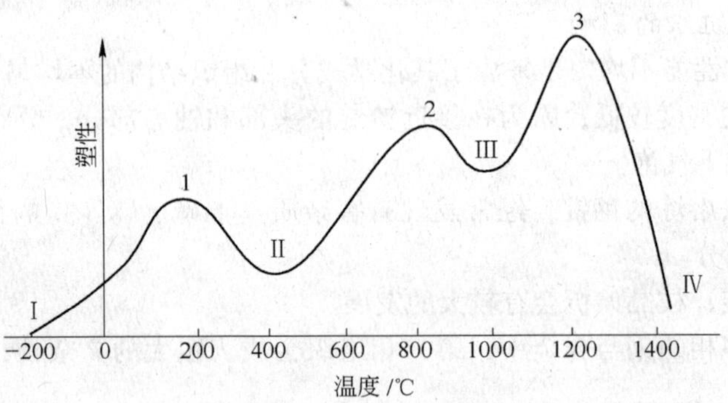

图 5-10　温度对碳素钢塑性的影响

在塑性降低区中：

Ⅰ区——钢的塑性很低，在零下 200℃时塑性几乎完全丧失，这大概是由于原子热运动能力极低所致。某些学者认为，低温脆性的出现，是与晶粒边界的某些组织组成物随温度降低而脆化有关，如含磷高于 0.08% 和含砷高于 0.3% 的钢轨，在零下 40～60℃之间已经变为脆性物体。

Ⅱ区——位于 200～400℃之间，此区域亦称为蓝脆区，即在钢材的断裂部分呈现蓝色的氧化色，因此称为“蓝脆”。还没有确切地弄清这个现象的原因，一般认为是某种夹杂物（如 Fe_3O_4）以沉淀的形式析出并渗入晶粒或存在于晶界所致。

Ⅲ区——位于 800～950℃之间，称为热脆区。此区与相变发生有关。由于在相变区内有铁素体和奥氏体共存，产生了变形的不均匀性，出现附加拉应力，使塑性降低。也有人认为此区的出现是由于硫的影响，故称此区为红脆（热脆）区。

Ⅳ区——接近于金属的熔化温度，此时晶粒迅速长大，晶间强度逐渐削弱，继续加热有可能使金属产生过热或过烧现象。

在塑性增加区：

1 区——位于 100 ~ 200℃之间，塑性增加是由于在冷加工时原子动能增加的缘故（热振动）。

2 区——位于 700 ~ 800℃之间，由于有再结晶和扩散过程发生，这两个过程对塑性都有好的作用。

3 区——位于 950 ~ 1250℃的范围内，在此区域中没有相变，钢的组织是均匀一致的奥氏体。

由图 5-10 以定性的关系说明了由低温至高温碳素钢塑性变化的过程，这对我们来说是很有参考价值的。例如热轧时我们应尽可能地使变形在 3 区温度范围内进行，而冷加工的温度则应为 1 区。

5.2.3 变形速度的影响

变形速度（表示变形的快慢程度）对塑性的影响可用图 5-11 所示的曲线概括之。一般认为在目前所能达到的变形速度，即变形速度不大时，随变形速度的提高塑性降低，如图 5-11 中的实线部分所示，原因可能是加工硬化发生的速度超过了软化进行的速度。如果在很高速度下，随着变形速度的提高塑性增加，如图中的虚线部分所示，这主要是考虑到变形速度越高，通过热效应使变形金属的温度增加得越高，所以造成对再结晶过程的促进。但在目前情况下，要达到这样高的变形速度，不是一件容易的事情。

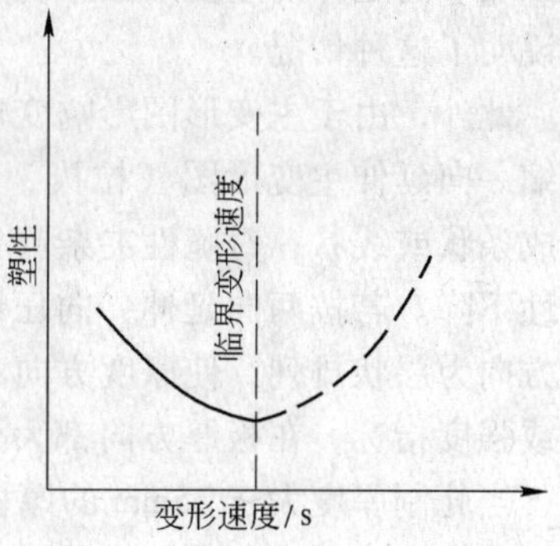

图 5-11 变形速度对塑性的影响

最后指出，目前在一般设备上进行塑性加工时，变形速度一般都在 0.8 ~ 300s^{-1}左右，仅在个别情况下可达 1000s^{-1}以上。由于高能成形，特别是爆炸成形新工艺的出现，使金属的变形速度大大提高，与目前一般常用的压力加工方式相比，其变形速度约差 1000 倍之多。爆炸成形使一般不易加工的金属（如钛和不锈钢等耐热合金），可以良好的成形，这说明了在爆炸时的冲击波作用下，某些金属的塑性有所提高。

5.2.4 变形力学条件对塑性的影响

5.2.4.1 应力状态的影响

金属在塑性加工过程中，一方面其原子间有被拉开而产生裂纹的倾向，另一方面也有在一定方向沿滑移面产生滑移的趋势。后者发展成为宏观的塑性变形过程，而前者则在这一过程中，由细小的显微裂纹，最后发展成为断裂而迫使塑性加工过程中断。即裂纹与其传播是与塑性变形伴随在一起发生的。变形金属的应力状态能够起到促进或抑制其某一过程的进行和发展的作用。因此，应力状态对金属的塑性有着重要的影响。在进行压力加工的应力状态中，压应力个数越多，数值越大（即平均应力越大），金属塑性越高。反之拉应力个数愈多、数值愈大（平均应力愈小），金属塑性愈低。其影响原因归纳如下：

（1）三向压应力状态能遏止晶间相对移动，使晶间变形困难。因为晶间变形在没有修复机构（再结晶机构和溶解沉积结构）时，会引起晶间显微破坏的积累，从而引起多晶体迅速断裂。

（2）三向压应力状态能促使由塑性变形和其他原因而破坏了的晶内和晶间联系得到修复。随三向压应力的增加，显微裂纹被压合，金属变得致密。若温度足够，即使宏观破坏（组织缺陷）也可被修复。

(3) 三向压应力状态能完全或局部地消除变形体内数量很少的某些夹杂物甚至液相对塑性不良的影响；反之在拉应力作用下，将在这些地方形成应力集中，促进金属破坏。

(4) 三向压应力状态可以完全抵消或大大降低由不均匀变形而引起的附加拉力，使附加拉应力所造成的破坏作用减轻。

5.2.4.2　变形状态的影响

关于变形状态的影响，一般可用主变形图来说明。因为压缩变形有利于塑性的发挥，而延伸变形则相反。所以主变形图中压缩分量越多，对充分发挥金属的塑性越有利。按此原则可将主变形图排列为：两向压缩一向延伸变形图的塑性最好，一向压缩一向延伸变形图的塑性次之，两向延伸一向压缩主变形图的塑性最差。

主变形图对塑性影响的这一规律可以认为：在实际的变形物体内不可避免的或多或少存在着各种缺陷，如气孔、夹杂、缩孔、空洞等。这些缺陷在两向延伸一向压缩的主变形图的影响下，就可能向两个方向扩展而暴露弱点，使点缺陷变为面缺陷，因而对塑性危害增大；但在两向压缩一向延伸的主变形图条件下，面缺陷可被压小变成线缺陷，使危害减小，图1-17形象地说明了这种情况。

此外，由于主变形图影响变形物体内的杂质分布情况，会造成金属的各向异性。若按两向压缩一向延伸主变形图（拉拔、挤压等）变形，随变形程度增加，塑性夹杂（如MnS）被延伸成条状或线状；对脆性夹杂（如Al_2O_3等）被拉成点链状，这都会引起横向塑性指标和冲击韧性下降。若按两向延伸一向压缩主变形图（如镦粗和有宽展轧制等）变形，会使杂质沿厚度方向为层状排列，使厚度方向的性能变坏。如轧制厚度大于25mm的沸腾钢板，不论塑性指标或强度指标，在板厚方向都大大降低（强度约降低15%以上，塑性将降低达80%以上）。因此，当轧制厚度大于25mm的厚板时，一般多用偏析较少的镇静钢。

综上所述，由三向压缩的主应力图和两向压缩一向延伸的主变形图所组合的变形力学图示，是对塑性最有利的压力加工方法。虽然三向压应力状态能提高金属的塑性，但它同时也使单位压力增加。因此，要选择合适的加工方式，应视具体条件而定。例如，当加工低塑性金属时，提高金属塑性是主要的，这时宁肯能量消耗大些，也应采用有较强的三向压应力的压力加工过程，而在冷轧塑性较好的板带钢时，轧出厚度更薄和尺寸更精确的产品则是主要的，这时为了减少单位压力，尽管带张力轧制对轧件塑性不利，也应采用此法。

5.2.5　其他因素对塑性的影响

5.2.5.1　不连续变形的影响

实验结果表明，在不连续变形（或多次变形）的情况下，可以提高金属的塑性。这是由于不连续的变形，每次的变形量小，产生的应力小，不容易超过金属的塑性极限；同时，在各次变形的间隙时间内，可以发生软化过程，使得金属的塑性在一定程度上得到恢复。

5.2.5.2　尺寸（体积）因素的影响

一般在研究金属塑性时，都采用小的试样做实验，但在实际生产中所用的坯料大得多。实践证明，随着金属体积的增大，金属的塑性有所降低。原因是在实际的金属中，一般都存在着大量的组织缺陷，它们可看作是应力集中的地方。这些组织缺陷在变形金属内是不均匀分布的，在单位体积内的平均缺陷数量相同时，变形金属的体积越大，缺陷的分布就越不均匀，使其应力分布也就越不均匀，从而引起金属的塑性降低。

5.2.6 提高塑性的途径

要提高金属的塑性，必须设法促进对塑性有利的因素，同时要减少或避免不利的因素。归纳起来，提高塑性的主要途径有以下几个方面：

（1）控制金属的化学成分，即将对塑性有害的元素含量降到最下限，加入适量有利于塑性提高的元素。

（2）控制金属的组织结构。尽可能在单相区内进行压力加工，采取适当工艺措施，使组织结构均匀，形成细小晶粒，对铸态组织的成分偏析、组织不均匀应采用合适的工艺来加以改善。

（3）采用合适的变形温度－速度制度。其原则是使塑性变形在高塑性区内进行，对热加工来说应保证在加工过程中再结晶得以充分进行。当然，对某些特殊的加工过程，如控制轧制，有的要延迟再结晶进行。

（4）选择合适的变形力学状态。在生产过程中，对某些塑性较低的金属，应选用具有强烈三向压应力状态的加工方式，并限制附加拉应力的出现。

5.3 变形抗力

5.3.1 变形抗力的几个概念

5.3.1.1 变形抗力的概念

由1.1节的力和变形关系可知，欲使大量的原子定向地由原来的稳定平衡位置移向新的稳定平衡位置，必须在物体内引起一定的应力场以克服力图使原子回到原来平衡位置上去的弹性力，可见，物体有保持其原有形状而抵抗变形的能力。度量物体这种抵抗变形能力的力学指标称为变形抗力，通常以单向拉伸实验时的屈服极限值 σ_s 来表示，因此又称为静变形抗力。在一定变形温度、变形速度和变形程度下的变形抗力指标，称为真实变形抗力，用 σ_φ 表示。

5.3.1.2 金属硬度的概念

关于塑性和柔软性的区别在前面已叙述过。软金属具有较低的变形抗力即柔软性好，但在一定条件下可能没有塑性或塑性很低。硬金属具有较高的变形抗力，在一定条件下却可能有很高的塑性。关于硬度这个概念，在日常生活与生产实践中经常碰到，如金刚石刻划玻璃，玻璃被划出了痕，可以说金刚石比玻璃硬。又如用锉刀锉铜很容易锉下许多铜屑，因铜比锉刀软。可见，这里说的“硬”和“软”是相对的。如果用一个直径10mm的淬火钢球，施加一定的力分别去压一块铁和一块铜，则铁和铜的表面都被压出压痕，铜表面的压痕比铁的压痕大，因此说铁比铜硬。根据这个道理就可以定量地测出许多材料的硬度。铁和铜出现压痕的过程是依靠金属的塑性变形来实现的，在同样的负荷、同样尺寸的钢球作用下，铁表面的压痕小，说明铁的塑性变形抗力较大，而铜的塑性变形抗力较小。因此，硬度实际上反映了金属材料的塑性变形抗力大小。在热处理生产实践中，常用硬度值来检验零件的质量。因为硬度检验，既不破坏零件，又可测得硬度值，还可近似地估算其强度指标 σ_b。

5.3.2 影响变形抗力的因素

影响变形抗力的因素主要有：金属或合金的化学成分、组织结构、变形温度、变形速度及变形程度等因素。这些因素的影响，都是通过改变金属或合金内部性质而使其变形抗力增大或减小的。

5.3.2.1　化学成分的影响

A　碳钢中的碳和磷的影响

碳能够固溶与铁形成铁素体和奥氏体固溶体，它们都具有低的变形抗力。当碳的含量超过铁的溶碳能力时，多余的碳便与铁形成渗碳体（Fe_3C），渗碳体具有很高的硬度，使得钢的变形抗力提高，随着含碳量的增加，渗碳体的数量也就增加，变形抗力提高更大。例如，当钢中每增加 $w(C)=0.1\%$，大约使热轧钢的抗拉强度增加 60～80MPa。温度升高时其影响减弱。如图 5-12 所示是在不同变形温度和变形速度条件下，压下率为 30% 时含碳量对变形抗力的影响。低温时的影响比高温时大得多。

磷能溶于铁素体中，使得钢的强度、硬度显著提高，钢的变形抗力增加。

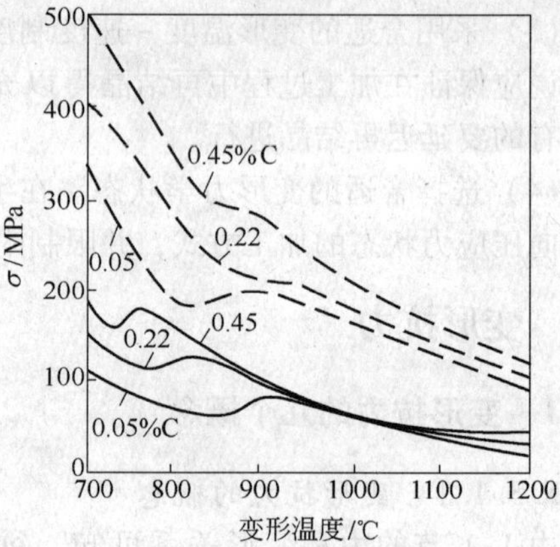

图 5-12　在不同变形温度和变形速度下含碳量对碳钢变形抗力的影响（实线为静压缩，虚线为动压缩）

B　合金元素的影响

合金元素加入钢中使变形抗力提高。原因有三：

（1）合金元素溶于固溶体（铁素体、奥氏体）中，使铁原子的晶体点阵发生不同程度的畸变而使变形抗力提高。

（2）合金元素与钢中的碳形成脆而硬的碳化物，使钢的变形抗力提高。碳化物的影响还与它的形状、大小和分布状况有密切关系。Nb、Ti、V 等元素的碳化物在钢中形成高度分散的极小颗粒，起弥散强化作用，使钢的变形抗力显著提高。在热态下大量碳化物溶于奥氏体，减弱了碳化物对钢的强化作用。但对于那些含有大量 W、Mo、Ti、Cr 和 C 的高合金钢，在热成型温度范围内碳化物不是全部都能溶于奥氏体中，加上大量合金元素溶于奥氏体所引起的固溶强化作用，所以其高温变形抗力要比同碳量的碳钢高出许多。

（3）合金元素造成钢中组织出现多相，从而使得钢的变形抗力提高。

合金元素一般都使钢的再结晶温度提高，再结晶速度降低，因而使钢的硬化倾向性和速度敏感性增加，在高的变形速度时，钢会表现出比变形速度低时更高的变形抗力。

5.3.2.2　金属的变形抗力与其显微组织有密切关系

一般情况时，晶粒越细小，变形抗力越大；单相组织比多相组织的变形抗力要低；晶粒体积相同时，晶粒细长者较等轴晶粒结构的变形抗力为大；晶粒尺寸不均匀时，又较均匀晶粒结构时为大；金属中的夹杂物对变形抗力也有影响，在一般情况下，夹杂物会使变形抗力升高；钢中有第二相时，变形抗力也会相应提高。

5.3.2.3　变形温度的影响

钢在常温条件下，变形抗力很高。如高碳钢在常温时的变形抗力约为 600MPa，低碳钢约为 300MPa，如果这样进行轧制就要消耗很大的动力。如果将钢加热到 1200℃，这时高碳钢的变形抗力只有 30MPa，低碳钢的变形抗力才有 15MPa，和常温时的锡和铝的变形抗力大致相等。钢的变形抗力和温度的关系如下：

如 1200℃时	变形抗力为 1.0
则 1100℃时	变形抗力为 2.7

1000℃时　　　　　　　　　　　　变形抗力为4.0
800℃时　　　　　　　　　　　　变形抗力为6.7
常温时　　　　　　　　　　　　变形抗力为20

从上面的数据可以看出，在加热及轧制过程中，温度对钢的变形抗力影响非常大。随着钢的加热温度的升高，变形抗力降低。

温度升高，金属变形抗力降低的原因有以下几个方面：

(1) 发生了回复与再结晶。回复使变形金属得到一定程度的软化，与冷成型后的金属相比，金属的变形抗力有所降低。再结晶则完全消除了加工硬化，变形抗力显著降低。

(2) 临界剪应力降低。滑移的抗力起源于金属晶体中原子间的结合力，温度越高原子的动能越大，原子间的结合力就越弱，也即临界剪应力越低。

(3) 金属的组织结构发生变化。这时变形金属可能由多相组织转变为单相组织，变形抗力明显下降。

(4) 随温度的升高，新的塑性变形机制参与作用。

5.3.2.4 变形速度对变形抗力的影响

由图5-13可见，变形速度对变形抗力的影响，与温度密切相关。对不同的加工温度范围，其影响程度不同。热变形时变形速度增加，变形抗力增加显著；而冷变形时变形速度增加，变形抗力增加不大。

下面解释其原因：热变形时，这是因为一方面在某一变形程度时，由于变形速度增加，使软化过程（回复和再结晶）不能充分地进行，加工硬化过程不能完全消除，结果使变形抗力升高。另一方面，由于热加工时温度较高，变形抗力小，热效应也小，由此热量引起的温度升高同该物体本身的温度相比也是较少的。所以在热加工温度范围内，由塑性变形的热效应使变形抗力下降的影响是次要的，由变形速度上升使变形抗力升高的影响是主要的。因此，在热加工温度范围内，变形速度增加使变形抗力增加比较明显。而冷变形时，一方面在某一变形程度时，由于变形速度增加，使软化过程不能充分地进行，结果使变形抗力升高。另一方面，变形温度低，变形抗力大，塑性变形的热效应也大，使其温度升高同该物体本身温度相比也很明显，因而变形抗力降低。所以冷加工变形速度增加时，变形抗力增加不大。

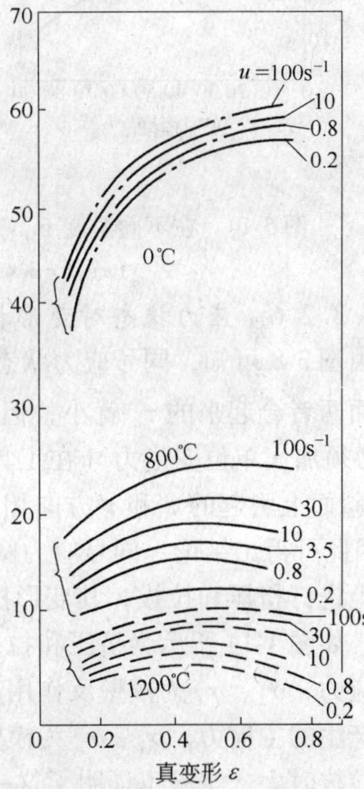

图5-13 w（C）=0.15%碳钢退火材压缩时的真应力-应变曲线

点划线—0℃时的实验曲线，实线—800℃时的实验曲线，虚线—1200℃时的实验曲线

5.3.2.5 变形程度对变形抗力的影响

变形程度是影响变形抗力的一个重要因素。冷状态时，随变形程度的增加，变形抗力显著提高。金属的加工硬化通常认为是由于在塑性变形过程中，金属的晶粒产生弹性畸变所引起的。

变形抗力随变形程度增大而增加的速度，常用强化强度来度量。在同样的变形程度下，对于不同的金属，强化强度不同。一般纯金属和高塑性金属的强化强度，小于合金和低塑性金属的强化强度。如铜、铅、铝属于高塑性金属；中碳钢、低合金钢是具有中等塑性的金属；而高合金钢、不锈钢、耐热合金等则属于低塑性金属。

实验还表明，金属不仅在冷状态下变形过程产生强化，在热状态下亦有强化产生。在热状态下随变形温度的提高，金属的强化强度逐渐减小（见图 5-14），这是由于随温度提高，软化速度增大的缘故。由图 5-14 可以看出变形抗力与变形程度具有如下关系：变形程度在 20% ~ 30% 以下，随变形程度的增加，变形抗力增加比较显著，即强化强度较大；当变形程度较高时，随变形程度增加，变形抗力增加缓慢，即强化强度减小；有时，由于热效应作用，变形抗力反而有下降趋势。

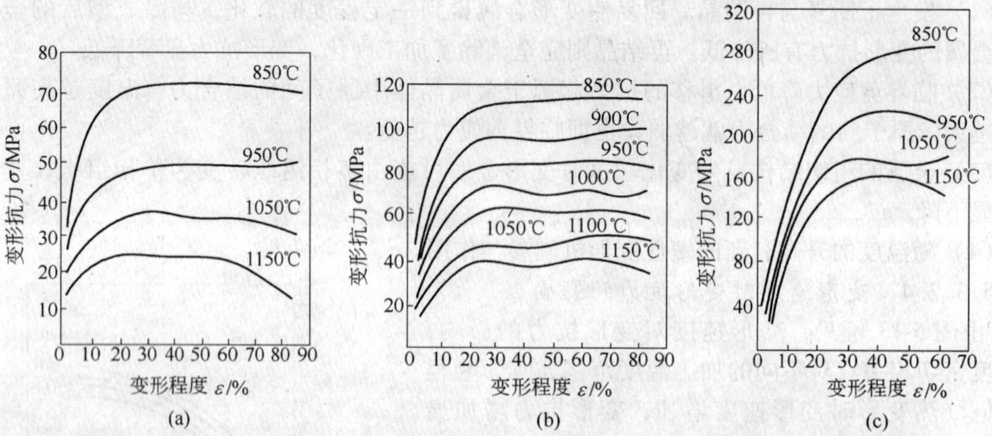

图 5-14　在不同温度下，采用不同的变形速度和变形程度时低碳钢的加工硬化曲线

(a) $\dot{\varepsilon}=3\times10^{-4}$/s; (b) $\dot{\varepsilon}=3\times10^{-2}$/s; (c) $\dot{\varepsilon}=3\times100$/s

5.3.2.6　应力状态对变形抗力的影响

由图 3-8 可知，同号应力状态的两个主应力 σ_1 和 σ_3 在斜面上引起的切应力 τ' 和 τ'' 方向相反，而两者合起来的 τ_n 就小，但切应力必须达到极限值 τ_s 时才产生屈服。所以要使 τ_n 达到 τ_s，必须加大单位变形力（在工具作用方向上单位面积所受的力）。而异号应力状态由于 σ_1 和 σ_3 在斜面上引起的 τ' 和 τ'' 方向相同，合起来 τ_n 就大，这时用较小的单位变形力就可使 τ_n 达到 τ_s。因此可得出结论：同号应力图示比异号应力图示的变形抗力大。例如，用相同金属在相同模具上进行挤压和拉拔，其变形抗力是前者远比后者大，这是挤压时的应力状态与拉拔时不同所致。如图 1-14 所示为挤压和拉拔同一直径的红铜棒，在（a）图中，σ_1 为拉拔外力所产生的主应力，σ_2、σ_3 为模壁反作用产生的主应力，并认为 $\sigma_2=\sigma_3$。在（b）图中，σ_3 为挤压外力所产生的主应力，σ_1、σ_2 为模壁反作用产生的主应力，并认为 $\sigma_1=\sigma_2$。挤压时的变形抗力要比拉拔时大，实验也证明了这一结论，挤压时的单位压力（变形抗力）为：

$$\sigma_3=441\text{MPa}$$

拉拔时的单位拉力（变形抗力）为

$$\sigma_1=215.6\text{MPa}$$

综上所述可得出结论：同号主应力图示的变形抗力大于异号主应力图示的变形抗力。而在同号主应力图中，随着应力绝对值的增加，变形抗力也增加。

5.3.3　金属真实变形抗力的确定

金属及合金的真实变形抗力 σ_φ（简单拉、压条件下的）取决于金属及合金的本性（屈服极限 σ_s）、轧制温度、轧制速度和变形程度的影响，当确定金属的真实变形抗力时，必须综合考虑上述因素的影响。下面对冷轧和热轧条件分别予以讨论。

5.3.3.1 热轧时的真实变形抗力

热轧时的真实变形抗力根据变形时的温度、平均变形速度和变形程度的值，由实验方法得到的变形抗力曲线来确定。图5-15为不锈钢1Cr18Ni9Ti的变形抗力曲线。图中的各条曲线是不同变形温度下，压下率为30%时的变形抗力随平均变形速度变化的曲线。在知道某个轧制道次的平均变形速度和轧制温度后，可由曲线找出 $\varepsilon=30\%$ 时的变形抗力 $\sigma_{\varphi,30}$，对于其他的变形程度可按图5-15中左上角的修正曲线，由实际变形程度找出修正系数 C。这样该道次的变形抗力为

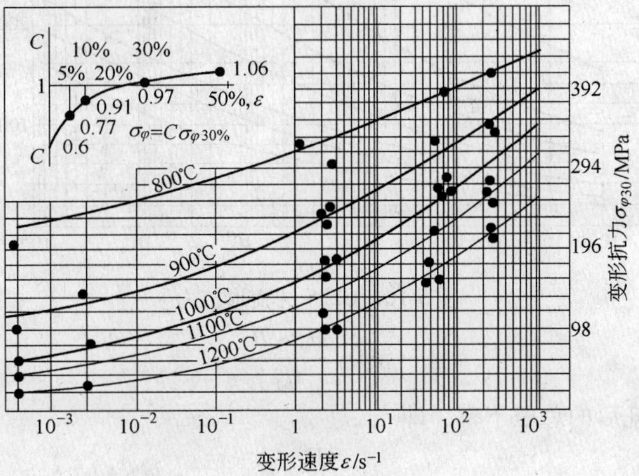

图5-15 不锈钢1Cr18Ni9Ti的变形温度、变形速度对变形抗力的影响（$\varepsilon=30\%$）

$$\sigma_{\varphi}=C\cdot\sigma_{\varphi,30}$$

式中 $\sigma_{\varphi,30}$——压下率为30%时的变形抗力；

C——与实际压下率有关的修正系数。

例5-1：若某轧制道次轧前轧件厚度 $H=5\text{mm}$，轧后厚度 $h=4\text{mm}$，轧制温度 $t=1100℃$，平均变形速度 $\bar{\dot{\varepsilon}}=20\text{s}^{-1}$，钢种为Q235，计算该道次的变形抗力。

解：
$$\varepsilon=\frac{H-h}{H}=\frac{5-4}{5}=20\%$$

由图5-16可知该道次的 $\sigma_{\varphi,30}=117\text{MPa}$。

由图中修正曲线可知当 $\varepsilon=20\%$ 时，$C=0.98$。

故 $\sigma_{\varphi}=C\cdot\sigma_{\varphi,30}=0.98\times117=115\text{MPa}$。

5.3.3.2 冷轧时的真实变形抗力

冷轧时的真实变形抗力由各个钢种的加工硬化曲线，根据该道次的平均总压下率来查找。

冷轧时以退火带坯为原料，要在一个轧程内轧制几道后才退火。一个轧程内各道次的加工硬化被积累起来。而且每道次从变形区入口到出口的变形程度都是逐渐变化的，因而变形抗力 σ_{φ} 也随之变化。一般用以下方法来计算某一道次的平均变形抗力。先用下式计算该道次的平均总压下率：

$$\bar{\varepsilon}=\varepsilon_{H}+0.6(\varepsilon_{h}-\varepsilon_{H})$$

或
$$\bar{\varepsilon}=0.4\varepsilon_{H}+0.6\varepsilon_{h}$$

式中 $\bar{\varepsilon}$——平均总压下率；

ε_{H}——该道次轧前的总压下率，即

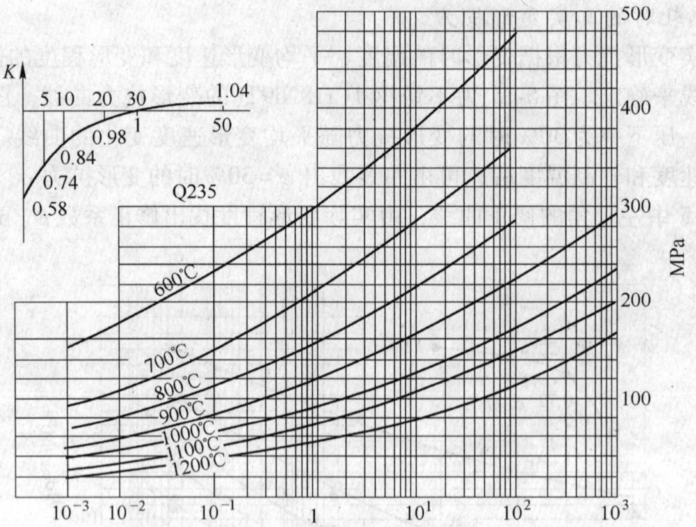

图 5-16　Q235 的变形抗力

$$\varepsilon_H = \frac{H_0 - H}{H_0}$$

ε_h——该道次轧后的总压下率，即

$$\varepsilon_h = \frac{H_0 - h}{H_0}$$

式中　H_0——退火后原始带坯厚度；

H、h——该道次轧前、轧后的轧件厚度。

例 5-2：在四辊冷轧机上用 3mm 厚的带坯经四道轧制为 0.4mm 厚的带钢卷，钢种为含碳 0.17% 的低碳钢，其中第二道次轧前厚度为 1.9mm，轧后厚度 1.1mm，确定第二道的平均变形抗力。

解：

$$\varepsilon_H = \frac{H_0 - H}{H_0} = \frac{3 - 1.9}{3} = 36.6\%$$

$$\varepsilon_h = \frac{H_0 - h}{H_0} = \frac{3 - 1.1}{3} = 63.3\%$$

故第二道的平均总压下率为

$$\bar{\varepsilon} = 0.4\varepsilon_H + 0.6\varepsilon_h = 0.4 \times 0.366 + 0.6 \times 0.633 = 52.6\%$$

由图 5-17 中的曲线 2 可得第二道的平均平面变形抗力 K（$1.15\sigma_\varphi$）为

$$K = 800\text{MPa}$$

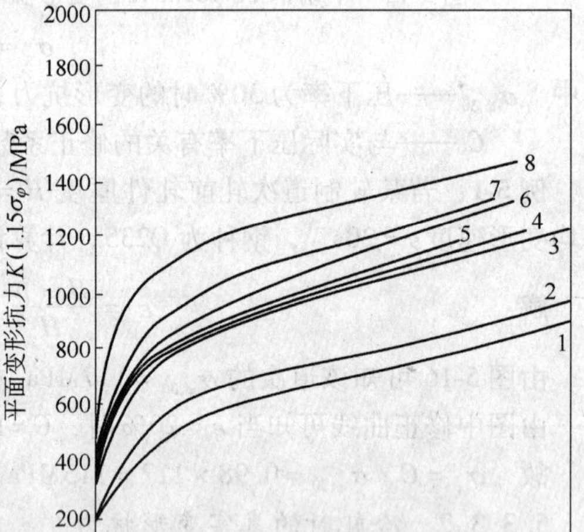

图 5-17　普碳钢的加工硬化曲线

1—w（C）=0.08%；2—w（C）=0.17%；
3—w（C）=0.36%；4—w（C）=0.51%；
5—w（C）=0.66%；6—w（C）=0.81%；
7—w（C）=1.03%；8—w（C）=1.29%

5.3.4　降低变形抗力常用的工艺措施

从前面讨论可知，要降低变形抗力，就要从影响变形抗力的因素中找出减少变形抗力的方法。减少变形抗力的方法有：

（1）合理的选择变形温度和变形速度。由前面分析得出，不同的金属，变形抗力随温度变化不一样；在不同的变形温度下，变形速度对变形抗力的影响程度也不同，所以应根据具体情况分析选择。

（2）选择最有利的变形方式。从提高金属塑性方面来看，平均应力越高的变形方式，对提高金属的塑性越有利。从减小变形抗力的角度考虑，当加工件存在着几种实际可行的方案时，应选择具有异号主应力图或平均应力较小的变形方式。

（3）采用良好的润滑。在塑性变形时，尽可能采取措施减小摩擦系数。如冷轧加润滑油，冷挤压中采用磷化、皂化处理等，都可以大大降低变形抗力。在镦粗时，为了避免润滑剂从接触面上被挤出，有时可用高塑性和低变形抗力的金属垫来代替润滑剂，如图 5-18 所示。试验表明，采用塑性垫后，能大大改善接触面的摩擦条件，使变形抗力降低。图 5-19 为 45 号钢试样镦粗时，用塑性垫和不用塑性垫的变形抗力曲线。试样直径与高度之比 $D/H=10$，塑性垫厚度为 0.5mm 的铝板，从图中可以看到，在压缩程度为 45% 处，用塑性垫时的变形抗力仅为不用塑性垫和润滑剂时的 40%，仅为不用塑性垫而用矿物油润滑时的 65%。

（4）减小工、模具与变形金属的接触面积（直接承受变形力的面积）。由于接触面积减小，外摩擦作用降低而使单位压力减少，总变形力也减小。在生产中具体做法很多：如分段模锻；用连续的局部变形代替整体变形；采用直径小的轧辊轧制钢板等。

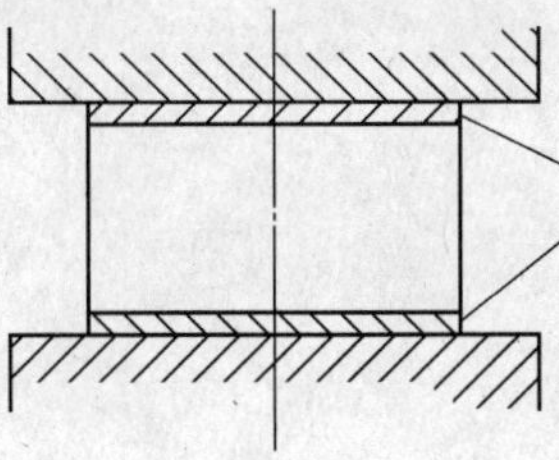

图 5-18　带塑性垫的镦粗

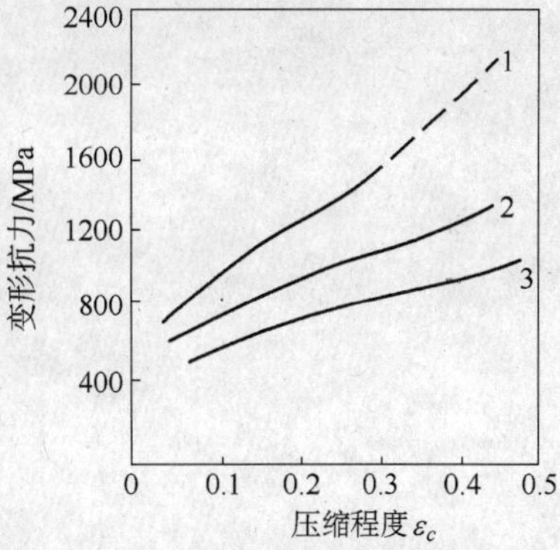

图 5-19　45 号钢镦粗时变形抗力曲线

1—不用润滑剂及塑性垫；2—用矿物油润滑；3—用 0.5mm 厚的铝塑性垫

减少变形抗力的工艺措施也很多：如设计合理的工具，使金属具有良好的流动条件；改进操作方法以改善变形的不均匀性；带张力轧制，改变应力状态等，根据具体情况，具体分析选用。

习　　题

5-1　金属塑性的概念是什么？

5-2　金属塑性与变形条件没有关系，只受到金属本身属性的影响，对吗？

5-3　轧制和拉拔完全相同的钢材，哪种钢材塑性好？

5-4　在冷轧过程中为什么要采用中间退火？

5-5　轧制、锻压和挤压时均为 T_1 状态，为什么说挤压时的塑性最好？

5-6　金属的塑性为什么不能说随温度的升高而增大？

5-7　容易变形的金属，说明它的塑性也好，这样理解对吗，为什么？

5-8　有一塑性很差的高温合金，分析在生产中可采用哪些措施可提高该合金的塑性？

5-9　解释三向压应力状态越强，金属的塑性越好。

5-10　叙述温度对碳素钢塑性的影响。

5-11　什么叫变形抗力？

5-12　硬度反映了金属材料的变形抗力大小，对吗，为什么？

5-13　冷、热加工中的变形抗力随变形程度的增加而增大的原因是否相同，为什么？

5-14　分析薄板叠轧的原因。

5-15　变形抗力越大，说明变形越困难，故其塑性也越差，对吗，为什么？

5-16　在实际轧钢的操作规程中，规定不轧黑头钢、低温钢，为什么？

5-17　在同样的工具条件下，采用40%的压下率压缩直径相同（均为20mm），高度分别为40 mm、20 mm、10mm、5mm的圆柱体，问所需的压力相同吗，为什么？

6 金属塑性变形时应力和变形的不均匀性

6.1 一般概念

6.1.1 均匀变形和不均匀变形

物体不仅在高度方向上变形均匀，并且在宽度方向上（从而也是在长度方向上）变形也均匀时，方能称为均匀变形。

要想充分实现均匀变形，严格说来是不可能的。在采取特殊措施进行实验时，也只能近似地接近于均匀变形。可见，在实际的金属压力加工时，变形不均匀分布是客观存在的，它对实现加工过程及产品质量有着重大的影响。所以必须了解金属塑性变形的不均匀性，以便采取各种有效措施来减轻其不良后果。

6.1.2 基本应力、附加应力、工作应力、残余应力

（1）基本应力。由外力作用所引起的应力叫做基本应力。

金属塑性变形时物体内变形的不均匀分布，不但能使物体外型歪扭和内部组织不均匀，而且还使变形体内应力分布也不均匀，因此除基本应力之外还产生附加应力。

（2）附加应力。由于物体内各层的不均匀变形受到物体整体性的限制，而引起其间相互平衡的应力叫做附加应力。

在塑性变形时，物体为了保持其整体性，其所有各层都是彼此相互联系的，不能单独自己变形；故在趋向于较大延伸的金属层中就产生了附加压应力，而在趋向于较小延伸的金属层中就产生了附加拉应力。这些附加拉应力与附加压应力彼此平衡，形成彼此平衡的内力，因此也就决定了附加应力的数值。如图 6-1 所示，以在凸形轧辊上轧制矩形坯为例说明。轧件边缘 a 部分的变形程度小，而中间部分 b 的变形程度大。若 a、b 部分不是同一个整体时，则中间部分将比边缘部分产生更大的纵向延伸（图中虚线）。但因轧件实际上是一个整体，虽然各部分的压下量不同，但纵向延伸趋向于相等。由于金属整体性迫使延伸均等的结果，故中间部分将给边缘部分施以拉力使其增加延伸，而边缘部分将给中间部分施以压力使其减少延伸，因此产生相互平衡的内力。即中间部分产生附加压应力，而边缘部分产生附加拉应力。

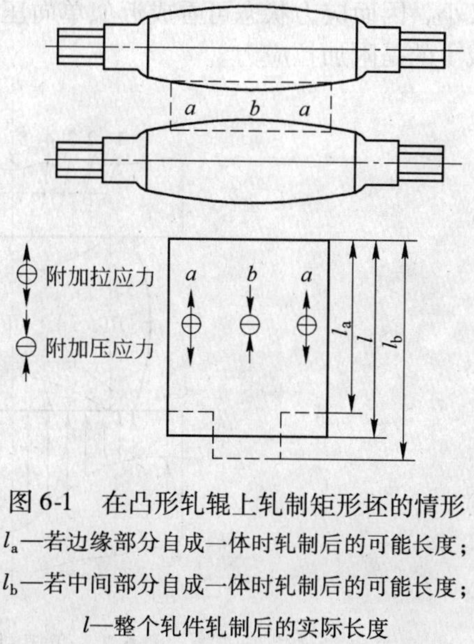

图 6-1　在凸形轧辊上轧制矩形坯的情形

l_a—若边缘部分自成一体时轧制后的可能长度；

l_b—若中间部分自成一体时轧制后的可能长度；

l—整个轧件轧制后的实际长度

（3）工作应力。基本应力与附加应力的代数和即为工作应力。当附加应力等于零时，则基本应力等于工作应力；当附加应力与基本应力同号时，则工作应力的绝对值大于基本应力；

当附加应力与基本应力异号时，则工作应力的绝对值小于基本应力。因此，在一般情况下，当塑性变形产生后，工作应力等于基本应力与附加应力的合应力。

（4）残余应力。如果塑性变形结束后附加应力仍残留在变形物体中时，这种应力即称之为残余应力。

6.2　变形及应力不均匀分布的原因

引起变形及应力不均匀分布的原因主要有接触面上的外摩擦、变形区的几何因素、沿宽度上压缩程度的不均匀、变形物体的外端、变形体内温度的不均匀分布以及变形金属的性质等等。这些因素的单独作用，或者几个因素的共同影响，可使变形不均匀的表现很明显。下面分别讨论这些因素对变形及应力分布的影响。

6.2.1　接触面上外摩擦的影响

如图 6-2 所示，压缩圆柱体时外摩擦对变形及应力分布的影响。在变形力 P 的作用下金属坯料受到压缩而使其高度减小、横断面积增加。若接触面无摩擦力影响时（并认为材料性能均匀）则发生均匀变形，变形后仍然为标准的圆柱体（高度减小，直径增大）。由于接触面上有摩擦力存在，使接触表面附近金属变形流动困难，从而使圆柱形坯料转变成鼓形。在此种情况下，可将变形金属整个体积大致分为三个变形大小不等的区域，如图 6-2 所示：Ⅰ区称为难变形区，这是和上下压头接触的区域。由于表层受到很大的摩擦阻力，所以这个区域变形很小；同时由于摩擦力的影响是随与接触表面的距离增加而减弱的，故区域Ⅰ大体上是一个圆锥体。Ⅱ区是大变形区，它是处于上、下两个难变形区之间（外围层除外），与作用力约成 45°角的最有利变形的方位，故又称易变形区。Ⅱ区金属受到的接触摩擦力的影响较小，因而水平方向受到的压应力也小，金属主要在轴向力作用下产生很大的压缩变形，使金属质点向径向方向有较大的扩展。Ⅲ区是变形程度居中的自由变形区，它的外侧是自由表面，受到的摩擦影响又小，因而应力状态可看成近似单向压缩，其变形受到区域Ⅱ的扩张作用。而区域Ⅱ作用于区域Ⅰ的是附加拉应力。

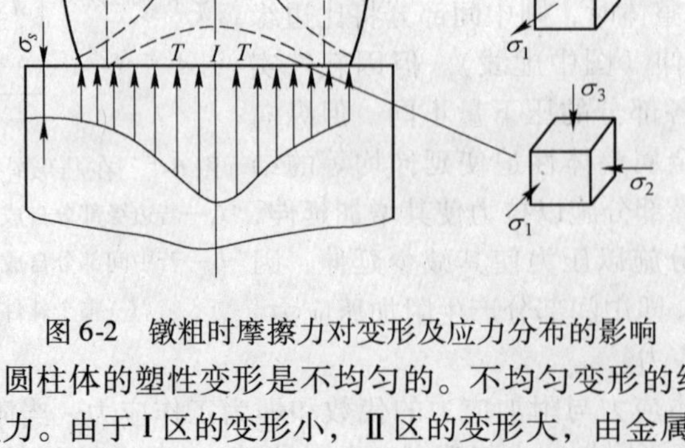

图 6-2　镦粗时摩擦力对变形及应力分布的影响

由以上分析可知，圆柱体的塑性变形是不均匀的。不均匀变形的结果，在三个变形区Ⅰ、Ⅱ、Ⅲ区内产生附加应力。由于Ⅰ区的变形小，Ⅱ区的变形大，由金属的整体性的影响可知在Ⅰ区金属产生的是附加拉应力，但由于接触摩擦的影响，Ⅰ区径向所受压缩应力大于附加拉应力，所以Ⅰ区仍保持较强的三向压应力状态；Ⅲ区金属产生的也是附加拉应力，原因是当Ⅱ区金属变形时要产生向外扩张，而外层的Ⅲ区金属，则像一套筒把Ⅱ区金属套住而限制了Ⅱ区金属变形的向外扩张。由于Ⅱ区与Ⅲ区相互作用，在Ⅲ区之外侧表面，便产生了较强的环向附加拉应力，当该拉应力大到一定程度后，将会导致金属在纵向产生裂纹，如图6-3所示。

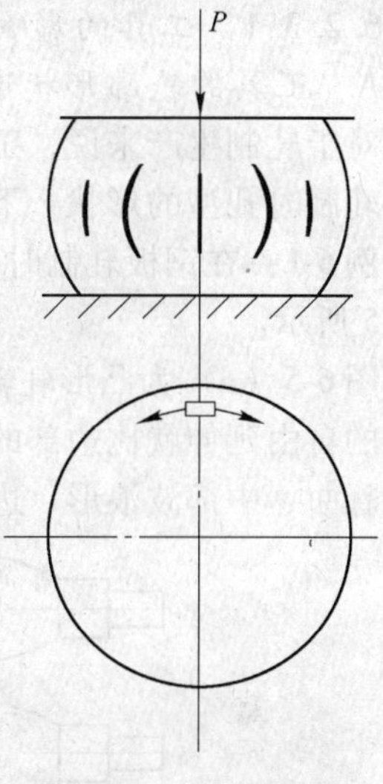

图6-3 环向附加拉应力引起的纵裂纹

由于外摩擦的影响，也使应力分布不均匀，沿圆柱体边缘的应力等于金属的屈服极限σ_s，由边缘向中心部分的应力是逐渐升高，原因是在如图6-2的图示中，当外层受到压力后，一面变形一面向外移动，由于摩擦力的影响，使其移动受到阻碍，因而外层1对第2层发生了压力。第2层所需之压力要比第1层增加，因为第2层除克服变形的压力外，还需克服第1层给第2层施加的压力，所以由外层到内层的应力将逐渐增加。另外，沿金属圆柱体高度方向由接触面至金属的中部，应力的分布是逐渐减小的，原因是外摩擦的影响逐渐减弱所致。所以在靠近接触面的中部三向压应力状态最强，在金属中部（Ⅱ区）的三向压应力状态居中，在Ⅲ区的应力状态为一压一拉的最弱的三向压应力状态。

6.2.2 变形区几何因素的影响（H/d）

在金属压力加工中存在着外摩擦，变形的不均匀分布情况与变形区几何因素（如镦粗时的H/d、轧制时的h/l）有密切关系。实验表明：镦粗圆柱体时；当试样原始高度与直径比$H/d \leqslant 2.0$时，发生单鼓形不均匀变形。当坯料高度较大并且变形程度很小时（$H/d > 2.0$），则往往只产生表面变形（变形不深透），而中间层的金属不产生塑性变形或者塑性变形很小，结果形成双鼓形，如图6-4所示。

当压下量一定时，变形深入程度除取决于上述的变形区几何因素以外，还与变形速度有关。变形速度越大，则在试样高度上塑性变形深入程度越小。这是因为物体受力后，应力与变形由接触表面向深部扩展是个逐步传递的过程，弹性变形传播较快，而塑性变形的传播则大大滞后；并且在塑性变形过程中，能量也是逐渐消耗的，即变形体由接触面向中心层所传递的力在数量上逐层减小。因此，从某一层开始塑性变形逐步减小，最后到被压缩试样的一定深度时，将只有弹性变形。可见，金属塑性变形的分布不仅决定于所作用的应力数值，也取决于加载时间。

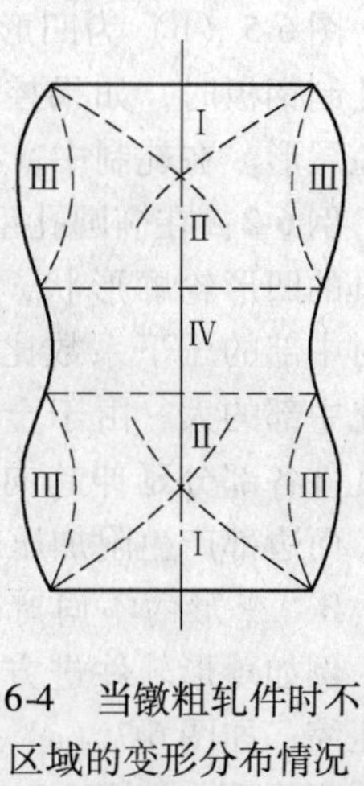

图6-4 当镦粗轧件时不同区域的变形分布情况

轧制时的不均匀变形与镦粗时的不均匀变形，在性质上相类似。镦粗时的各种不均匀现象，在轧制过程中都可以看到。实验表明：轧制时变形分布的不均匀性与变形区长度l和变形区的平均高度$h=(H+h)/2$有关，并随比值h/l的改变呈现不同状态。

6.2.3 工具和工件的影响

工具和工件影响的实质就是造成某方向上所经受的变形大小不一致，从而使物体内的变形与应力分布不均匀。

6.2.3.1　工具的影响

A　工具的轮廓形状造成变形不均匀

对于轧制生产来说，工具的轮廓形状对不均匀变形的影响，是指钢板轧制时辊型的形状和型钢轧制时孔型的形状。下面举例说明：

例6-1：在钢板轧制时，由于辊型凸度控制不当，会产生舌形和鱼尾形，其变形的情况如图6-5所示。

图6-5（a）为凸形轧辊轧制时的情况，由于中间部位的压下量比边部的压下量大，因此，中部的自由延伸就比边部的自由延伸大，因而产生变形不均匀是不可避免的。钢板轧制后所产生的瓢曲、中部波浪形、边部的拉裂以及舌形，均与这种辊型的不同凸度有关。

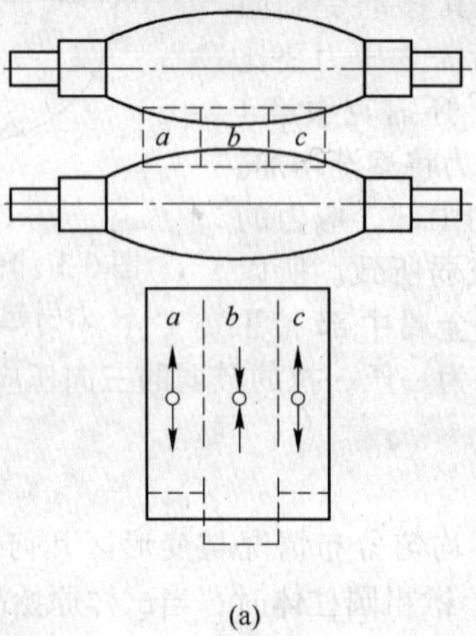

图6-5　不同凸度的轧辊对轧制变形的影响
（a）凸辊轧制；（b）凹辊轧制

图6-5（b）为凹形轧辊轧制时的情况，采用这种凹形轧辊轧制钢板时，如果控制不当，将易使钢板边部产生波浪形和鱼尾形。在轧制中，有时中间被拉裂就是这方面的原因。

例6-2：在椭圆孔型中轧制方坯时，如图6-6所示，由于工具的凹形轮廓形状，使沿轧件宽度上的变形分布不均匀。此时中部的压下系数比边缘部分小，按照自然延伸，边部的应比中部的大。由于金属的整体性和轧件外端的影响，结果使轧件各部分延伸趋向一致。因此，在中部将产生附加拉应力，而边部产生附加压应力。结果使应力产生不均匀分布。

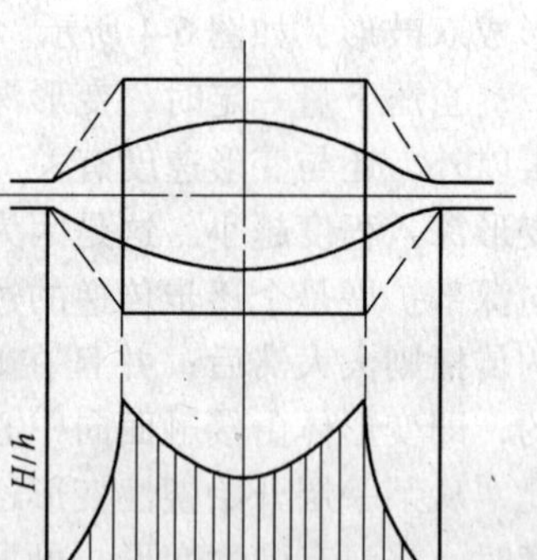

图6-6　沿孔型宽度上延伸分布图

B　变形的不同时性造成变形不均匀

例如菱形轧件进方孔时，垂直方向的对角线两点首先受到压缩，如图6-7（a）所示；在槽钢孔型中轧制时，往往是腿部金属先受到压下，腰部金属后受到压下，如图6-7（b）所示。正是由于轧件变形的不同时性，使得在每一变形瞬间的轧件变形不均匀，在轧件内部产生自相平衡的附加应力，造成应力分布也不均匀。

C　轧辊轴线安装不平行造成沿轧件宽向上压下量不均匀

这种情形，如遇轧制窄带钢，轧件将产生旁弯现象；如遇轧制宽带钢时，在延伸大的一边将产生浪湾。

6.2.3.2 工件形状的影响

工件的形状是根据成材的条件不同而有所不同。在一定情况下，工件的形状能使应力分布不均匀，促使出现附加应力，同时也使变形抗力升高。例如，把一块矩形铅板两边向里弯折，然后在平辊上轧制。根据弯折部分的宽度不同轧后会出现三种结果。

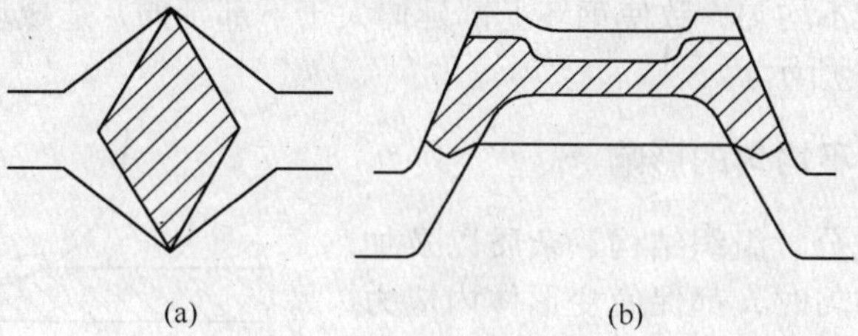

图6-7 变形的不同时性

（a）菱形件在立方孔中；（b）轧件的槽钢孔型中

第一种结果是中部出现破裂，原因是弯折的边缘部分较厚，且折叠部分较宽，边缘部分给中间部分以较大的附加拉应力，使这个区域的中间部分产生周期性破裂，如图6-8所示。

第二种结果是折叠部分宽度逐渐变小，使得中间受的拉应力减小，两边受的压应力增加，但拉应力未引起金属破裂，近似为等强度。

第三种结果是折叠部分宽度很小，使得中间受的拉应力更小，两边受的压应力更大了，边缘部分在附加压应力作用下，产生皱纹（浪形）。如图6-9所示。

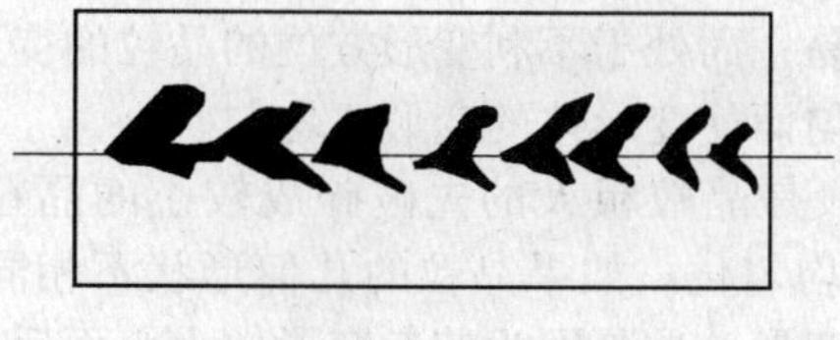

图6-8 中部周期性破裂

图6-9 边部在附加压应力作用下产生皱纹（浪形）示意图

以上的这种现象在实际生产中，当轧制断面形状不同，造成沿轧件宽度上的压下量不均匀时，则产生不均匀延伸，从而使轧件在大变形的部位产生皱纹或在小变形的部位产生破裂。如轧制槽钢、工字钢、角钢时均常见之。

6.2.4 变形体温度分布不均匀的影响

变形体内温度分布不均匀对变形与应力分布有重要的影响。因为高温部分金属的变形抗力小，低温部分金属的变形抗力大，在同一外力作用下，此两部分金属产生的变形必然不同，并要引起附加应力。另外，变形体内温度分布不均匀，还加强了物体内各处的应力不均匀分布。因为温度不同，金属将产生不均匀的膨胀，从而引起在物体内互相平衡的附加热应力，这两种附加应力叠加的结果，在变形体内某些区域可能产生较大的附加拉应力，对塑性较低的金属，在此区域将会造成断裂。

（1）利用钢锭做原料轧制时，若均热时间不足，造成钢锭中间部分温度较低，则在该区产生拉伸的热应力；在轧制的开始阶段，由于表面变形较大，中间变形较小，在中间区域也要形成附加拉应力，这两种拉应力叠加在一起，容易超过金属的断裂强度而在钢锭中心区产生裂纹。这对塑性较低的金属与合金危险性更大。

（2）在实际生产中，由于坯料在加热时，坯料要放在炉筋管的两条滑轨上，由于滑轨的管子是用循环水冷却的。因此，必然会使坯料与炉筋管接触处的加热温度较其他部位低，故坯料在轧制时，温度低的部位其变形也就困难，即在高度方向的压缩量，尽管在同一辊缝中轧制，将会使低温处的真正压缩量较高温处的小，结果会导致轧件沿轧制方向（长度方向）的变形不均匀。这也是在正常轧制条件下，使钢板在纵向上产生同板差的重要因素之一。

（3）在实际生产中还经常见到由于加热不足而造成钢坯的上面温度高，下面温度低，在轧制中沿高向产生压缩不均匀，致使钢坯上部延伸大于下部延伸，造成坯料向下弯曲，甚至造成缠辊事故，如图 6-10 所示。

6.2.5　金属本身性质不均匀的影响

当金属内部化学成分、组织结构、杂质以及加工硬化状态等分布不均匀时，都促使变形体内应力及变形分布不均匀，这是因为金属各部分的组织结构不均匀，必然会使各个部分的屈服极限值不相同，对于屈服极限值较小的部分容易变形，而对于屈服极限值较高的地方，则变形就比较困难，这种性能上的差异，产生不均匀变形将是不可避免的。

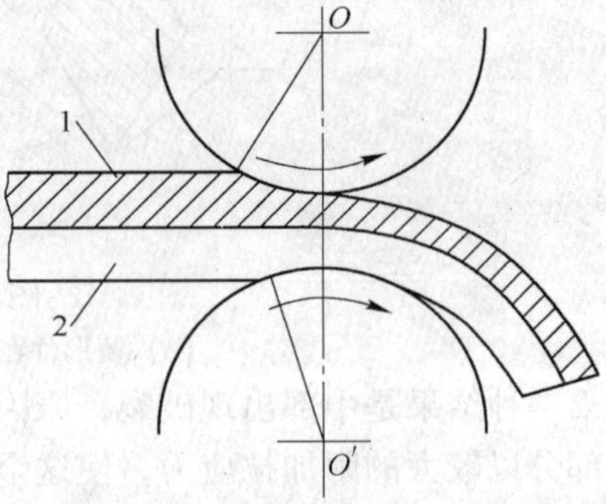

图 6-10　由于上部金属比下部金属延伸大而造成的弯曲现象

1—高温的上部金属；2—低温的下部金属

（1）在多相合金中，晶粒的组织结构是不同的，因而屈服极限值对不同的晶粒也是不同的。含碳量低的亚共析钢，在两相区轧制时，铁素体晶粒的变形较珠光体晶粒容易。不过应该指出的是，即使变形体处于单相奥氏体区，虽然晶粒的大小较均匀，其屈服极限值也较一致，但在变形时，由于晶粒所处的方位不同，变形的难易程度也是不一样的。处于有利变形方位的晶粒变形就比较容易；而处于不利变形方位的晶粒的变形就比较困难，就整个变形体来说，由于晶粒的变形不均匀而使变形体的变形不均匀。

（2）在变形过程中，当晶粒的大小不相同时，一般是晶粒粗大的先破碎成较小的晶粒，而小晶粒则在大晶粒破碎后才发生变形，而使晶粒大小均匀化。如果晶粒的几何形状不相同，则变形先后也是不一样的，一般等轴晶粒先于细长晶粒变形，这是因为前者变形抗力小而后者变形抗力大之缘故。上述的几种情况，由于变形均有先后，因而必然会使变形不均匀。

（3）对于因组织结构不同，在轧制钢板时是不少见的，例如复合板的轧制，由于几层之间的性质不同，因此使变形有难易之分，故使整个复合钢板在轧制时产生不均匀变形。

（4）在受拉伸的金属内存在一团杂质，如图 6-11 所示，夹杂物与其基体晶粒的变形能力不同，因此便产生了夹杂物与周围晶粒的变形不均匀，在夹杂物处产生附加拉应力；又由于在夹杂物处产生应力集中现象，所以在轧制时夹杂物处最容易产生裂纹。这种现象在合金钢表现得尤其突出。

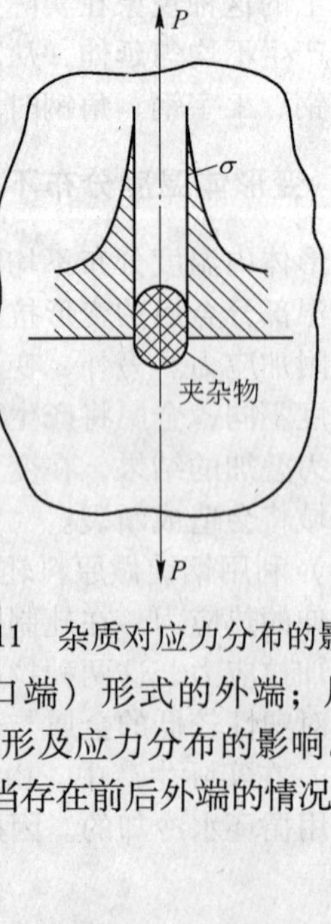

图 6-11　杂质对应力分布的影响

6.2.6　变形物体外端的影响

变形物体的外端一种是封闭形外端（外区），一种是非封闭形的外端。例如轧制时的稳定阶段具有两端（进口端与出口端）形式的外端；局部锻造时具有两个或一个外端等。在这里主要了解局部压缩时外端对变形及应力分布的影响。

当无外端压缩，压缩低件时，将产生单鼓形，如图 6-12 所示。而当存在前后外端的情况下，在离外端足够远的横断面上，金属的变形条件与无外端的情况相似，在接触面上的摩擦阻力影响下，变形后可形成单鼓形，而邻近外端处，金属除受摩擦阻力之外，还受到外端的影响。

已知在发生单鼓变形时，沿高度上处于中间的区域高向变形最大，而靠近接触表面的区域高向变形逐渐减少，甚至不发生塑性变形。根据体积不变条件，这种高向变形的不均匀会导致纵横变形的不均匀，即在高向变形大的部位产生的自由延伸与宽展也大，在高向变形小的部位产生的自由延伸与宽展也小。可是由于金属是一个整体，这种自由延伸会受到外端的限制，而使纵向延伸趋于一致。即外端对纵向变形有强迫“拉齐”作用。结果，在自由延伸大的部位受到纵向附加压应力，而在自由延伸小的部位受到纵向附加拉应力。由于各层的纵向变形在外端的作用下而被迫“拉齐”，高向变形的不均匀必然会要导致横向变形的不均匀。因而高向变形大的部位在纵向压应力的作用下而被迫宽展，而高向变形小的部位在纵向拉应力的作用下轧件宽度会受到拉缩。于是，带外端压缩低件时，在高向变形大的中间层宽展最大，而高向变形小的靠近表面的区域宽展最小。由此可见，由于外端的强迫“拉齐”作用，使纵向变形不均匀性减小。横向变形不均匀性增加。

现在由水平截面图形作进一步分析。如图 6-12 所示，当无外端压缩时，*ABCD* 变形后要变成 $A'B'C'D'$ 的形状，而在有外端影响时，将变成 $A''B''C''D''$ 的形状。所以发生这种变化是由于在外端的强迫拉齐作用下，沿宽度的中间部分将出现纵向附加压应力，使其延伸减少，而在边部出现纵向附加拉应力，使延伸增加，结果使纵向变形趋于均匀。若从横变形来看，邻近外端的金属，除受摩擦阻力外还受外端的影响，使之不能横向自由流动，并距离外端越远此影响逐渐减弱，从而加剧了横变形的不均匀性。

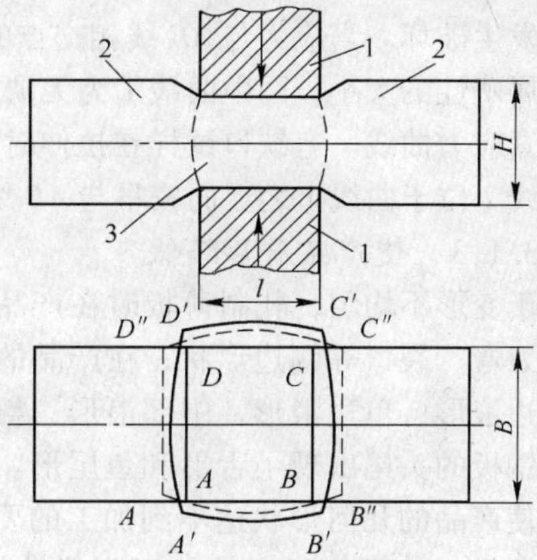

图 6-12　局部压缩时外端对延伸及宽展的影响

1—工具；2—外端；3—变形区

还应指出，由于外端对金属横向流动的限制作用，当高向压下量一定时，将使宽展减小延伸增大。因为外端对金属横向流动的限制作用距离外端越远越减弱，可见变形区越长，外端对宽展的影响越小。

6.2.7　变形物体内残余应力的影响

如变形物体内有 ±100MPa 残余应力，由外力作用产生的基本应力为 −500MPa，而变形金属屈服点为 450MPa，则变形金属右半部先达到屈服点而先变形；左半部未达到屈服点而未变形。因此，物体内产生应力和变形的不均匀分布，如图 6-13 所示。

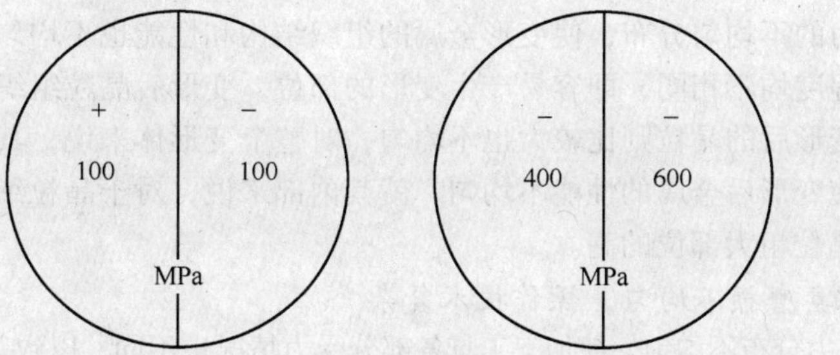

图 6-13　残余应力对应力分布的影响

6.3　变形及应力不均匀分布所引起的后果及减小措施

6.3.1　变形及应力不均匀分布的后果

6.3.1.1　使单位变形力增高

由于不均匀变形时造成各部分金属相互制约和影响，使物体内产生相互平衡的附加应力，从而使变形抗力增加，造成单位变形力增高。另外，当应力不均匀分布时，还将使变形体内三向同名应力状态加强，也会使变形抗力增加，从而使单位变形力升高。

6.3.1.2　使塑性降低

金属受力产生塑性变形时，当某处的工作应力达到金属的断裂强度时，则在该处将产生破裂。由于变形及应力分布不均匀会使单位变形力升高，使某处可能在变形中较早达到金属的断裂强度而发生破裂，导致塑性降低。例如：拉伸某塑性金属的真实应力曲线图 6-14 所示。一般冷加工时的真实应力随变形程度增加而升高，当达到与 *AB* 线相交点时，即达到断裂强度，使物体发生破坏。真应力与 *AB* 线相交点的横坐标为物体断裂时的变形程度，其数值决定了拉伸时金属塑性的大小；图中曲线 1 为无缺口试样拉伸时之真应力曲线；曲线 2 为有缺口试样拉伸时之真应力曲线。有缺口试样在拉伸时产生应力及应变的不均匀分布，使单位变形力升高，所以曲线 2 位于曲线 1 之上而较早与 *AB* 线相交，由横坐标决定的 ε_b 比 ε_a 小。

6.3.1.3　使产品质量降低

由于变形不均匀，轧制薄板时在产品长度方向出现了镰刀弯、裂口等侧边形状；在产品的长度方向出现了双边浪形、单边浪形、中部浪形、瓢曲等板面形状；在钢板的头尾出现了舌形和鱼尾形。以上这些缺陷不仅使产品的几何形状达不到加工的要求，甚至有时会更严重，从而使得产品达不到尺寸标准的要求，只能通过精整工序改判成其他尺寸。

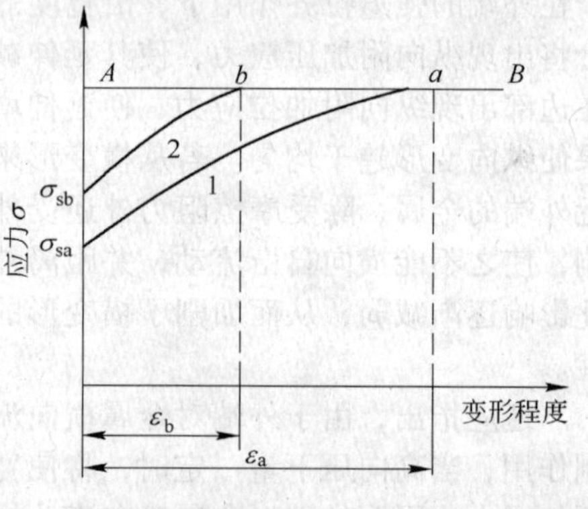

图 6-14　拉伸时真应力与变形程度的关系
1—无缺口试样拉伸时的真应力曲线；
2—有缺口试样拉伸时的真应力曲线

由于变形不均匀使物体内产生附加应力，若变形后温度较低，不足以消除此附加应力时，则将残留于物体内而成为残余应力，残余应力的存在使产品质量降低。具有残余应力的金属不仅加工时会产生不均匀变形，而且使用时会出现事故。例如某金属材料内具有残余拉应力时，当该金属材料在使用时的拉应力方向与残余拉应力方向相同时，则会使该金属材料提前破坏而发生断裂，这是因为在计算金属材料所受拉力时，并未考虑金属材料内存在的残余拉应力之故。

因变形和应力的不均匀分布，使变形金属的组织结构和性能也不均匀。这是因为变形金属多个部位的变形程度均不相同，即容易产生变形的部位，变形后晶粒组织比较细小而均匀；变形困难的部位，变形后的晶粒则比较大也不均匀，对整个变形体来说，其内部的组织结构也不可能均匀，必然使变形后金属的性能不均匀。就其内部来说，对于晶粒细小且均匀的部位，其强度和硬度均较晶粒粗大部位的高。

6.3.1.4　工具磨损不均匀，操作技术复杂

在变形体内应力分布不均匀，使加工工具各部分受力情况也不同，以致工具的弹性应变和磨损情况都不一致。这样就使工具设计、制造以及使用维护工作复杂化。例如：在椭圆孔中轧制方断面

坯料时，如图6-6所示，沿轧件宽向产生应变与应力不均匀分布，边缘部分压下量大，单位压力大，摩擦力大；而中部比边缘部分的压下量小，单位压力小，摩擦力小，所以造成孔型磨损不均，给轧机调整带来很大的麻烦。有时由于不均匀变形，使轧件从轧辊出来后发生弯曲，造成导卫装置安装复杂化。若卫板未安装好，甚至可能产生缠辊事故，给操作带来很大困难。另外，不均匀变形金属（晶粒大小不一）进行热处理时，也使热处理规程制定工作复杂化。

6.3.2　减轻应力及变形不均匀分布的措施

由于不均匀变形会带来一系列危害，所以，在生产中应尽量想办法减少不均匀变形。为了减轻变形及应力不均匀分布的有害影响，可以从影响不均匀变形的因素中，找出减少不均匀变形的方法，通常采取如下措施。

6.3.2.1　选择合理的变形温度

合理的变形温度，应该是使变形金属自始至终在单相区内完成轧制变形。因为在单相区内的金属组织结构相对均匀，在变形时产生的附加应力也较小，所以不均匀变形的程度也相对减少。

合理的变形温度在轧制中，最重要的还是对终轧温度的合理选择，也就是说，在完成轧制时的最后一个道次的轧制温度合理与否，在很大程度上，可以决定产品的组织结构和性能好坏。如果终轧温度控制太高，使金属内部的晶粒长大较快，结果使产品内的组织为粗大的晶粒结构，这样便导致了产品的机械性能降低；但如果终轧温度控制太低（如两相区），因不均匀变形产生附加应力，或者因温度低而产生加工硬化。因此，它同样使组织结构和性能不均匀。合理的终轧温度，应该是使轧件在轧制以后，其内部的晶粒不会长大太快，而且晶粒的大小也较均匀，这样的组织结构将使附加应力减少或消除，因此，产品必然会具有较好的性能，即具有较好的机械性能和塑性指标。

要保证合理的变形温度，更重要的是保证金属加热时，应该有合理的加热制度，即要有合理的加热速度，要尽量使坯料加热时，使断面的温度均匀，这样才能保证轧件在轧制时的温度均匀，从而减少轧制变形时的附加应力，使不均匀变形减少。

根据生产实践的总结，最适宜的加工温度范围，对低碳钢、中碳钢、低合金及中合金结构钢在800~1200℃之间，在该温度范围内，变形金属不仅具有较好的塑性和低的变形抗力，而且变形的均匀性也比较好。在常见的一些加工金属材料中，其轧制温度的范围可见表6-1。

表6-1　常见合金与金属的热加工温度范围

钢及合金	成分 w（C）/%、型号	开轧温度/℃	终轧温度/℃
碳素钢	0.1~0.3	1200~1150	800~850
	0.3~0.5	1150~1100	800~850
	0.5~0.9	1100~1050	800~850
	0.9~1.45	1050~1000	800~850
合金钢	低合金	1100	825~850
	中合金	1100~1150	850~875
	高合金	1150	875~900

从表中可清楚地看出，轧制的开始至终了，其轧制变形均是在单相奥氏体区内完成的。

6.3.2.2　选择合适的变形速度

以镦粗为例来说明如何正确地选定变形速度制度。随着镦粗时变形速度的增加，变形在很大程度上集中于接触表面附近，所以，当镦粗 H/d 比值较大的锻件时，在速度较小的压力机上进行是合适的。因为这样会使变形向距接触面较远处传播，减小图6-4所示的Ⅳ区和Ⅲ区的直径差，使变形的不均匀性减小。而在镦粗低件时，则应采用比较大的变形速度，这样可减小变形向距接触面较远处传播，使锻件的鼓形程度减小。上述这些原则，对加工塑性较低的金属时更应该注意。否则，由于变形速度选择的不适当而造成变形分布很不均匀，导致产生较大的环向拉应力，使锻件的侧面上可能发生断裂。

变形速度的选择是个比较复杂的问题。从工艺性能角度来看，提高变形速度可以降低摩擦系数，从而降低变形抗力，改善变形的不均匀性，提高工件质量；同时提高变形速度可减少热成型时的热量散失，减少毛坯温度下降和温度的不均匀分布，改善变形的不均匀性。冷加工时，增加变形速度，使变形热可保留在变形体中而升高变形体温度，有利于回复产生使加工硬化下降，减轻变形不均匀性；而热加工的变形速度过高，会使再结晶不完全，导致附加应力增加而使变形不均匀。

这一切说明，在具体选定变形速度时，要考虑工件形状、冷加工、热加工、金属性质等因素，才能得到比较正确的结论。

6.3.2.3 选择合理的压下规程

由于轧制过程中的不均匀变形是不可避免的，对于坯料厚度较大时，在保证轧机强度和咬入的情况下，应尽可能使轧制时开始的几个道次，有较大的压下量。原因是轧件在开始轧制时具有较高的塑性，它对减小不均匀变形是有利的；另外，由于大变形量，使其变形的渗透性好，因此，在轧制后，轧件的侧边不容易出现双鼓形而是单鼓形，故对减少边部的折叠是有利的。对于后面的轧制道次（轧件较薄时），应尽可能在近似均匀的变形条件下轧制，也就是采用较小的压下量。

6.3.2.4 合理设计加工工具形状

要正确选择与设计轧辊孔型及其他工具，使其形状与坯料断面很好配合，以保证变形与应力分布比较均匀。例如，在热轧薄板时，由于轧制过程中轧辊辊身中部温升较大，使轧辊变成凸形，为了使轧件沿宽度方向上压下均匀，应将轧辊设计成凹形（在室温状态下）。这样在轧制过程中，轧辊受热膨胀值与设计的凹形值得以抵消，减轻了不均匀变形。而在冷轧薄板时，轧制力比较大，轧辊受力作用产生的弹性弯曲与弹性压扁也比较大，使轧辊变成凹形，所以应将轧辊设计成凸形（在室温状态下）。

在型钢生产中，断面比较复杂，而使用的异型坯是极少的，大部分坯料断面是简单断面（方形或矩形）。要把方形或矩形断面坯料轧制成角钢、工字钢等复杂断面的产品，则不均匀压下是不可避免的。开始几道轧件的温度较高，塑性较好，所以不均匀变形可以大些，即变形系数可分配大些，并尽量轧成异型坯，使其断面形状和成品相似。例如，轧工字钢时采用的切入孔等。越往后不均匀变形应当越小，即变形系数分配时越往后越小，成品道次最小，几乎只起一个平整作用。孔型越往后越和成品相似，例如，轧制角钢的蝶式孔等。

6.3.2.5 尽可能保证变形金属的成分及组织均匀

这一点，从轧钢生产的本身是无法解决的，要解决这方面的问题，则轧钢生产应根据产品的用途与要求，向冶炼部门提出，以求从冶炼的角度解决。要使变形金属的化学成分及组织结构均匀，不仅需要提高冶炼方面的技术水平，而且还需要提高浇铸方面的技术质量和强有力的工艺措施，特别是对浇铸温度和浇铸速度方面的控制，则对组织的均匀性将有重要意义。

对于某些合金钢，由于其塑性较差，为了保证合金钢锭在轧制时，既不产生裂纹，又能提高塑性，使其不均匀变形程度减小，往往在轧制前，将钢锭采用高温退火的办法，使其化学成分和组织结构的均匀性得到改善，而使不均匀变形的减小将收到较好的效果。

6.3.2.6　尽量减小接触表面上外摩擦的有害影响

摩擦对不均匀变形的影响是十分明显的，如果改善工具与变形金属之间的接触状况，对减少摩擦系数是有重要意义的。对于减少轧制过程中的摩擦系数，主要是采用润滑以减少其有害影响。目前在轧制生产中，除冷轧生产采用润滑剂外，在热轧生产中已开始采用高温润滑剂。不过对于热轧中采用水的冷却，它不仅保证了轧辊的强度和轧辊表面硬度；而且由于表面硬度的保证使其磨损较缓慢。同时因水的冲洗而保证了表面的光洁，因此我们说水的作用，在某种程度上确实起到了一定润滑剂的作用，故水的作用对摩擦系数的变化是有利的。

对于变形金属的表面状况，从保证钢板的质量出发，则希望其表面光洁。但是，在轧制过程中轧件表面的氧化物是不断变化的，即有炉生氧化物和再生氧化物。炉生氧化物（加热炉中生成的）出炉后，不仅很厚，而且较脆硬。这种氧化物与金属机体的联系较松弛，它不仅给咬入带来了困难，而且将给钢板的表面质量造成不同程度凹坑或麻点。因此，对于炉生氧化物往往在进入第一道轧制前，应将其炉生氧化物去掉，一般采用除鳞高压水去除。由于轧制是在高温下进行的，因此，在轧制过程中，在轧制的表面仍然会生成氧化物，这种在轧制过程中生成的氧化物称之为再生氧化物，由于该氧化物较致密又与金属机体紧密相连，因而这种氧化物在轧件表面较光滑，故在某种程度上能起到润滑作用。由此说明，只要变形金属表面光洁，对摩擦系数减小是有利的。

6.3.2.7　制定合理的操作规程

在轧制生产的过程中，如果各个环节的操作或配合不合理，在轧制过程中使金属变形趋向于均匀也是不可能的。如果加热和压下制度及其他方面的操作规程制定都比较合理，然而它们之间的相互配合不当或不协调，要使金属轧制变形时不均匀相对减少是不可能的，这一点在轧钢生产中是经常可以见到的。例如，坯料加热后提前出炉，将使坯料在进入轧机前停留的时间太长，造成表面温度较坯料内的温度低，再有轧制时冷却水的作用，使轧件的表面温降比内部更大，结果导致钢板表面产生微裂纹，这个微裂纹就是内外层变形不均匀而在表面产生附加拉应力的结果。

6.4　不均匀变形造成的轧件断裂

6.4.1　轧制时产生的内部横裂

轧制厚件（$\frac{l}{\bar{h}} < 0.5$，$\bar{h} = \frac{H+h}{2}$为轧件平均厚度）时，由于发生的是表面变形，所以在小变形的断面中心将产生纵向拉应力，结果产生如图 6-15 所示的内部横裂。对此可引用如下实验资料：取厚度为 193mm 的钢坯，在距端面 180 ~ 200mm 处钻孔并旋入螺钉，在轧辊

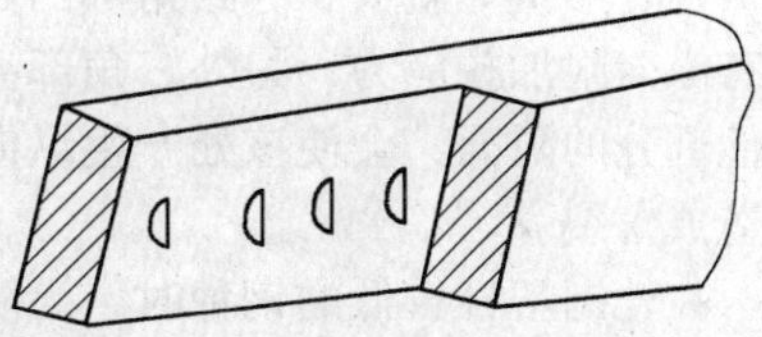

图 6-15　轧制时产生的内部横裂

工作直径为 450mm 的箱形孔中轧制，轧后厚度为 166mm，压下量 $\Delta h = 27$mm，变形区长度 $l = 78$mm，轧件的平均厚度 $h = 180$mm，$l/\bar{h} = 0.43$。实验结果如图 6-16 所示，在接触面区（①区）和轴心区（③区）螺钉与基体金属形成了缝隙，而在②区则没有缝隙。这说明①、③区受纵向附加拉应力，②区受纵向附加压应力。应指出，在①区由于外摩擦作用而形成的压应力抵消部分纵向附加拉应力，仅在靠近出口断面的工作应力才可能出现拉应力；而在③区外摩擦影响很小，工作应力将变为纵向拉应力，这个拉应力便是产生内部横裂的重要原因。GCr15、CrMn 和高速钢等，因在轴心区常聚积易产生过烧的偏析元素和脆性相，使内裂易于产生。此外，当坯料加热不良有硬

心时，将加剧表面变形，使轴心区受更大的纵向拉应力，也将进一步促成开裂。

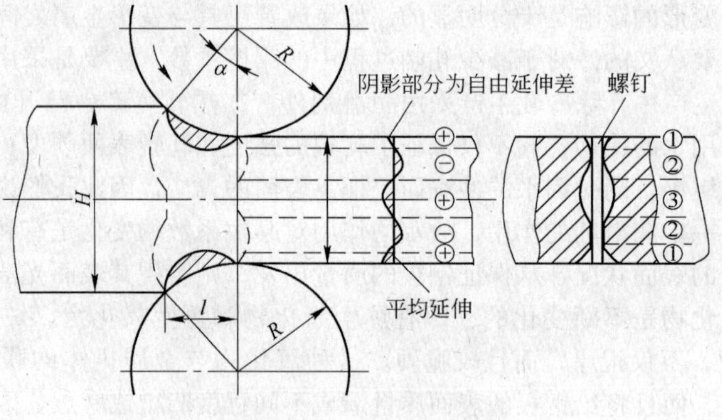

图 6-16　厚件轧制时的变形及附加应力

①、③—纵向附加拉应力；②—纵向附加压应力

随着 $l/\bar{h}$ 增加，变形逐渐向内部深入，这时②区增加③区减小，当 $l/\bar{h}$ 大到一定值后，厚件的中间部分便由原来的纵向拉应力变为纵向压应力，如图 6-17 所示。

当轧辊工作直径和坯料厚度一定时，增加每道的压下量 Δh，可使 $l/\bar{h}$ 增大，从而使纵向拉应力减小，甚至变为纵向压应力，并且此时轴心区垂直压应力也增加，因而有利于内部缺陷的焊合。例如用 21 道（用小压下量）和 15 道（用大压下量）把 200kg 重的 W9Cr4V2 高速钢锭轧成 85mm ×85mm 的方坯，发现前者有较大的纵向内裂，而后者仅个别钢坯上有小的裂纹。

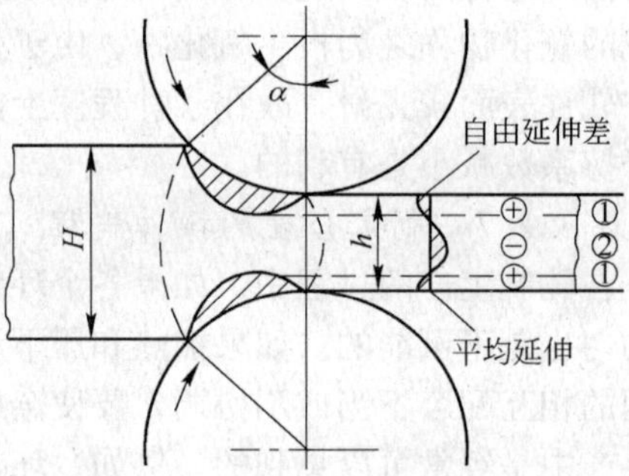

图 6-17　当 $l/\bar{h}$ 较大时轧制变形及纵向附加应力的分布情况

①—纵向附加拉应力；②—纵向附加压应力

6.4.2　轧制时产生的角裂

在轧制时产生的角裂如图 6-18 所示。原因是方坯的角部温度低，变形抗力就大，导致角部的延伸变形比其他处小，造成角部有纵向附加拉应力；另外，角部温度降低产生的收缩变形因受其他部分的阻碍，会使该处产生纵向拉伸的热应力。拉应力的作用造成角裂。

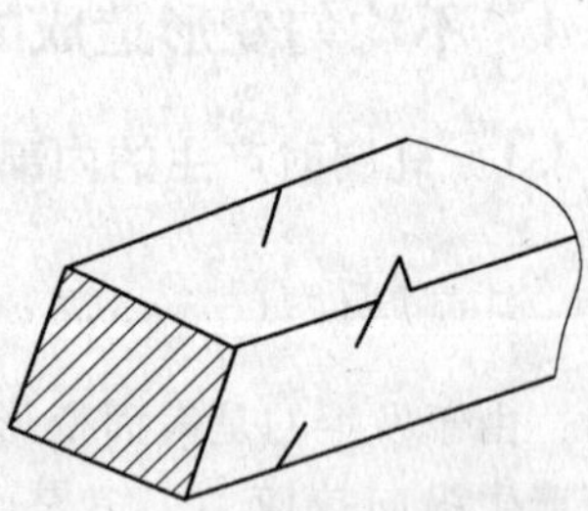

图 6-18　轧制时产生的角裂

在轧制塑性较低的钢种时，为防止角裂，应选用合适的孔型系统。例如，用箱型、椭圆－方等孔型系统代替菱－菱或菱－方孔型系统，会得到较好的效果。

6.4.3　轧制时产生的劈头

轧制高速钢和 Cr12 型模具钢时，常出现如图 6-19 所示的劈头（张嘴）。例如，某厂用 125mm × 125mm 的高速钢坯，在 650 轧机上轧成 75mm × 75mm 的方坯时，开始几道没有出现劈头，而在第四道（$\Delta h/H = 39.5\%$）、第六道（$\Delta h/H = 37\%$）和第七道（$\Delta h/H = 35\%$）则出现劈头，并且多在扁形孔出现。当压缩不太厚的工件时，最容易变形的Ⅱ区质点向外鼓胀（见图 6-2），而使Ⅱ区之外表受拉力 Q 作用，如图 6-20 所示的锻压情况，在此拉力 Q 的作用下，使轧件先从端面分开。可见Ⅱ区质点越向外鼓胀越易劈头。当坯料中心区温度较高时，会加剧Ⅱ区质点向外鼓胀而促进劈头出现。因此轧件轧制几道后，由于表面温度比内部低，在扁形孔轧制时，D/h 值又大，使变形更容易向内深入，所以，就更容易出现劈头。在生产中劈头常常是在不易咬入的情况下产生的，由于咬不进，轧件头部（非连轧）经几次撞击轧辊后，使表面温度大为降低，造成表面与中心区温差大。所以，解决轧制中劈头问题，关键在于避免轧件表面温度降低过大，有时在轧制低塑性钢种时，应关闭轧辊冷却水。

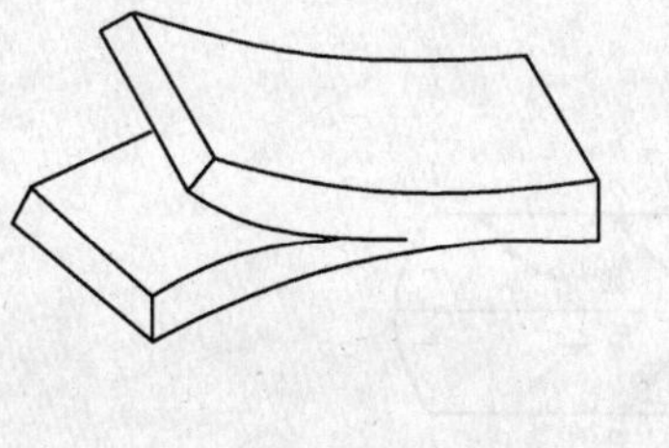

图 6-19 轧制时产生的劈头

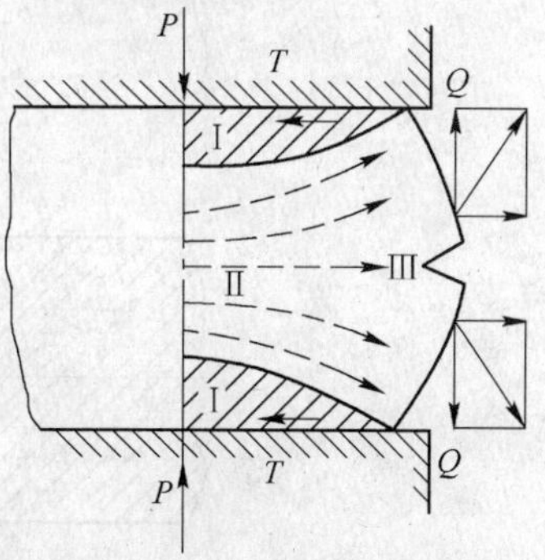

图 6-20 锻压时端部劈头情况的分析

6.4.4 轧板时的边裂和薄件的中部裂

前面已述，用凸辊轧制板材时，边部自由延伸变形小于中部自由延伸变形，在边部产生纵向附加拉应力而中部产生纵向附加压应力（图 6-5）；而用凹辊轧板时，情况正好相反，中部产生纵向附加拉应力而边部产生纵向附加压应力（图 6-5）。因此，当板材塑性不好时，用凸辊轧板时会出现边裂（图 6-21）；用凹辊轧板时会产生中部裂口（图 6-8）。如果板材的塑性很好，则用凸辊轧薄板时，中部会因产生附加压应力而成皱褶；而用凹辊轧薄板时，边部就会产生皱褶（图 6-9）。

在轧制薄壁工字钢和槽钢时，如果孔型设计时腰部的延伸系数比腿部分配小了，则腰部会因受纵向拉应力而产生中部裂口，如图 6-22 所示。但腰部延伸系数比其他部分取的过大也不行，因为此时腰部会因受附加压应力作用而产生皱褶。所以，为了防止这种裂口，腰部的延伸系数应取得合适。

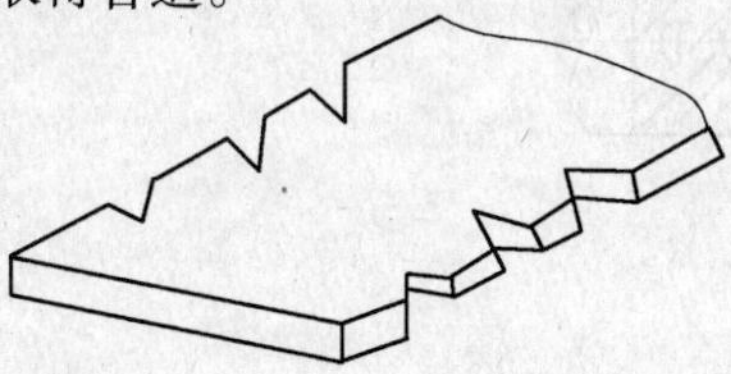

图 6-21 轧板时的边裂

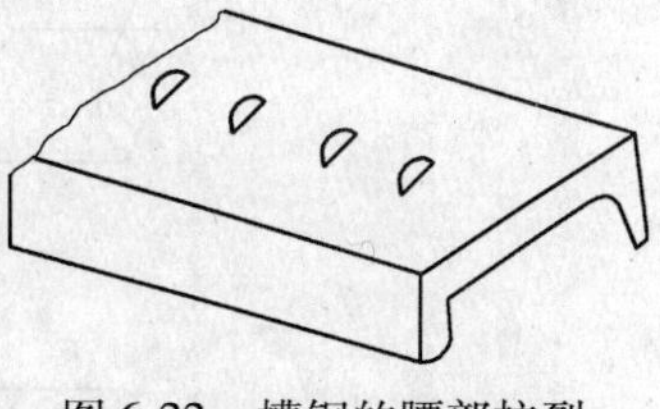

图 6-22 槽钢的腰部拉裂

6.4.5 挤压和拉拔时工件产生的断裂

挤压时，在挤压件的表面常出现如图 6-23（a）所示的断裂，严重时会出现竹节状裂口。产生这种裂口与挤压时金属流动特点有关。挤压时，由于挤压缸和模孔的摩擦力的阻滞作用，使挤压件表面层通过模孔时较内层流动的慢，由于金属是一个整体又受外端作用，使金属各层的延伸“拉齐”，于是在挤压件的外层就产生了纵向附加拉应力。一般这个附加拉应力向变形区的出口逐渐增大，如果在 $a—a$ 截面表层上，由于有较大的附加拉应力作用而使其工作应力变为拉应力，并且达到了实际的断裂强度时，则在表面上就会发生向内扩展的裂纹，其形状与金属通过的速度有关。裂纹的发生消除了在裂纹范围以内的附加拉应力，所以，只有当第一条

裂纹的末端 K 通过 $a-a$ 线以后才停止继续扩展，并开始有附加拉应力积累再产生第二条裂纹的情形，如图 6-23（b）所示，这样，就在挤压件上产生了一系列周期性的断裂。当工件表面温度降低而使塑性下降时，将会促使这种断裂的发生。

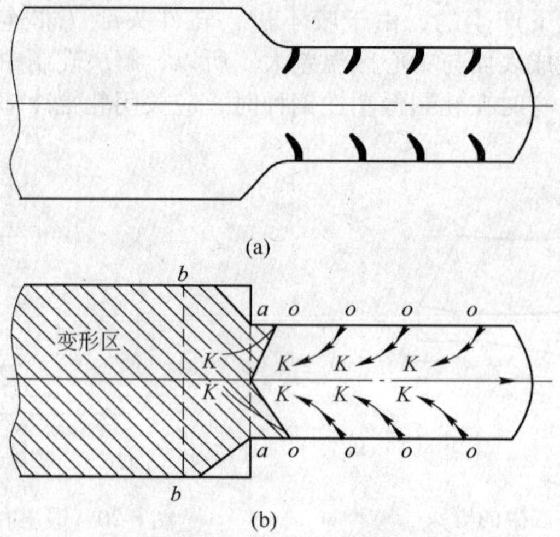

图 6-23　挤压时的断裂

（a）挤压时的断裂；（b）挤压时通过变形区裂纹的形成（o—裂纹起点；K—裂纹终点）

由以上分析可见，减少挤压件与挤压缸及模孔间的摩擦力，会使金属流动的不均匀性减轻，从而可以防止或减轻这种裂纹的产生。在钢的热挤压时，可采用玻璃作润滑剂，这种润滑剂不仅可使摩擦系数减小，而且还能避免被挤压的金属与挤压缸直接接触而起保温作用。采用润滑剂不仅可以防止断裂，还使挤压力大大降低。

拉拔棒材时，常发现如图 6-24 所示的内部横裂。这种裂纹与拉拔棒材时产生的表面变形有关。如图 6-24（b）所示，当 l/d_0 较小时，模壁对棒材的压缩变形深入不到轴心层，而产生表面变形，结果导致轴心层产生附加拉应力。此附加拉应力与拉拔时的纵向基本拉应力合起来，就使轴心层的纵向拉拔工作应力更大。在此拉应力的作用下，便会产生如图 6-24（a）所示的内部横裂。

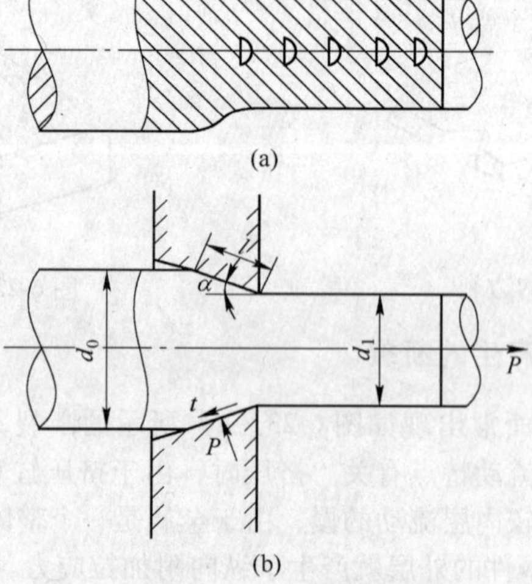

图 6-24　拉拔时的断裂

（a）拉拔时的内裂；（b）拉拔过程

习 题

6-1 以凸形轧辊轧制矩形坯为例分析附加应力的产生。

6-2 镦粗塑性较低的金属饼材时，解释侧面出现纵裂的原因。

6-3 在轧制带钢时，上工作辊可以不水平吗，为什么？

6-4 一块矩形铅板两边向里弯折，然后在平辊上轧制。分析根据弯折部分的宽度不同轧后会出现的三种结果。

6-5 轧制塑性较低的钢锭，当均热时间不足时，分析钢锭中心区产生裂纹的原因。

6-6 分析轧制塑性不好的板材时产生边裂和中部裂的原因。

6-7 分析轧制塑性很好的板材时产生中部皱褶和边部皱褶的原因。

6-8 在轧制槽钢时，腰部出现中部拉裂，解释原因。

6-9 在轧制槽钢时，腰部出现皱褶，解释原因。

6-10 你在生产中常见到哪些变形不均匀的现象？

6-11 应力和变形不均匀分布会带来哪些后果？

6-12 减轻应力和变形不均匀分布的主要措施有哪些？

6-13 分析外端对金属变形的影响。

6-14 根据不均匀变形的原因，分析锤头敲打凿子时，凿子头部开花、刃口变钝的原因？

6-15 挤压圆棒材时，如果模孔处润滑不好而在棒材上可能出现周期环裂的原因是什么？

6-16 现有两个试样尺寸及组织结构完全相同的金属，在相同的条件下采用大小不同的变形程度变形，哪种变形均匀，为什么？

6-17 金属的化学成分、组织结构等对变形不均匀有影响吗，为什么？

6-18 解释缠辊事故是如何发生的？

6-19 解释轧制板带时，产生同板差的原因？

6-20 解释挤压和拉拔圆棒时，变形图示相同，但断裂不同的原因（挤压为表面横裂；拉拔为内部横裂）。

6-21 能否说断裂是不均匀变形发展的结果，为什么？

7 轧制的基本问题

7.1 简单轧制与非简单轧制

7.1.1 简单轧制

实际的轧制过程是比较复杂的，为了简化轧制理论的研究，将复杂的轧制过程附加一些假设的限定条件，即所谓的简单（或理想）轧制条件。满足下列条件的轧制过程称为简单轧制。

7.1.1.1 对轧辊的要求

两个轧辊都为电机直接传动的平辊，其两轧辊的直径与转速均相同，转向相反，材质与表面状况亦相同，轧辊弹性变形量可略去不计。

7.1.1.2 对轧件的要求

轧制前与轧制后轧件的断面为矩形或方形，轧件内部各部分结构和性能相同，轧件表面特别是与轧辊接触的表面状况一样。总之轧件变形是均匀的。

7.1.1.3 对工作条件的要求

轧件以等速离开轧辊，除受轧辊的作用力外，不受其他任何外力的作用。轧辊的安装与调整要正确（轴线相互平行，且在同一垂直平面内）。

7.1.2 非简单轧制

凡不满足上述条件的轧制过程称为非简单轧制。

在生产中有许多非简单轧制的情况：

(1) 单辊传动。

(2) 带张力轧制。

(3) 轧制速度在一道次内变化。

(4) 轧辊直径不等。

(5) 孔型中轧制等等。

同时，在实际轧制过程中绝非前面的假定条件那样，因为：

(1) 变形沿轧件断面高度和宽度不可能是均匀的；

(2) 金属质点沿轧件断面高度和宽度的运动速度不可能是完全均匀的；

(3) 轧制压力和摩擦力沿接触弧长度上分布也不可能是均匀的；

(4) 作为变形工具的轧机也不可能是绝对刚性的，它要产生弹性变形。

所以简单轧制过程（见图 7-1）可以说是为了方便所设计的理想轧制过程模型。通过对简单轧制的讨论、分析，可以了解轧制时所发生的运动学、变形、力学以及咬入条件等，说明轧制的基本现象，建立轧制过程的基本概念，从而指导生产，提高产品的产量和质量。

以后，凡没有特别指明的轧制，一般都是指简单轧制。

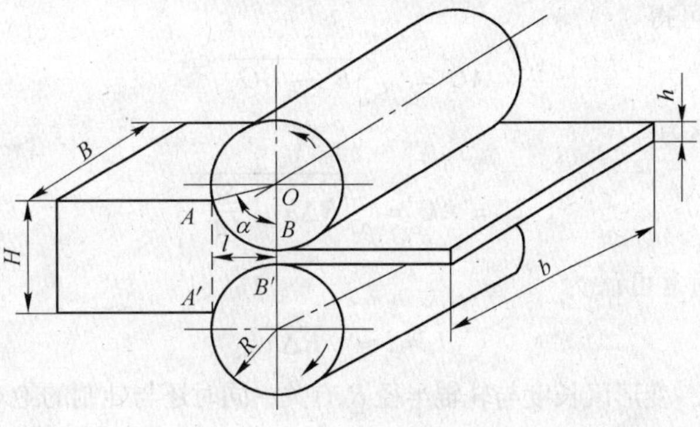

图 7-1　轧制示意图

7.2　变形区主要参数

7.2.1　变形区的概念

轧制时轧件从两个旋转方向相反的轧辊间通过而获得变形，这就是所谓的纵轧，如图 7-2 所示。

轧件承受轧辊作用发生塑性变形的空间区域称为变形区。变形区由两部分组成：直接承受轧辊作用发生变形的部分称为几何变形区，如图 7-2 中的 $ABB'A'$。

显然，在轧制条件下，变形区仅为轧件长度的一部分，随着轧辊的转动和轧件向前运动，变形区在轧件长度上连续地改变着自己的位置，并且在轧辊中重复着同一的变形和应力状态；因此可以只研究任一瞬间变形区各部分的变形和应力状态。

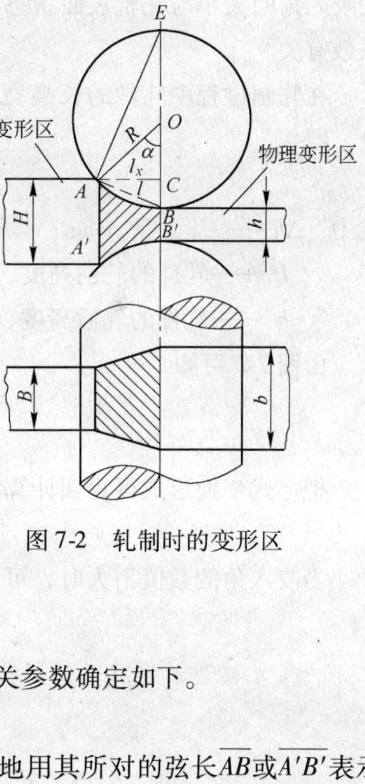

图 7-2　轧制时的变形区

7.2.2　变形区的主要参数

已知条件：轧辊的工作直径 D_k、轧前与轧后轧件高度（H 与 h）、轧前与轧后轧件宽度（B 与 b）。变形区的有关参数确定如下。

7.2.2.1　接触弧与其所对弦长

轧辊与轧件的接触弧 AB 或 $A'B'$，又称咬入弧，可以近似地用其所对的弦长 $\overline{AB}$ 或 $\overline{A'B'}$ 表示的。按图 7-2 所示几何关系可知：

$$\triangle ABC \backsim \triangle EBA$$

$$\overline{AB}^2 = BE \times BC$$

其中　$BE = 2R$　　　$BC = \dfrac{H-h}{2} = \dfrac{\Delta h}{2}$

代入上式即得

$$l = \overline{AB} = \sqrt{\Delta h R} \tag{7-1}$$

式中　l——接触弧所对的弦长。

7.2.2.2　接触弧之水平投影

在实际计算中，经常使用的不是接触弧所对应的弦长，而是接触弧的水平投影长度（变

形区长度)，按图 7-2 可得

$$AC = \sqrt{AB^2 - BC^2}$$

接触弧的水平投影为

$$l_x = AC = \sqrt{R\Delta h - \frac{\Delta h^2}{4}} \tag{7-2}$$

为了简化计算，通常可认为

$$l_x \approx l \approx \sqrt{R\Delta h} \tag{7-3}$$

这里很明显地看出，变形区长度与轧辊半径 R 有关，同时还与轧制的绝对压下量 Δh 有关。

7.2.2.3　咬入角与压下量

接触弧所对应的圆心角称为咬入角。在实际生产中不同条件下允许的最大咬入角不同。最大咬入角的大小与轧辊表面状态、轧制温度以及轧辊转速等因素有关，即与轧辊轧件间的摩擦系数有关。

在轧制过程中轧件的长高宽三个尺寸都发生了变化。轧制后轧件高度的减少量，称压下量。即

$$\Delta h = H - h$$

式中　Δh ——压下量，mm；

H ——轧件的轧前高度，mm；

h ——轧件的轧后高度，mm。

由图 7-2 可知，

$$\cos\alpha = \frac{OC}{OA} = \frac{R - BC}{R} = 1 - \frac{\Delta h}{2R}$$

把上式变换形式可得到计算压下量的公式，即

$$\Delta h = H - h = D(1 - \cos\alpha) \tag{7-4}$$

当咬入角的数值不大时，可认为接触弧与其所对应的弦长相等，由此可得

$$R\alpha \approx \sqrt{\Delta h R}$$

$$\alpha \approx \sqrt{\frac{\Delta h}{R}}\,(\pi) \tag{7-5}$$

$$\alpha^\circ \approx 57.29\sqrt{\frac{\Delta h}{R}}\,(^\circ) \tag{7-6}$$

实践证明，当 $\alpha < 30°$ 时，用精确公式与近似公式计算的咬入角十分接近，见表 7-1。

表 7-1　近似公式与精确公式计算结果的比较

$\Delta h/D$	0	0.01	0.03	0.05	0.08	0.11	0.134
按精确公式计算之	0	8°61′	14°5′	18°12′	23°4′	27°8′	30°
按近似公式计算之	0	8°6′	14°2′	18°7′	22°55′	26°53′	29°41′

7.3 轧制过程的三阶段

从轧件与轧辊接触开始到轧件被甩出为止，这一整个过程称为轧制过程。轧制过程可分为三个阶段：咬入阶段、稳定轧制阶段和甩出阶段。

7.3.1 咬入阶段

咬入阶段是轧件前端与轧辊接触的瞬间起到前端达到变形区的出口断面（轧辊中心连线）称为咬入阶段。如图 7-3 所示。在此阶段的某一瞬间有如下特点：

（1）轧件的前端在变形区有三个自由端（面），仅后面有不参与变形的外端（或称刚端）。

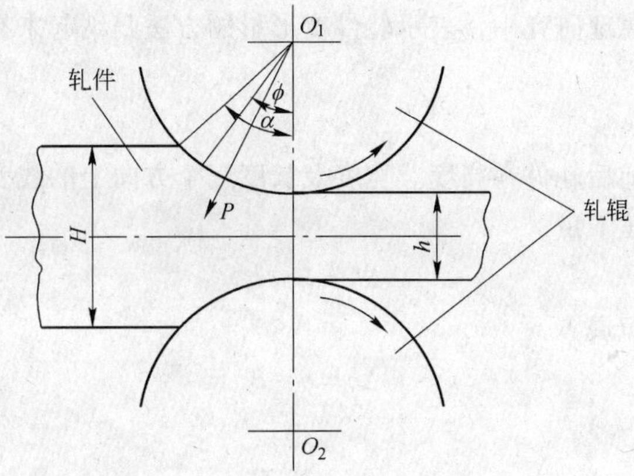

图 7-3 轧制时的咬入阶段

（2）变形区的长度由零连续地增加到最大值，即增加到

$$l = \sqrt{\Delta h R}$$

（3）变形区内的合力作用点、力矩皆不断的变化。

（4）轧件对轧辊的压力 P 由零值逐渐增加到该轧制条件下的最大值。

（5）变形区内各断面的应力状态不断变化。

由于此阶段的变形区参数、应力状态与变形都是变化的，是不稳定的，因此称为不稳定的轧制过程。

在轧制原理中，对此阶段主要是研究实际咬入条件的问题。

7.3.2 稳定轧制阶段

从轧件前端离开轧辊轴心连线开始，到轧件后端进入变形区入口断面止，这一阶段称为稳定轧制阶段。

在此阶段中之情况与咬入阶段不同。变形区的大小、轧件与轧辊的接触面积，金属对轧辊的压力，变形区内各处的应力状态等都是均衡的，这就是此阶段的特点。因此称此阶段为稳定轧制阶段。轧制原理主要对此阶段进行研究、分析、讨论。

7.3.3 甩出阶段

从轧件后端进入入口断面时起到轧件完全通过辊缝（轧辊轴心连线），称为甩出阶段。

这一阶段的特点类似于第一阶段，即

（1）轧件的后端在变形区内有三个自由端（面），仅前面有刚端存在。

（2）变形区的长度由最大变到最小——零。

（3）变形区内的合力作用点、力矩皆不断地变化。

（4）轧件对轧辊的压力由最大变到零。

（5）变形区内断面的应力状态不断地变化。

7.4 轧制变形的表示方法

在轧钢生产和轧制原理研究中，表示轧件变形量的方法归纳起来有以下几种。

7.4.1 绝对变形量

用以分别表示变形前后轧件在高度、宽度及长度三个方向上的线变形量。

绝对压下量，简称压下量

$$\Delta h = H - h \tag{7-7}$$

绝对宽展量，简称宽展

$$\Delta b = b - B \tag{7-8}$$

绝对延伸量

$$\Delta l = l - L \tag{7-9}$$

式中 H、B 与 L——矩形或方形断面轧件变形前的高度、宽度与长度，mm。

h、b 与 l——上述轧件变形后的高度、宽度与长度，mm。

上述绝对变形量这种表示方法的最大优点，就是计算简单、能够直观地反映物体尺寸的变化，因此在生产实践中，以压下量 Δh 和宽展量 Δb 应用最为广泛。但是该式不能正确地反映物体的变形程度，如有两块金属在宽度和长度上相同，而高度分别为 $H_1 = 4\text{mm}$ 和 $H_2 = 10\text{mm}$，经过加工后高度为 $h_1 = 2\text{mm}$，$h_2 = 6\text{mm}$，这两块金属的压下量为 $\Delta h_1 = 2\text{mm}$，$\Delta h_2 = 4\text{mm}$，这能说明第二块金属比第一块的变形程度大吗？要回答这个问题，就必须要考虑高度方向的变形量占金属整个高度的百分比是多少，为此将压下量与金属原来的高度的比值作一个比较，即第一块金属为 $\Delta h_1/H_1 = 2/4 = 50\%$，第二块金属为 $\Delta h_2/H_2 = 4/10 = 40\%$，从这两个比值可以清楚地看到，第一块金属较第二块金属的变形程度大，它说明绝对的变形量不能正确地反映出物体的变形程度，这是因为它没有考虑物体的原始尺寸和变形后的尺寸。

7.4.2 相对变形量

一般相对变形量可以比较全面地反映出变形程度的大小，它是三个方向的绝对变形量与各自相应线尺寸的比值所表示的变形量。最常用的是高度上的相对压下量，即：

相对压下量

$$\frac{\Delta h}{H}\times 100\% = \frac{H-h}{H}\times 100\% \tag{7-10}$$

有时也采用

$$\frac{\Delta h}{h}\times 100\%$$

此外，还有以下几种不常用的表示方法

相对宽展

$$\frac{\Delta b}{B}\times 100\% = \frac{b-B}{B}\times 100\%$$

相对延伸（伸长率）

$$\frac{\Delta l}{L}\times 100\% = \frac{l-L}{L}\times 100\%$$

在拉拔生产中，经常采用断面收缩率来表示相对变形

$$\psi = \frac{F_0 - F}{F_0}\times 100\% \tag{7-11}$$

式中　ψ——断面收缩率；

F_0、F——轧件变形前后的断面积，mm^2。

为了确切地表示轧件某一瞬间的真实变形程度，又可用对数方法表示轧件的变形程度。即

$$\varepsilon_1 = \ln\frac{h}{H} \tag{7-12}$$

$$\varepsilon_2 = \ln\frac{b}{B} \tag{7-13}$$

$$\varepsilon_3 = \ln\frac{l}{L} \tag{7-14}$$

这种变形的表示方法，由于考虑了变形的整个过程，即尺寸在不同时间的瞬时变化，因此称为真变形。虽然真实变形程度能反映出变形过程中的实际情况，但在实际应用中，除了要求计算精确度较高的变形情况外，一般采用一般相对变形。

7.4.3　变形系数

在轧制计算中，也常使用变形系数表示变形量的大小。变形系数也是相对变形的另一种表示方法。与上述方法之不同在于用变形前与变形后（或变形后与变形前）相应线尺寸的比值来表示。

按照体积不变定律有

$$\frac{bhl}{BHL} = 1$$

故

$$\frac{H}{h} = \frac{b}{B}\times\frac{l}{L}$$

即

$$\eta = \omega \times \mu$$

式中　$\eta=\frac{H}{h}$——压下系数；

$\omega=\frac{b}{B}$——宽度变形系数；

$\mu=\frac{l}{L}$——延伸系数。

很显然，η 和 μ 通常在轧制过程中总是大于 1 的数值。而 ω 则不然，在有宽展的轧制条件下 $b>B$，即 $\omega>1$，而在无宽展或宽展很小的条件下 $b\approx B$ 即 $\omega\approx 1$，此时

$$\eta\approx\mu$$

此外，值得说明的是，在实际的轧制过程中很少使用宽展变形系数 ω，而我们真正关心的是绝对宽展量 Δb 的数值，因而使用另一种形式的指标——宽展系数 β 来表示宽度变形量的大小，即

$$\beta=\frac{\Delta b}{\Delta h} \tag{7-15}$$

在一定的轧制条件下，宽展量 Δb 的大小与其相应的压下量 Δh 之间有密切的关系，宽展系数 β 值可以根据实际经验数值确定，这样可以很方便地确定（近似的）Δb 的数值。

7.4.4　总延伸系数、部分延伸系数与平均延伸系数

轧制时从原料到成品须经过逐道压缩多次变形而成。其中每一道次的变形量都称为部分变形量，逐道变形量的积累即为总变形量。二者间的关系如下。

根据体积不变定律，可以写出总延伸系数 μ_z 为

$$\mu_z=\frac{l_n}{L}=\frac{BH}{b_n h_n}=\frac{F_0}{F_n}$$

式中　L、l_n——原料与成品的长度。

F_0、F_n——原料与成品的断面面积。

n——轧制道次，可为 1、2、…、n。

相应的轧件的逐道的延伸系数各为

$$\mu_1=\frac{l_1}{L}=\frac{F_0}{F_1}$$

$$\mu_2=\frac{l_2}{l_1}=\frac{F_1}{F_2}$$

$$\vdots$$

$$\mu_n=\frac{l_n}{l_{n-1}}=\frac{F_{n-1}}{F_n}$$

将逐道延伸系数相乘，得

$$\mu_1\times\mu_2\times\cdots\times\mu_n=\frac{F_0}{F_1}\times\frac{F_1}{F_2}\times\cdots\times\frac{F_{n-1}}{F_n}=\frac{F_0}{F_n}=\frac{l_n}{L}$$

故可得出结论：总延伸系数 μ_z 等于相应各部分延伸系数的乘积，即

$$\mu_z = \frac{F_0}{F_n} = \mu_1 \times \mu_2 \times \cdots \times \mu_n \tag{7-16}$$

按此式，可以写出总延伸系数与平均延伸系数间的关系为

$$\mu_z = \frac{F_0}{F_n} = \bar{\mu}^n$$

故平均延伸系数应为

$$\bar{\mu} = \sqrt[n]{\mu_z} = \sqrt[n]{\frac{F_0}{F_n}} \tag{7-17}$$

由此可得出轧制道次与断面积及平均延伸系数的关系为

$$n = \frac{\ln F_0 - \ln F_n}{\ln \bar{\mu}} \tag{7-18}$$

7.5 平均工作直径与平均压下量

在上节中得到的各有关计算公式，均是指在平辊上轧制矩形（或方形）断面轧件而言，即适用于平均压缩时的变形条件。当存在有不均匀压缩时，各式中的有关参量必须采用等效值—— 平均工作直径与平均压下量。

7.5.1 平均工作直径

轧辊与轧件相接触处的直径称为工作直径，用 D_k 表示。

如图 7-4 所示，轧制矩形或方形断面轧件时，其工作直径 D_k 为

$$D_k = D - h \text{ 或 } D_k = D' - (h - s) \tag{7-19}$$

式中 D_k ——工作直径；

D ——假想直径；

D' ——辊环直径；

s ——辊缝；

h ——孔型高度。

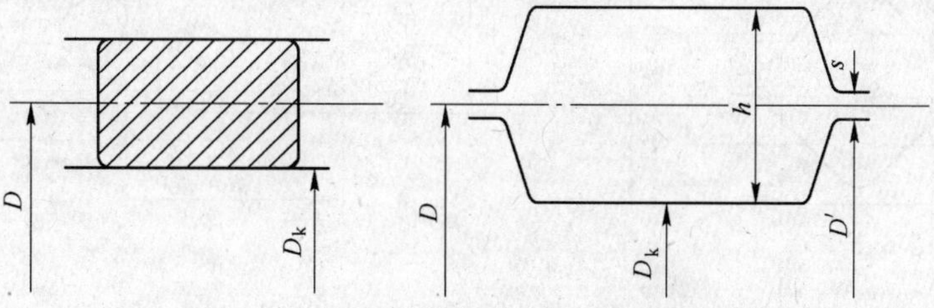

图 7-4 在平辊或矩形断面孔型中轧制

通常用平均高度法近似确定平均工作辊径 $\bar{D}_k$，即把断面较为复杂的孔型的横断面积 F 除以该孔型的宽度 B_h，得该孔型的平均高度 $\bar{h}$，如图 7-5 中的 $\bar{h}$ 对应的轧辊直径即为平均工作辊径 $\bar{D}_k$：

$$\bar{D}_k = D - \bar{h} = D - \frac{F}{B_h}$$

或

$$\bar{D}_k = D' - \left(\frac{F}{B_k} - s\right) \tag{7-20}$$

式中　$\overline{h}$——非矩形断面孔型的平均高度。

B_h——非矩形断面孔型宽度。

F——非矩形断面孔型的面积。

即任一形状断面的平均高度，可视为其面积与宽度均保持不变的矩形高度。

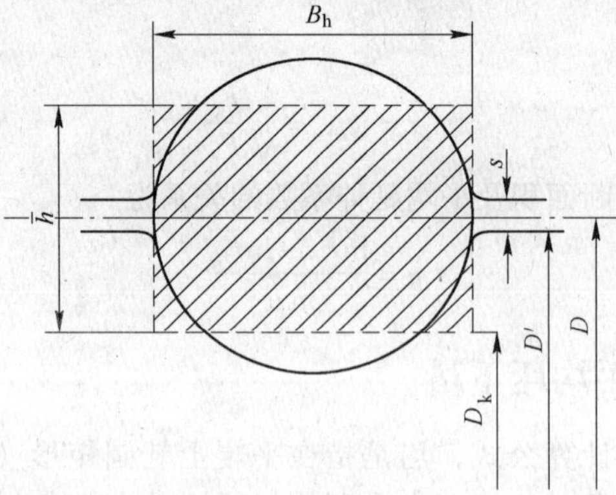

图 7-5　在非矩形断面孔型中轧制时平均工作辊径计算示意图

7.5.2　平均压下量

轧制前与轧制后轧件的平均高度差为平均压下量。轧件的平均高度为与轧件断面积和宽度均与矩形相等的高度。如图 7-6 所示的不均匀压缩时的平均压下量为

$$\overline{\Delta h} = \overline{H} - \overline{h} = \frac{F_0}{B_0} - \frac{F}{B_h} \tag{7-21}$$

式中　F_0、B_0 ——非矩形断面原料的断面积和原料的宽度；

F、B_h ——轧制后非矩形断面的面积和轧件的宽度。

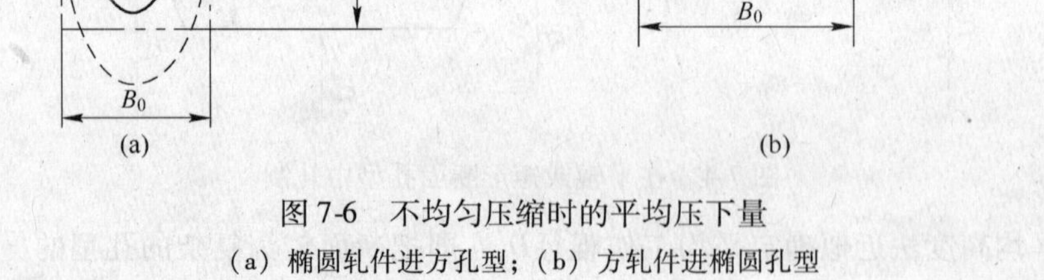

图 7-6　不均匀压缩时的平均压下量

(a) 椭圆轧件进方孔型；(b) 方轧件进椭圆孔型

7.6　变形速度、轧制速度及其计算

7.6.1　变形速度及其计算

在前面我们曾多次讲到变形速度及其有关问题。应当指出：变形速度与轧制速度是两种截

然不同的概念，不得混淆。

变形速度是指最大变形方向上的变形程度对时间的变化率，或者说是单位时间内的单位移位体积，其定义表达式为

$$\dot{\varepsilon}=\frac{d\varepsilon}{dt}\ s^{-1} \tag{7-22}$$

在实际应用中，通常用最大主变形方向的变形速度来表示各种变形过程的变形速度。例如轧制和锻造时，用高度方向的变形速度表示，即

$$\dot{\varepsilon}=\frac{d\varepsilon}{dt}=\frac{dh_x}{h_x}\Big/dt=\frac{1}{h_x}\cdot\frac{dh_x}{dt}=\frac{v_z}{h_x} \tag{7-23}$$

由上式可以看出，工具的运动速度与变形速度是两个不同性质的概念，不应把它们混为一谈。但两者又有密切的联系，即变形速度与工具的瞬间移动速度 v_z 成正比，同时与变形体的瞬时厚度 h_x 成反比。

为了有利于分析锻压、轧制过程中的变形速度对金属性能的影响，求出平均变形速度$\bar{\dot{\varepsilon}}$是有益的。

（1）锻压：

$$\dot{\varepsilon}=\frac{\overline{v_z}}{h}\approx\frac{\overline{v_z}}{\frac{H+h}{2}}=\frac{2\overline{v_z}}{H+h} \tag{7-24}$$

式中 $\overline{v_z}$——工具的平均压下速度。

（2）轧制。计算轧制时的平均变形速度的公式很多，下面利用图7-7推导几种形式的压下变形速度的公式。如果接触弧的中点压下速度等于平均压下速度$\overline{v_z}$，即

$$\overline{v_z}=2v\sin\frac{\alpha}{2}\approx2v\frac{\alpha}{2}=v\alpha$$

所以

$$\bar{\dot{\varepsilon}}=\frac{\overline{v_z}}{h}=\frac{v\alpha}{\frac{H+h}{2}}=\frac{2v\alpha}{H+h}$$

按几何关系 $\alpha\approx\sqrt{\frac{\Delta h}{R}}$代入上式得

$$\bar{\dot{\varepsilon}}=\frac{2v\sqrt{\frac{\Delta h}{R}}}{H+h} \tag{7-25}$$

式中 R——轧辊半径。

v——轧辊圆周速度。

如果轧制时按单位时间内的相对变形程度来计算平均变形速度：

$$\bar{\dot{\varepsilon}}=\frac{\frac{\Delta h}{H}}{t} \tag{7-26}$$

则式中的时间 t 可为变形区内的金属体积 $V_{变}$ 与单位时间内离开的体积 $V_{离}$ 的比值，即

$$V_{变}=\frac{1}{2}\sqrt{\Delta hR}\ (HB+hb)$$

$$V_{离}=h\cdot b\cdot v$$

故

$$t=\frac{\sqrt{\Delta hR}(HB+hb)}{2hbv}$$

将 t 代入到 $\dot{\bar{\varepsilon}}$ 式中得

$$\dot{\bar{\varepsilon}} = \frac{2hbv\sqrt{\frac{\Delta h}{R}}}{H(HB + hb)} \tag{7-27}$$

或

$$\dot{\bar{\varepsilon}} = \frac{2Fv\sqrt{\frac{\Delta h}{R}}}{H(F_0 + F)} \tag{7-28}$$

如果轧制板带时，当 Δb 很小可以忽略不计（$b = B$）时，上式就可以写成：

$$\dot{\bar{\varepsilon}} = \frac{2hv\sqrt{\frac{\Delta h}{R}}}{H(H + h)} \tag{7-29}$$

如果轧制的板带较薄时，由于每次的压下量 Δh 较小，为了简化计算，可视 $H \approx h$，因此上式可以写成：

$$\dot{\bar{\varepsilon}} = \frac{2v\sqrt{\frac{\Delta h}{R}}}{H + h} \tag{7-30}$$

例 7-1：在某 650 轧机上开坯，已知相邻两个孔型的尺寸为 280mm × 170mm 与 196mm × 210mm，轧辊的转数为 82r/min，当后一孔型的平均工作直径为 ϕ490mm 时，求其变形速度。

解：据题意可用下列步骤求得：

（1）求压下量 Δh。由轧制过程可知，前一孔型轧后进入下道轧制的对应尺寸应为：$H = 280$mm，$h = 210$mm，$B = 170$mm，$b = 196$mm

所以
$$\Delta h = H - h = 280 - 210 = 70\text{mm}$$

（2）求出根号之值，即

$$\sqrt{\frac{\Delta h}{R}} = \sqrt{\frac{70}{245}} = 0.535$$

（3）求出轧制速度 v，即

$$v = \frac{\pi n}{60}\bar{D}_k = \frac{3.14 \times 82 \times 490}{60} = 2104\ (\text{mm/s})$$

（4）计算出轧制前后的断面积

$$F_0 = 280 \times 170 = 47600\text{mm}^2$$
$$F = 210 \times 196 = 41160\text{mm}^2$$

（5）将上述计算结果代入到 $\dot{\bar{\varepsilon}} = \frac{2Fv\sqrt{\frac{\Delta h}{R}}}{H(F_0 + F)}$ 中，则得

$$\dot{\bar{\varepsilon}} = \frac{2Fv\sqrt{\frac{\Delta h}{R}}}{H(F_0 + F)} = \frac{2 \times 41160 \times 2104 \times 0.535}{280(47600 + 41160)} = 3.73\text{s}^{-1}$$

任何轧制过程，都可以用上述方法求出变形速度。如前所述，变形速度对金属的变形抗力及塑性都有一定的影响。当变形程度一定时，在热加工温度范围内，随变形速度的增加，变形抗力有比较明显的增加，而在冷加工时，变形速度对变形抗力的影响不大。变形速度的增加使塑性减小。不同轧机的一般变形速度如表 7-2 所示。

表7-2 不同轧机轧制时的变形速度

轧机名称	平均变形速度 1/s	轧机名称	平均变形速度 1/s
初轧机	0.8~3	线材轧机	75~300
大型型钢轧机	1~5	厚板和中板轧机	8~15
中型型钢轧机	10~25	连续式宽带钢轧机	7~100

7.6.2 轧制速度及其计算

轧制速度是指轧辊的线速度。在轧制过程中是指与金属接触处的轧辊圆周速度，它不考虑轧辊与轧件之间的相对滑动。它取决于轧辊的转数与轧辊的平均工作直径，即

$$v=\frac{\pi n}{60}\overline{D}_{k}(s^{-1}) \tag{7-31}$$

式中 v——轧制速度，m/s；

$\overline{D}_k$——轧辊平均工作直径，mm；

n——每分钟轧辊转数。

因为轧制速度越高，轧机产量就越高，所以提高轧制速度是现代轧机提高生产率的主要途径之一。但是轧制速度的提高受到轧机的结构和强度、电机能力、机械化与自动化水平、咬入条件、坯料重量及长度等一系列因素的限制。目前由于轧制工艺设备条件已有很大改进，如液压传动和油膜轴承，电子计算机的应用、坯料长度的增加以及电机能力的加大等，轧制速度比过去有很大的提高。例如现代化的带钢冷连轧机的轧制速度已达45m/s，无扭转连续式线材轧机的轧制速度最高已达到140m/s。因此，提高轧制速度是轧钢生产的发展方向。目前国内外常用轧机的轧制速度范围如表7-3所列。

表7-3 常用轧机的轧制速度

轧机种类	轧机名称	规格/mm	轧制速度/m·s^{-1}
初轧机	二辊可逆	$D_e=750\sim1350$	2~7
	万能板坯轧机	$D_e=1150\sim1370$	6
钢坯轧机	二辊可逆/三辊横列	$D_e=500\sim850$	3~4
	三辊横列式	$D_e=500\sim650$	2.5~4
	钢坯连轧机	$D_e=420\sim850$	4~5
轨梁及大型轧机	万能式轨梁轧机	$D_e=850\sim1350$	3~5
	横列式	$D_e=650\sim950$	3.5~7
	跟踪式	$D_e=550\sim750$	6~7
中小型轧机	横列式中型	$D_e=400\sim650$	2.5~4.5
	连续式中型	$D_e=400\sim650$	7~12
	横列式小型	$D_e=250\sim350$	2.5~8
	半连续小型	$D_e=250\sim350$	5~15
	连续式小型	$D_e=250\sim350$	7~20
线材轧机	横列式	$D_e=180\sim280$	3~9
	半连续式	$D_e=150\sim300$	8~30
	连续式	$D_e=150\sim300$	140

续表 7-3

轧机种类	轧机名称	规格/mm	轧制速度/$m \cdot s^{-1}$
钢板轧钢机	厚板轧机 中厚板轧机 三辊劳特中板轧机 叠轧薄板轧机	$L_{辊}=4200 \sim 5600$ $L_{辊}=2500 \sim 3600$ $L_{辊}=2300 \sim 2450$ $L_{辊}=750 \sim 1200$	4 ~ 7 5 ~ 7 2.5 ~ 4.4 1.5
热轧宽带钢轧机	可逆式炉卷 四辊连续式 四辊半连续式	$L_{辊}=1200 \sim 1700$ $L_{辊}=1200 \sim 2300$ $L_{辊}=1200 \sim 2000$	8.5 15 ~ 26.5 9 ~ 19
冷轧带钢轧机	四辊可逆式 四辊连续式 多辊式	$L_{辊}=1200 \sim 2300$ $L_{辊}=1200 \sim 2200$ $L_{辊}=1150 \sim 1400$	6 ~ 15 25 ~ 45 15
焊管坯窄带钢轧机	横列式 半连续式 连续式	$\phi=250 \sim 380$ $\phi=250 \sim 400$ $\phi=350 \sim 450$	3 ~ 5 3 ~ 9 7 ~ 21
无缝钢管轧机	自动式轧管机组 连续式轧管机 周期式轧管机	$\phi=76 \sim 400$ $\phi=102 \sim 168$ $\phi=216 \sim 426$	2 ~ 2.5 3.9 ~ 6 0.9 ~ 3

习　题

7-1　什么叫简单轧制过程？并分析各种实际轧制过程属于哪种轧制？

7-2　既然简单轧制过程不存在，为什么还要对简单轧制进行讨论、分析？

7-3　什么叫轧制变形区，几何变形区有哪些主要参数？

7-4　表示变形区的主要参数有哪些？

7-5　变形区的长度 l、咬入角 α 的计算公式是什么？

7-6　如有两块金属在宽度和长度上相同，而高度分别为 $H_1=4$mm 和 $H_2=10$mm，经过加工后高度分别为 $h_1=2$mm，$h_2=6$mm，问两块金属的绝对压下量是多少，谁的变形程度大？

7-7　采用绝对变形量的优点和缺点是什么？

7-8　延伸系数的概念及计算公式是什么？

7-9　轧制速度的概念及计算公式是什么？

7-10　在 ϕ430mm 轧机上轧制钢坯断面为 100mm × 100mm，压下量取为 25mm，若 $\Delta b=0$，求变形区各主要参数（l、α、$\bar{h}$）。

7-11　用 85mm × 85mm 方坯轧制 ϕ28mm 圆钢，若平均延伸系数 $\bar{\mu}=1.28$，应轧制多少道次（轧钢机为二列横列式布置）？

7-12　在 ϕ500mm 轧机上轧制圆钢断面 $F=12000\text{mm}^2$，宽度 $b=120$mm，求轧辊切槽的平均工作辊径？

7-13　在 $D=650$mm 轧机上轧制 60mm 圆钢，椭圆轧件进入圆孔型轧制时，其尺寸如图 7-7 所示，已知

$$F_{椭}=4268\text{mm}^2;$$

$$h_{椭}=54\text{mm};$$

$$b_{椭}=97\text{mm};$$
$$F_{圆}=2827\text{mm}^2;$$
$$h_{圆}=60.4\text{mm}^2;$$
$$b_{圆}=61.2\text{mm}^2。$$

求$\overline{\Delta h}_{圆}$及$\overline{D}_{圆}$的值。

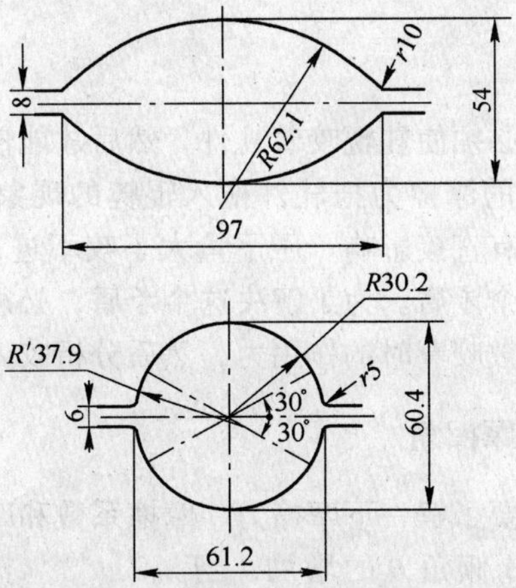

图 7-7　轧 ϕ60 圆钢的成品孔与成品前孔

8 实现轧制过程的条件

8.1 咬入条件

为了实现轧制过程，首先必须使轧辊咬着轧件，然后才能使金属充填于辊缝之间。

所谓咬入是指轧辊对轧件的摩擦力把轧件拖入辊缝的现象。在实际生产中，咬入是否顺利，对轧钢的正常操作和产量有直接影响。压下量大了咬不进；压下量小了，虽然容易咬入，但又降低了轧制效率，这是一个矛盾。为了解决这个矛盾，必须了解咬入的实质。

现在我们来分析轧件开始被咬着时的作用力，然后分析咬入条件。

8.1.1 摩擦力、摩擦系数与摩擦角

在分析咬入条件以前，需要了解一下摩擦力、摩擦系数和摩擦角的关系。

如图 8-1 所示，随斜面 OA 倾角 θ 的增加，当重力 P 沿 OA 方向下滑的分力 P_x 等于与其作用方向相反的摩擦阻力 T_x 时，该物体即产生下滑运动的趋势。此刻总反力 F 与法向反力 N 之间的夹角 β 称为摩擦角。

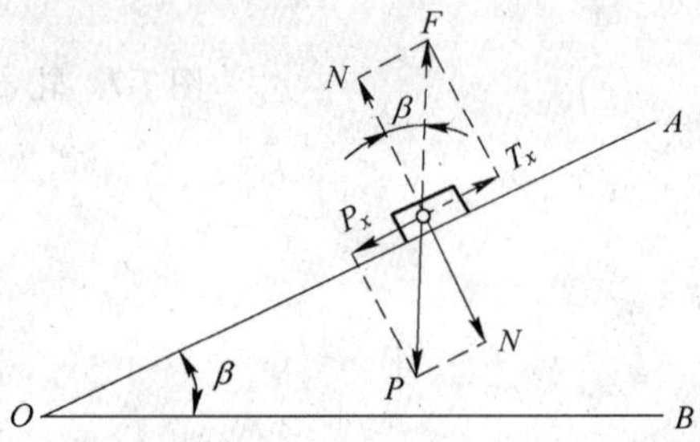

图 8-1 确定摩擦角

摩擦角与摩擦系数的关系如下：

物体下滑分力

$$P_x = P\sin\beta$$

摩擦阻力

$$T_x = fN = fP\cos\beta$$

当 $P_x = T_x$ 时，则可得

$$f = \tan\beta \qquad (8\text{-}1)$$

通过以上讨论得出结论：摩擦角的正切等于摩擦系数。

8.1.2 轧件咬入时的作用力分析

分清轧件对轧辊或者是轧辊对轧件的作用力，以及判别它们的作用方向，是一个很重要的问题。

8.1.2.1 轧件对轧辊的正压力与摩擦力

如图 8-2 所示，在辊道的带动下轧件移至轧辊前，使轧件与轧辊在 A 和 A'两点接触，轧辊在两接触点受轧件的径向压力 N'的作用，并产生与 N'垂直的摩擦力 T'。因轧件企图阻止轧辊转动，故 T'的方向应与轧辊转动方向相反。

8.1.2.2 轧辊对轧件的正压力与摩擦力

根据牛顿定律，两个物体相互之间的作用力与反作用力大小相等、方向相反，并且作用在同一条直线上。因此，轧辊对轧件将产生与 N'力大小相等、方向相反的径向力 N 以及在 N 力作用下产生与 T'方向相反的切向摩擦力 T，如图 8-3 所示。径向力 N 有阻止轧件继续运动的作

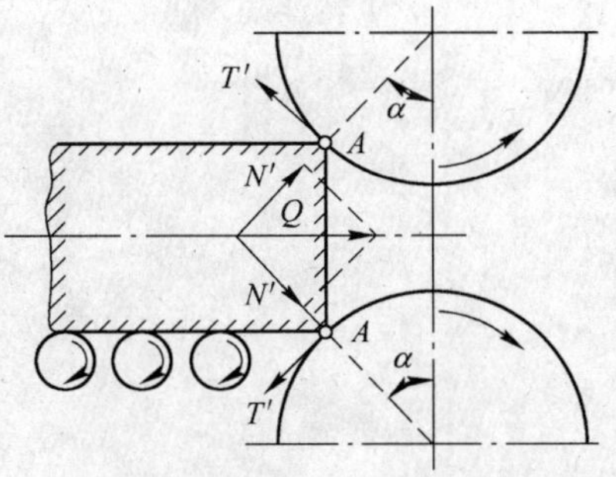

图 8-2 轧件对轧辊的作用力

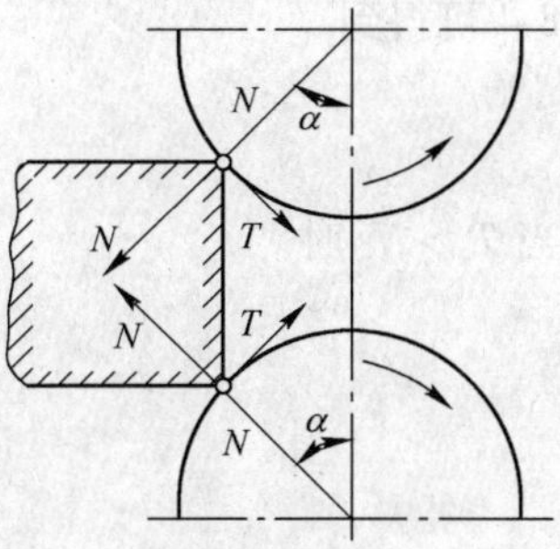

图 8-3 轧辊对轧件的作用力

用，切向摩擦力 T 则有将轧件拉入轧辊辊缝的作用。

8.1.3 轧辊咬入轧件的条件

8.1.3.1 用力表示的咬入条件

在生产实践中，有时因压下量过大或轧件温度过高等原因，轧件不能被咬入。而只有实现咬入并使轧件继续顺利通过辊缝才能建立轧制过程。

为判断轧件能否被轧辊咬入，应将轧辊对轧件的作用力和摩擦力作进一步分析。如图 8-4（a）所示，作用力 N 与摩擦力 T 分解为垂直分力 N_y、T_y 和水平分力 N_x、T_x。垂直分力 N_y、T_y 对轧件起压缩作用，使轧件产生塑性变形，有利于轧件被咬入；N_x 与轧件运动方向相反，阻止轧件咬入；T_x 与轧件运动方向一致，力图将轧件拉入辊缝。显然 N_x 与 T_x 之间的关系是轧件能否咬入的关键，两者可能有以下三种情况［见图 8-4（b）］：

若 $N_x > T_x$，则轧件不能咬入；

若 $N_x < T_x$，则轧件可以咬入；

当 $N_x = T_x$ 时，轧件处于平衡状态，是咬入的临界条件。若轧件原来水平运动速度为零，则不能咬入；若轧件原来处于运动状态，在惯性力作用之下，则可能咬入。

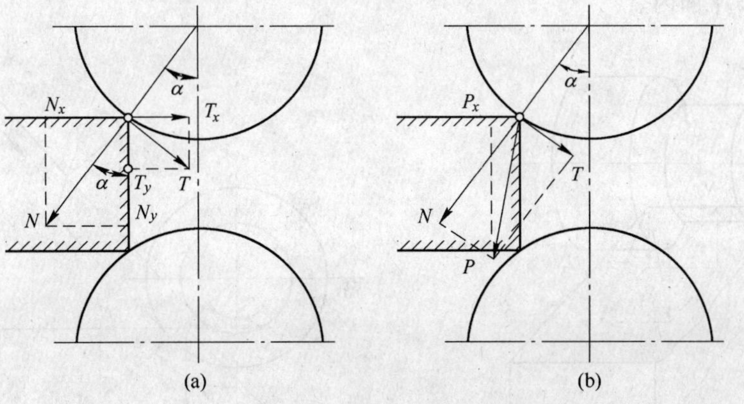

图 8-4 作用力与摩擦力的分解

（a）正压力 N 和摩擦力 T 的分解；（b）正压力 N 和摩擦力 T 的合力

8.1.3.2　用角度表示的咬入条件

由图8-4可得到

$$T_x = T\cos\alpha = fN\cos\alpha$$
$$N_x = N\sin\alpha$$

（1）当 $T_x > N_x$ 时

$$fN\cos\alpha > N\sin\alpha$$
$$f > \tan\alpha$$
$$\tan\beta > \tan\alpha$$
$$\beta > \alpha$$

这就是轧件的咬入条件。

（2）当 $T_x < N_x$ 时，同样可推得 $\beta < \alpha$，轧件不能咬入轧机。

（3）当 $T_x = N_x$ 时，同样可推得 $\beta = \alpha$ 是轧件咬入的临界条件。

由此可得出结论：咬入角小于摩擦角是咬入的必要条件；咬入角等于摩擦角是咬入的极限条件，即可能的最大咬入角等于摩擦角；如果咬入角大于摩擦角则不能咬入。

通常将咬入条件定为

$$\alpha \leqslant \beta \tag{8-2}$$

8.1.4　孔型对咬入的影响

轧件在孔型中咬入时，因孔型侧壁的作用，使轧辊对轧件作用力的方向较平辊咬入时发生变化，故咬入条件也不同。现以矩形断面轧件在箱形孔型中轧制为例，对孔型中轧制的咬入条件加以分析。

轧件开始进入孔型时，最先与孔型侧壁接触并实现咬入，这是咬入的第一阶段；随后轧件继续前进，到轧件前端接触孔型槽底开始进入咬入的第二阶段，直至轧件前端出辊缝建立稳定轧制阶段为止。

在第一阶段，当以某种方式使轧件端部与孔型侧壁表面 A 点接触，如图8-5所示，轧辊对轧件在 A 点的法线方向有作用力 N，并沿轧辊转动的切线方向作用有摩擦力 T。为分析问题方便，以轧制方向、轧件宽度和高度方向为轴线，建立 xyz 坐标系。显然，摩擦力 T 作用在轧件侧平面，即 xoz 平面内。

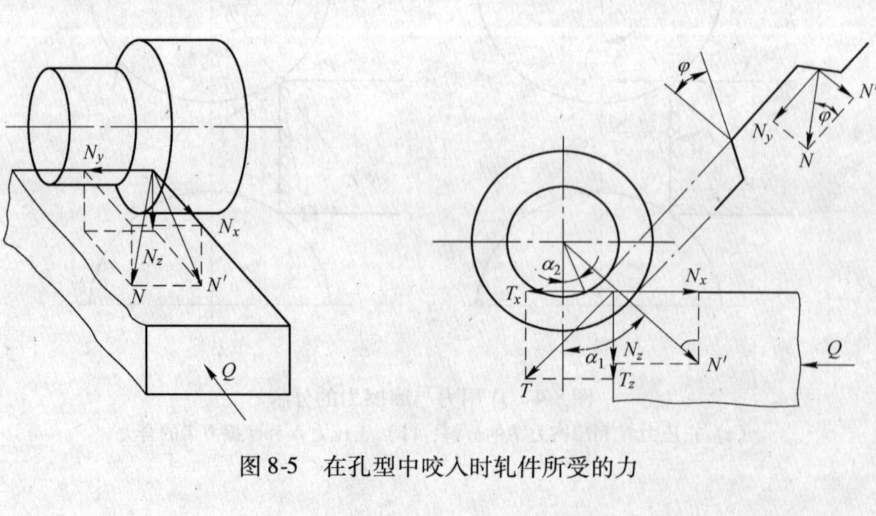

图8-5　在孔型中咬入时轧件所受的力

把 N 力沿三个坐标轴分解为 N_x、N_y、N_z 三个分力，其中 N_z 与下辊相应的力相平衡，并且在高度方向压缩轧件；N_y 与孔型另一侧壁对应的力相平衡，并在宽度方向压缩轧件；N_y、N_z 均与咬入无关，这里不必考虑。只有 N_x 与咬入有关，它力图将轧件推出轧辊。

同样，摩擦力 T 也可以分解为 T_x 和 T_y。也只有 T_x 与咬入有关，它力图将轧件拉入轧辊。

这样；可得咬入条件为

$$T_x \geqslant N_x$$

$T_x = N_x$ 为极限咬入条件。

因 T、T_x 均在 xoz 坐标平面内，故

$$T_x = T\cos\alpha_1$$

式中 α_1——A 点对应的咬入角。

N_x 要进行二次投影才能算出。先求出 N 力在 xoz 平面上的投影 N'

$$N' = N\sin\varphi$$

式中 φ——孔型的侧壁斜角。

而 N' 对 x 轴的投影即为 N_x：

$$N_x = N'\sin\alpha_1 = N\sin\varphi \cdot \sin\alpha_1$$

由咬入条件可得

$$T\cos\alpha_1 \geqslant N\sin\varphi \cdot \sin\alpha_1$$

因 $$T = fN$$

故 $$fN\cos\alpha_1 \geqslant N\sin\varphi \cdot \sin\alpha_1$$

简化得 $$\tan\alpha_1 \leqslant \frac{f}{\sin\varphi}$$

当 α_1 及 $f = \tan\beta$ 均较小时，$\tan\alpha_1 \approx \alpha_1$，$f = \tan\beta \approx \beta$，故上式可简化为

$$\alpha_1 \leqslant \frac{\beta}{\sin\varphi} \tag{8-3}$$

上式便为孔型中咬入的第一阶段的咬入条件。一般孔型侧壁斜角 φ 为 $2° \sim 22°$，无论如何 $\varphi < 90°$，故 $\sin\varphi < 1$。可见，与平辊咬入条件 $\alpha \leqslant \beta$ 相比，孔型中的咬入能力是平辊咬入能力的 $\frac{1}{\sin\varphi}$ 倍。侧壁斜度越小，咬入能力改善程度越大。

当轧件与孔型侧壁接触并满足式（8-3）的条件时，轧件开始进入辊缝。当轧件前进到前端接触孔型槽底时，开始咬入的第二阶段。设在槽底接触点对应的咬入角为 α_2，则类似平辊咬入条件，若能满足

$$\alpha_2 \leqslant \beta$$

就能继续进行轧制。但应注意到此时轧件与轧辊从侧壁接触点开始到前端接触孔型槽底，已有相当大的接触面，并已产生相当大的剩余摩擦力来促进第二阶段的咬入，因而第二阶段的咬入，一般不会有什么困难。

在利用式（8-3）来判断孔型中轧制时的轧件能否被咬入，必须正确计算 α_1 和 φ 这两个参数。由式（8-4）的形式可得计算孔型中咬入时的咬入角 α_1：

$$\alpha_1 = \arccos\left(1 - \frac{H_j - h_j}{\overline{D}_j}\right) \tag{8-4}$$

式中 H_j、h_j——轧件与轧辊开始接触点处轧件的轧前与轧后厚度。

$\overline{D}_j$——接触点处轧辊平均直径。

$$\overline{D_j} = \frac{D_{js} + D_{jx}}{2}$$

式中，D_{js}、D_{jx}分别为接触点处上辊和下辊的直径。以上各尺寸的含义如图 8-6 所示。

孔型侧壁斜角 φ 为开始接触点处孔型的切线与轧辊半径的夹角。

以上讨论的仅为轧件最先与孔型侧壁接触时的咬入条件。若方轧件宽度小于箱形孔型槽底宽度，轧件不与侧壁接触，此时的咬入条件与简单轧制时的咬入条件完全相同，孔型侧壁对轧件没有夹持作用。

为简化计算，常采用平均咬入角来计算孔型中轧制时的咬入条件。平均咬入角可用下式计算：

$$\overline{\alpha} = \arccos(1 - \overline{\Delta h}/\overline{D}_K) \qquad (8\text{-}5)$$

式中　$\overline{\Delta h}$——平均压下量。

$\overline{D}_K$——平均工作辊径。

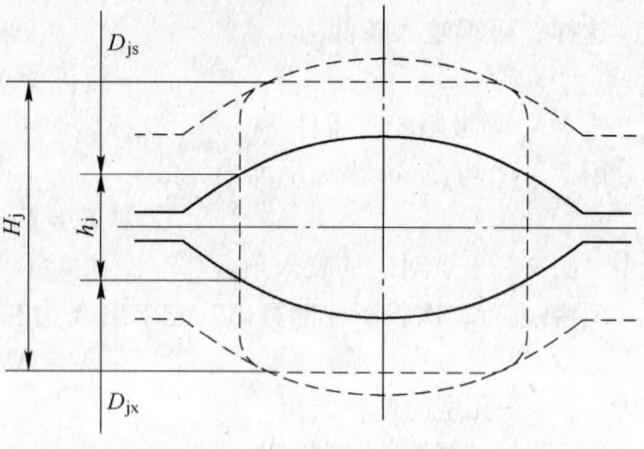

图 8-6　孔型中轧制时咬入角的确定

8.2　剩余摩擦力的产生及稳定轧制的条件

8.2.1　剩余摩擦力的产生

轧件咬入后，金属与轧辊接触表面不断增加，假设作用在轧件上的正压力和摩擦力都是均匀分布，其合力作用点在接触弧中点，如图 8-7 所示。随轧件逐渐进入辊缝，轧辊对轧件作用力的作用点所对应的轧辊圆心角由开始咬入时的 α 减小为 $\alpha-\delta$，在轧件完全充填辊缝后，减小为 $\alpha/2$。

为便于比较，我们暂且假定轧件是在临界条件下被咬入。在开始咬入瞬间，合力 P 的作用方向是垂直的。随轧件充填辊缝，$\alpha-\delta$ 角减小，摩擦力水平分量 $T\cos(\alpha-\delta)$ 逐渐增大，正压力水平分量 $N\sin(\alpha-\delta)$ 逐渐减小，合力 P 开始向轧制方向倾斜，其水平分量为

$$P_x = T_x - N_x = fN\cos(\alpha-\delta) - N\sin(\alpha-\delta) \qquad (8\text{-}6)$$

由开始时的零而逐渐加大，到轧件前端出辊缝后，即稳定轧制阶段为

$$P_x = fN\cos\frac{\alpha}{2} - N\sin\frac{\alpha}{2} \qquad (8\text{-}7)$$

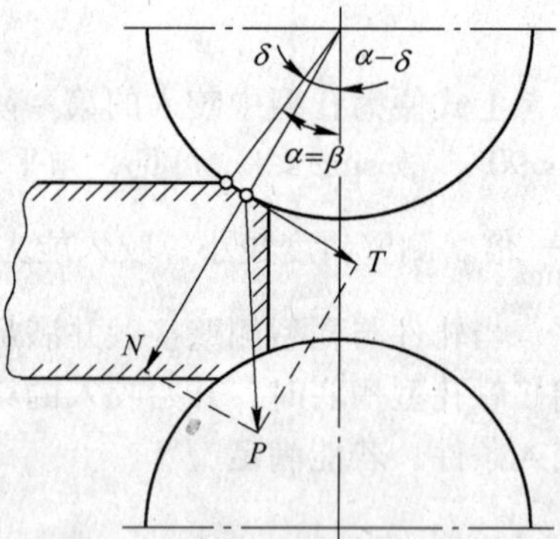

图 8-7　轧件在 $\alpha=\beta$ 条件下充填辊缝

这说明随着轧件头部充填辊缝，水平方向摩擦力 T_x 除克服推出力 N_x 外，还出现剩余。我们把用于克服推出力外还剩余的摩擦力的水平分量 P_x 称为剩余摩擦力。

前已述及，在 $\alpha<\beta$ 条件下开始咬入时，有 $P_x = T_x - N_x > 0$。即此时就已经有剩余摩擦力存在，并随轧件充填辊缝而不断增大。

由于轧件充填辊缝过程中有剩余摩擦力产生并逐渐增大，只要轧件一经咬入，轧件继续充填辊缝就变得更加容易。

由剩余摩擦力表达式可看出，摩擦系数越大，剩余摩擦力越大；而当摩擦系数为定值时，

随咬入角减小，剩余摩擦力增大。

8.2.2 建立稳定轧制状态后的轧制条件

轧件完全充填辊缝后进入稳定轧制状态。如图 8-8 所示，此时径向力的作用点位于整个咬入弧的中心，剩余摩擦力达到最大值。继续进行轧制的条件仍为 $T_x \geqslant N_x$，它可写成：

$$T\cos\frac{\alpha}{2} \geqslant N\sin\frac{\alpha}{2}$$

而

$$\frac{T}{N} \geqslant \tan\frac{\alpha}{2}$$

由此得出

$$\beta \geqslant \frac{\alpha}{2} \text{或} \alpha \leqslant 2\beta \tag{8-8}$$

上式是继续进行轧制的条件。

这说明，在稳定轧制条件已建立后，可强制增大压下量，使最大咬入角 $\alpha \leqslant 2\beta$ 时，轧制仍可继续进行。这样，就可利用剩余摩擦力来提高轧机的生产率。

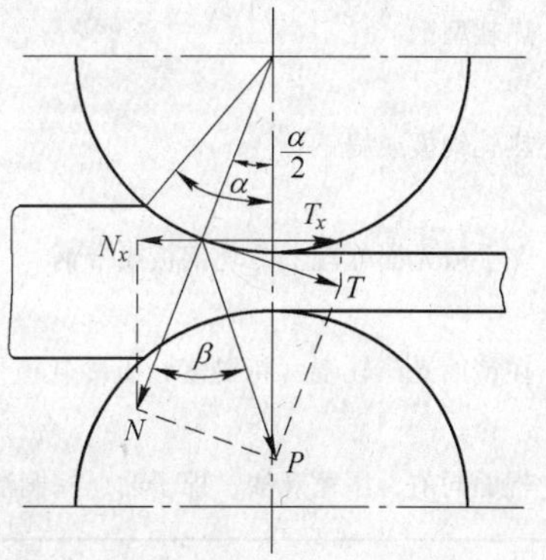

图 8-8 稳定轧制阶段 α 和 β 的关系

但是实践和理论都已证明，这种认识是错误的，因为这种观点忽略了前滑区内摩擦力的方向与轧件运动方向相反这一根本转变。在前滑区内摩擦力发生了由咬入动力转变成咬入阻力的质的变化。大量实验研究还证明，在热轧情况下，稳态轧制时的摩擦系数小于开始咬入时的摩擦系数，产生此现象的原因为：

（1）由于轧件端部与轧辊接触，并受冷却水作用，加之端部的散热面也比较大，所以轧件端部温度较其他部分为低，因而使咬入时的摩擦系数大于稳定轧制阶段的摩擦系数。

（2）由于咬入时轧件与轧辊接触和冲击，易使轧件端部的氧化铁皮脱落，露出金属表面，所以摩擦系数提高，而轧件其他部分的氧化铁皮不易脱落，因而保持较低的摩擦系数。影响摩擦系数降低最主要的因素是轧件表面上的氧化铁皮。在实际生产中，往往因此造成在自然咬入后过渡到稳定轧制阶段发生打滑现象。

综上所述，由于温度和氧化铁皮的影响，使轧件其他部分摩擦系数显著的降低，所以最大咬入角约为 1.5 ~ 1.7 倍摩擦角，即 $\alpha = (1.5 \sim 1.7)\beta$。

在冷轧时，可近似地认为摩擦系数无变化。但由于轧件被咬入后，随轧件前端在辊缝中前进，轧件与轧辊的接触面积增大，在轧制过程产生的宽展愈大，则变形区的宽度向出口逐渐扩张，合力作用点愈向出口移动，所以冷轧情况下，稳态轧制时的最大咬入角 $\alpha = (2 \sim 2.4)\beta$。

8.3 最大压下量的计算方法

根据压下量、轧辊直径及咬入角三者之间的关系，即

$$\Delta h = D\ (1 - \cos\alpha)$$

在轧辊直径一定的条件下，可用下述方法计算最大压下量：

8.3.1 按最大咬入角计算最大压下量

当咬入角的数值为摩擦条件允许的最大值时，相应的压下量为最大：

$$\Delta h_{\max} = D(1 - \cos\alpha_{\max}) \tag{8-9}$$

在生产实际中，不同轧制条件所允许的最大咬入角如表 8-1 所示。

表 8-1　不同轧制条件下的最大咬入角

轧　制　条　件	摩擦系数 f	最大咬入角 α_{max}	比值 $\frac{\Delta h}{R}$
在有刻痕或堆焊的轧辊上热轧钢坯	0.45 ~ 0.62	24° ~ 32°	$\frac{1}{6} \sim \frac{1}{3}$
热轧型钢	0.36 ~ 0.47	20° ~ 25°	$\frac{1}{8} \sim \frac{1}{7}$
热轧钢板或扁钢	0.27 ~ 0.36	15° ~ 20°	$\frac{1}{14} \sim \frac{1}{8}$
在一般光面轧辊上冷轧钢板或带钢	0.09 ~ 0.18	5° ~ 10°	$\frac{1}{130} \sim \frac{1}{33}$
在镜面光泽轧辊（粗糙度）上冷轧板带钢	0.05 ~ 0.08	3° ~ 5°	$\frac{1}{350} \sim \frac{1}{130}$
辊面同前，用蓖麻油、棉子油、棕榈油润滑	0.03 ~ 0.06	2° ~ 4°	$\frac{1}{600} \sim \frac{1}{200}$

8.3.2　按摩擦系数计算最大压下量

由摩擦系数与摩擦角的关系及咬入条件

$$\tan\beta = f \text{ 和 } \alpha_{max} = \beta$$

知

$$\tan\alpha_{max} = \tan\beta = f$$

而由数学关系有

$$\cos\alpha_{max} = \frac{1}{\sqrt{1 + \tan^2\alpha_{max}}} = \frac{1}{\sqrt{1 + f^2}}$$

将上式代入到 $\Delta h_{max} = D(1 - \cos\alpha_{max})$ 中可得

$$\Delta h_{max} = D\left(1 - \frac{1}{\sqrt{1 + f^2}}\right) \tag{8-10}$$

式中轧制时的摩擦系数 f 可由公式计算或由表 8-1 等资料查找。

例 8-1：假设热轧时轧辊直径 $D = 800$mm，摩擦系数 $f = 0.3$，求咬入条件所允许的最大压下量及建立稳定轧制过程后，利用剩余摩擦力可以达到的最大压下量。

解：（1）咬入条件允许的最大压下量

$$\Delta h_{max} = 800\left(1 - \frac{1}{\sqrt{1 + 0.3^2}}\right) = 34\text{mm}$$

（2）在建立稳定轧制过程后，利用剩余摩擦力可达到的最大压下量 $\Delta h'_{max}$

取

$$\alpha = 1.5\beta = 1.5\arctan 0.3 = 1.5 \times 16.7° = 25°$$

所以

$$\Delta h'_{max} = 800\ (1 - \cos 25°) = 75\text{mm}$$

8.3.3　型材轧制时的压下量

由于在孔型中轧制的主要目的是要得到一定断面形状尺寸的产品，所以设计和轧制时主要考虑的是横断面尺寸的变化，也就是说，考虑能给多大的压下量，能产生多大宽展。为了提高轧机的生产能力，减少轧制道次，希望压下量要大一些。但是每一道次的压下量最大能给多少，除受 α_{max} 或 f 值的限制外，还将受孔型轧制这一特点及其他条件的限制。

在开坯机或型钢轧机的粗轧道次，由于轧件的温度高、断面大，即使采取较大压下量，也不会造成断辊或电机过载，而主要是受 α_{max} 的限制。但必须注意，在轧制高合金钢时，应考虑材料的塑性。

在成品孔轧制时，不能采用过大的压下量，以免造成压力和摩擦力的增大，加剧孔型的磨损，影响轧件的表面质量和粗糙度，同时使换孔或换辊的次数增多，影响轧机产量，并增加轧机调整时造成的次品和废品量，这时孔型磨损成了限制压下量的主要因素。

在轧制异型钢材时，中间的各个造型孔，为了满足一定的形状要求，并不追求过大的压下量，主要目的是为了造型。所以给定多大压下量是为了造型的需要。只有在轧件很宽，或轧制强度极限很高的硬钢材时轧辊强度和电机功率才是限制因素。

究竟在某一轧机上允许加以多大的压下量，这要参照同类轧机的经验数据适当修改采用。

在平辊上轧制矩形断面轧件时，压下量是轧前高度和轧后高度的差值（$\Delta h = H - h$），这是容易计算的。而在孔型中压下量的计算方法就比较复杂。

在简单断面孔型中，常以轧件送入时的最高尺寸减去孔型的最高尺寸来计算压下量，如图 8-9 所示。

在复杂断面的孔型中，如有较宽的腰部时，则按送入轧件的腰厚与孔型腰厚之差来计算压下量，如图 8-10 所示。

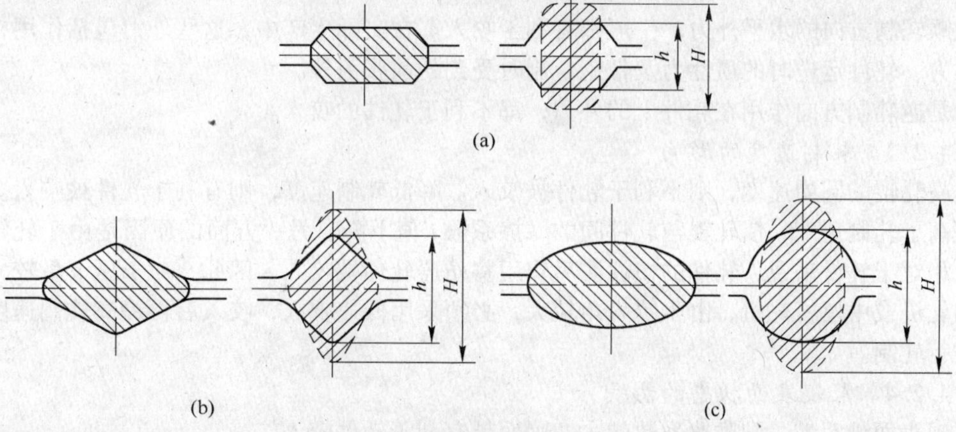

图 8-9　孔型中压下量的确定

（a）箱－方孔型；（b）菱－方孔型；（c）椭圆－圆孔型

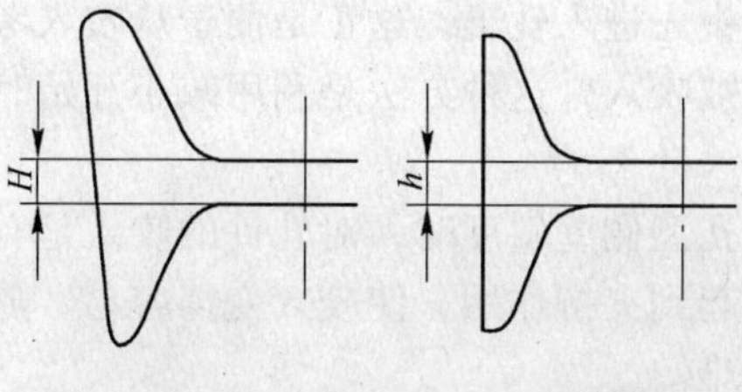

图 8-10　工字钢压下量的确定

8.4　影响咬入的因素及改善咬入的措施

在轧制时，有些条件有利于轧件被咬入，而另一些条件则不利于使轧件被咬入。了解影响轧件被咬入的因素，在实际轧钢生产中有着重要的作用。

8.4.1 轧辊直径 D、压下量 Δh 和咬入角 α 三者之间的关系

由式（7-4）可得到它们之间的关系

$$\Delta h = D(1-\cos\alpha)$$

而 $1-\cos\alpha = 2\sin^2\dfrac{\alpha}{2}$，当 α 较小时，可近似地认为 $\sin\dfrac{\alpha}{2}\approx\dfrac{\alpha}{2}$，所以有：

$$\Delta h = D\left(2\sin^2\frac{\alpha}{2}\right)\approx R\alpha^2 \tag{8-11}$$

由此可见，当轧辊直径 D 不变时，压下量与咬入角的平方成正比关系；当咬入角 α 为常数时，压下量 Δh 与轧辊直径 D 的大小成正比；当压下量 Δh 为常数时，轧辊直径与咬入角 α 的平方成反比。

8.4.2 影响咬入的因素

8.4.2.1 轧辊直径 D、压下量 Δh 对咬入的影响

（1）当压下量不变时，随着轧辊直径的增大，咬入角 α 将减小，这有利于咬入。

（2）如轧辊直径 D 不变时，随着压下量的减小，咬入角 α 也减小，这有利于咬入。

8.4.2.2 作用在水平方向上的外力对咬入的影响

凡顺轧制方向的水平外力，一般都有利于咬入。在实际生产中，这些外力包括作用在轧件上的推力、轧件运送时的惯性力及带钢轧制时受到的前张力等。

凡是逆轧制方向作用在轧件上的外力，都不利于轧件的咬入。

8.4.2.3 轧制速度的影响

提高轧辊的圆周速度，则不利于轧件被咬入。降低轧制速度，则有利于轧件被咬入。一方面是提高了轧制速度，使轧辊与轧件间的摩擦系数 f 值下降；另一方面的原因是由于轧辊速度较大，相对于轧件来说，轧件的惯性滞后作用将妨碍轧件被咬入。因此，对于压下量较大的可逆式初轧机或中厚板轧机，由于咬入角较大，必须采用低速咬入，咬入后再提高轧制速度的方法来进行轧制。

8.4.2.4 轧辊表面状态的影响

轧辊表面越粗糙，则摩擦系数越大，因而越有利于轧件咬入。

8.4.2.5 轧件的形状对轧件咬入的影响

轧件前端形状对轧件咬入的影响很大。轧件前端与轧辊接触面越大，轧件越容易咬入。

轧制钢锭时，一般多以小头先进入轧辊，这正是便于从咬入考虑的。在中小型轧制中，坯料端切成楔形，使得轧件容易被咬入，这种方法是利用减小开始时的咬入角来实现的。

8.4.2.6 孔型形状对咬入的影响

型钢轧机的孔型有较小的孔型侧壁斜度时，对轧件的咬入是有利的。这是轧件宽度大于孔型底部宽度，孔型侧壁对轧件起到夹持作用，使咬入变得容易。随侧壁斜度增大，孔型的夹持作用减小，轧件的咬入变得困难。

菱形轧件进入方形孔轧制时容易咬入，因为轧件的前端容易被孔型侧壁夹持，所以轧件容易咬入。

椭圆形轧件进入圆孔轧制时就不容易咬入，因为轧件前端不容易被孔型侧壁夹持，所以咬入困难。

8.4.3 改善咬入的措施

改善咬入的措施是增大摩擦角 β（即增大摩擦系数 f）和减小咬入角 α。

8.4.3.1 提高摩擦系数的措施

（1）轧辊刻痕、堆焊或用多边形轧辊的方法，可使压下量提高 20% ~40%。刻痕或堆焊多用于初轧机上、开坯机及型钢轧机的开坯孔型中。

多边形轧辊用于中小型轧机上，它所以能改善咬入条件，主要是由于改变了作用力方向，使作用力状态有利于咬入。

（2）合理使用润滑剂。这里指的是增加咬入瞬间的摩擦系数，而稳定轧制阶段的摩擦系数并不增加。

（3）清除炉尘和氧化铁皮。一般在开始几道中，咬入比较困难，此时钢坯表面有较厚的氧化铁皮。实践证明，钢坯表面的炉尘、氧化铁皮，可使最大压下量降低 5% ~10%。

（4）在现场不能自然咬入的情况下，撒一把沙子或冷氧化铁皮可改善咬入。

（5）当轧件温度过高，引起咬入困难时，可将轧件在辊道上搁置一段时间，使钢温适当降低后再喂入轧机。

（6）增大孔型侧壁对轧件的夹持力可改善轧件的咬入。例如，在轧制 5 号角时，由于第 8 孔型（立轧孔）中的轧件宽度小，在孔型中的夹持力小，换槽后前 1 ~2 根轧件在此孔型中经常出现打滑现象。现场解决的办法之一是减小前面孔型的压下量，使得翻钢后进入第 8 孔型（立轧孔）中的轧件宽度大，在孔型中的夹持力大，改善了咬入条件。

（7）合理调整轧制速度。利用随轧制速度降低而摩擦系数加大的规律，在直流电机传动的轧机上，采用低速咬入，建立稳定轧制过程后，再提高轧制速度，使之既能增大咬入角，又能合理利用剩余摩擦力。实验指出，咬入速度在 2m/s 以下，摩擦系数就已经基本稳定到最大值，所以咬入速度再降低也无意义。

8.4.3.2 降低咬入角的基本措施

（1）使用合理形状的连铸坯，可以把轧件前端制成楔形或锥形。

（2）强迫咬入，用外力将轧件顶入轧辊中，由于外力的作用，轧件前端压扁，合力作用点内移，从而改善了咬入条件。

（3）减小本道次的压下量可改善咬入条件。例如：减小来料厚度或使得本道次辊缝增大。

上述改善咬入的方法在生产实践中，往往几种方法可以同时使用。

8.5 三种典型轧制情况

实验证明，对同一金属在相同的温度、速度条件下，决定轧制过程本质的主要因素是轧件和轧辊尺寸。

在咬入角、轧辊直径和压下量皆为定值时，轧件厚度与轧辊直径的比值 H/D 和相对压下量 $\varepsilon=\dfrac{\Delta h}{H}$ 的变化，对轧件变形特征和力学特征均产生直接影响，其中又主要取决于相对压下量 ε 的值。三种典型轧制情况，它们都具有各自明显的力学、变形和运动特征。

8.5.1 第一种轧制情况

如图 8-11（a）所示，即以大压下量轧制薄轧件的轧制过程，其相对压下量 $\varepsilon=34\%\sim50\%$，H/D 值较小。

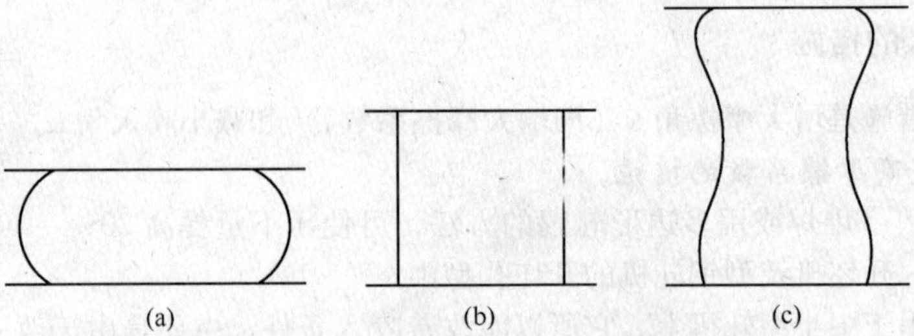

图 8-11　轧件横断面的变化情况

（a）第一种轧制情况；（b）第二种轧制情况；（c）第三种轧制情况

8.5.1.1　力学特征

在这种情况下，单位接触面积上的轧制压力（单位压力）沿接触弧的分布曲线有明显的峰值，而且相对压下量越大，单位压力越高，且峰值越尖，尖峰向轧件出口方向移动（见图 8-12）。这是因为此种情况变形区的接触面积与变形区体积之比，即

$$\frac{F}{V}=\frac{2l\bar{B}}{l\bar{B}h}=\frac{2}{h}$$

很大，表面摩擦阻力所起的作用大，由摩擦引起的三向压应力状态加强，因而单位压力加大，而且单位压力的峰值出现在摩擦力方向改变的地方，即由摩擦力引起的三向压应力最强的地方。

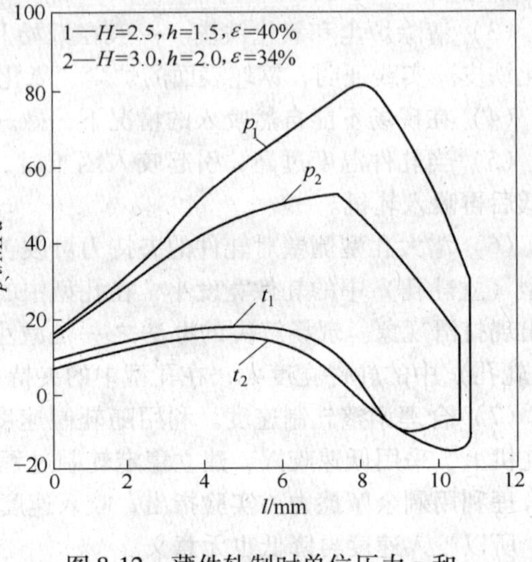

图 8-12　薄件轧制时单位压力 p 和单位摩擦力 t 沿接触弧之分布

8.5.1.2　变形特征

由于工具形状的影响，金属纵向流动阻力小于横向流动阻力，金属质点大部分沿纵向延伸，导致轧件宽展很小。同时由于相对压下量很大，使变形深透到整个变形区高度，结果使轧件变形后沿横断面呈单鼓形，如图 8-11（a）所示。

8.5.1.3　运动学特征

如图 8-13（a）所示为薄件轧制时，由于受摩擦阻力影响，在后滑区，金属横断面中心部分要比表面速度慢，而在前滑区，金属横断面中心部分要比表面速度快。

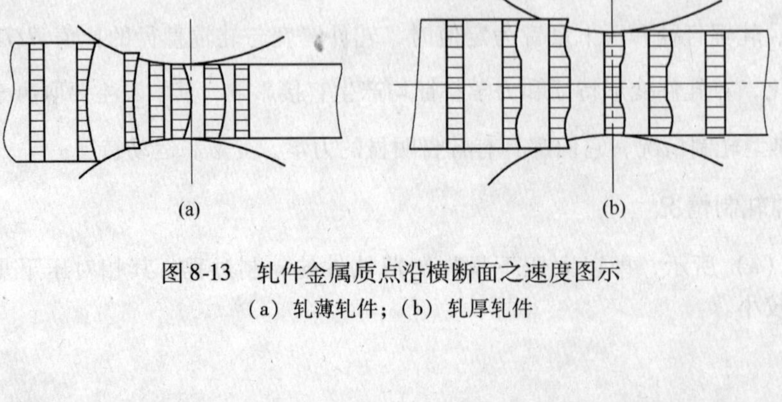

图 8-13　轧件金属质点沿横断面之速度图示

（a）轧薄轧件；（b）轧厚轧件

8.5.2 第三种轧制情况

相当于初轧开始道次或板坯立轧道次，是以小压下量轧制厚轧件的过程，ε 约为 10% 以下，H/D 值较大。

8.5.2.1 力学特征

这类轧制过程的单位压力，沿其接触弧分布曲线在变形区入口处具有峰值，且向出口方向急剧降低，如图 8-14 所示。此时，单位压力分布与单位摩擦力分布之间已无明显联系，说明此时摩擦力已不是主要影响。

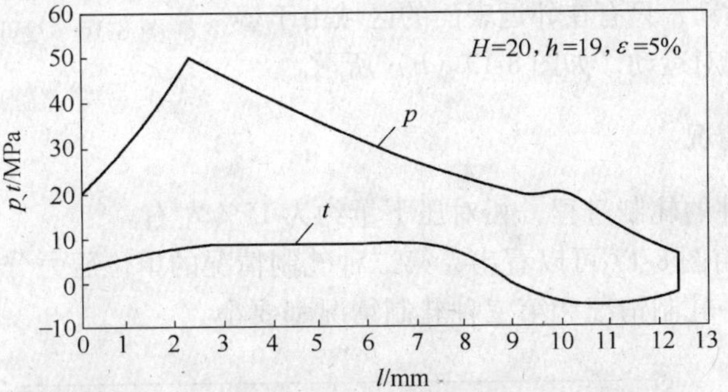

图 8-14 第三种轧制情况 p、t 沿接触弧的分布

8.5.2.2 变形特征

在金属表面质点与轧辊表面质点之间产生黏着，H/D 值越大、ε 越小，摩擦系数 f 越大，则黏着区越大。另一方面，由于在变形区内变形不深透，轧件高度上的中间部分没有发生塑性变形，只在接近表层的金属产生塑性变形，整个断面不均匀变形严重。结果产生局部强迫宽展而使轧件轧后横断面出现双鼓形，如图 8-11（c）所示。

厚件轧制时变形不深透而出现双鼓形的现象，可由外区的影响来解释。可以认为轧件尺寸对轧制过程的影响基本上是外摩擦和外区的综合作用。如图 8-15（a）所示，在变形区 $ABDC$ 以外的区域为外区，但在变形不均匀的情况下，如在第一种轧制情况时，实际变形区可能扩展到几何变形区之外，如图 8-15（b）所示，而在第三种轧制情况时，外区也可能伸展到几何变形区的内部，如图 8-15（c）所示。外摩擦和外区的作用是一个互相竞争的过程。在薄件轧制时，变形区内金属和轧辊的接触表面所占比重大，因而表面摩擦阻力的影响大。而对厚件轧制的情况，接触表面积与变形区体积之比值 $2/\bar{h}$ 很小，表面摩擦阻力的影响很小，此时起主要作用的是外区，它限制金属压下变形，使三向压应力增强，单位压力加大。若局部压下量越大，压力的增加幅度也越大。

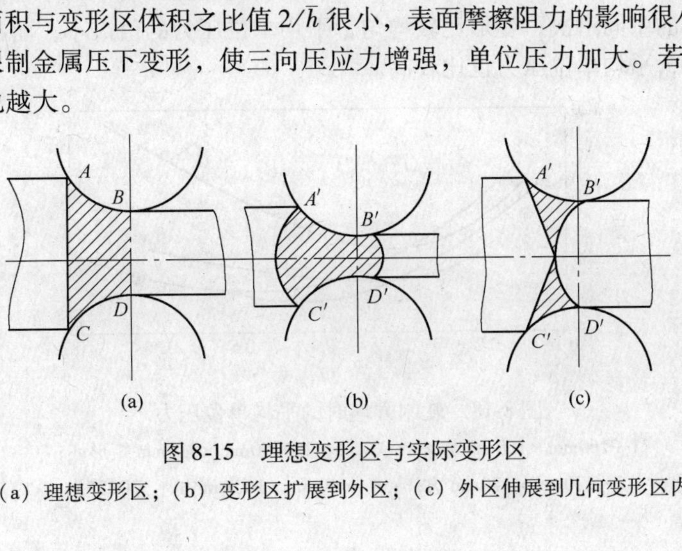

图 8-15 理想变形区与实际变形区

（a）理想变形区；（b）变形区扩展到外区；（c）外区伸展到几何变形区内

在整个变形区内，由于轧辊形状的影响，变形区长度上各点的压下量分布是不均匀的。如图 8-16 所示，在 x_1 和 x_4 这两个相等线段内，入口处的压下量 Δh_1 远大于 Δh_4，由于局部的压下量大，相应的压力增加的程度越大，因此，单位压力的峰值靠近变形区入口处。

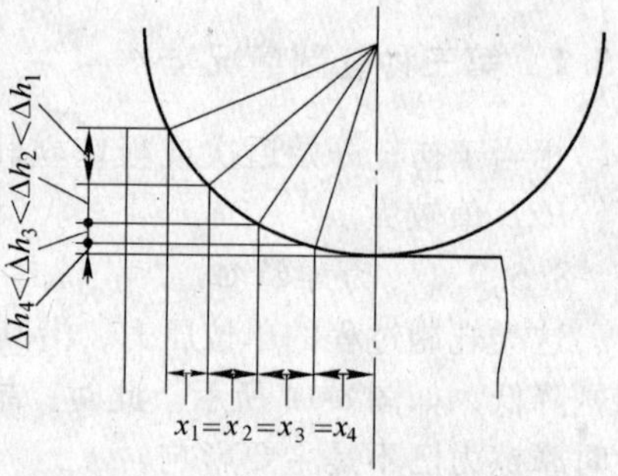

图 8-16　变形区内压下量的分布

8.5.2.3　运动学特征

对于厚轧件轧制的情况，由于接触表面产生黏着，金属表面速度等于轧辊表面速度；而变形区中部由于没有变形，可近似视为刚体运动，只有在邻近表面的区域由于塑性变形才与轧辊产生相对运动，如图 8-13（b）所示。

8.5.3　第二种轧制情况

它是中等厚度轧件的轧制过程，相对压下量约为 15% 左右。

（1）力学特征。由图 8-17 可以看出，第二种轧制情况的单位压力分布曲线没有明显峰值，而且单位压力比第一种轧制情况和第三种轧制情况都要小。

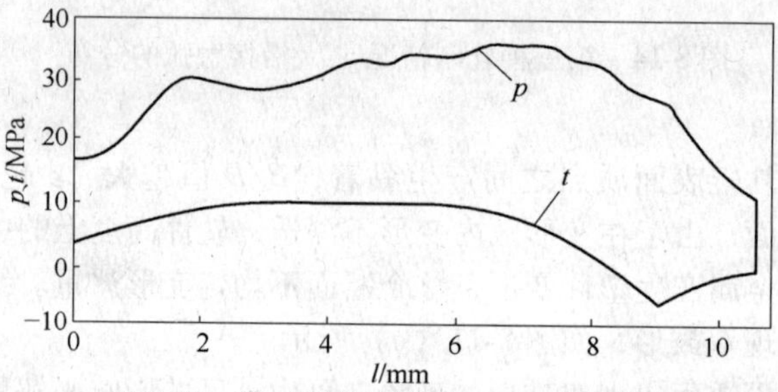

图 8-17　第二种轧制情况 p、t 分布曲线

（2）变形特征。对第二种典型轧制情况，外摩擦和外区的影响都有，但都不严重。压缩变形刚好深透到整个变形区高度，变形比较均匀，如图 8-11（b）所示，变形后轧件两侧面基本平直。

以上实验所揭示的三种典型轧制情况的力学特征和变形特征，与生产条件下所记录的轧制参数一致。如图 8-18 所示的方坯轧制时，平均单位压力 $\bar{p}$ 与 $l/\bar{h}$ 的关系曲线中部呈现向下凹的形式。因为轧制方坯的最初几道次相当于第三种轧制情况，测得的平均单位压力较高；在相当于第二种轧制情况的中间道次，变形比较均匀，平均单位压力的值最小；而在最后几道次相当于第一种轧制情况，平均单位压力也比较高。

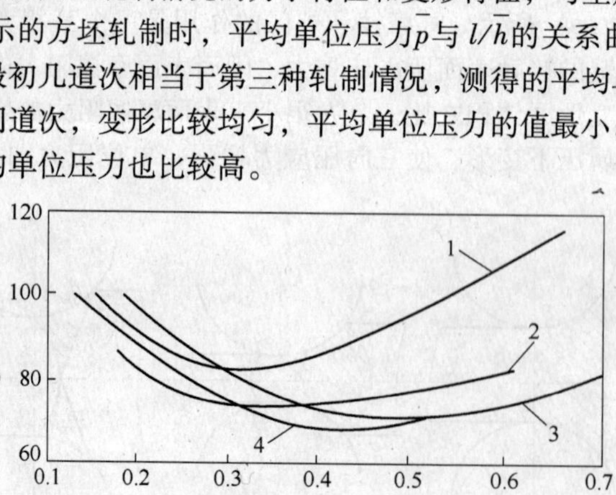

图 8-18　轧制方坯时的平均单位压力

1—160mm×160mm 方坯（Q275）；2—250mm×310mm 矩形坯；

3—170mm×170mm 方坯；4—160mm×160mm 方坯（Q235）

由上面研究不难得出如下结论：

（1）根据 ε 和 H/D，使轧制过程分为三种典型轧制情况，它们各自具有明显的力学、运动学和变形特征。但其他因素也具有重要影响。正是因为这些因素作用的差异性，出现了各种轧制工艺，使各轧制工艺具有特殊性。例如热轧与冷轧薄板，从尺寸因素来说它们同属于第一种轧制情况，它们都具有相同的的轧制特征，压力较高，宽展很小甚至无宽展，都有滑动，这种由基本因素所规定的本质是一致的，这是共性。但是热轧要考虑变形温度与速度的影响，而冷轧中加工硬化影响更为重要。热轧摩擦系数更多地取决于温度和钢种的影响，而冷轧主要决定于润滑剂的选择。热轧时不能施加大张力，而冷轧则相反，没有张力是难以实现冷轧的。

（2）理想轧制过程与本节所说的实际轧制过程的轧制特征差异很大。如沿接触弧轧制压力不变的假设在实际情况下是不存在的。然而，理想轧制过程这种“科学抽象”，使我们容易建立起轧制过程的概念，但我们还不能停留在这个阶段，而是以它为基础进一步进行深入研究。

8.6 轧制变形区的应力状态

轧制过程中，变形区内的应力状态，不仅影响到单位压力的大小，还影响到轧件的变形状态。例如，在轧制同一金属的情况下，一个不施加前、后张力，一个施加张力来轧制薄板，有张力时会使纵向压应力减小，甚至可能出现纵向拉应力。因此，它比不施加张力的轧件，更容易纵向延伸，而使宽展减小。在前张力作用下，金属质点更容易向轧件出口方向流动，使前滑增加，而且轧制单位压力也比不施加张力的低。

影响轧制变形区内应力状态的因素很复杂，而且是互相影响的。下面分别讨论各个因素对轧制应力状态的影响。

8.6.1 工具形状和尺寸的影响

工具的形状不同，所引起变形金属的应力状态也不相同，因此，金属的变形抗力也随应力状态的不同而有差异。

作为轧制用的工具，能与轧件直接接触的是圆弧状的（纵向）轧辊，而在沿轧件宽度方向的接触，可认为是直线（平面）型的。由于轧件在不同的方向接触形状不同，因此对变形抗力的影响也是不相同的。下面就不同形状对变形抗力的影响进行讨论。

对于任何复杂的工具形状，都可以归纳为三种简单形式：第一种为凸形工具，第二种为平板形工具，第三种为凹形工具，如图 8-19 所示。任何复杂形状的尺寸工具，都可以由上述的三种简单形状组合而成。

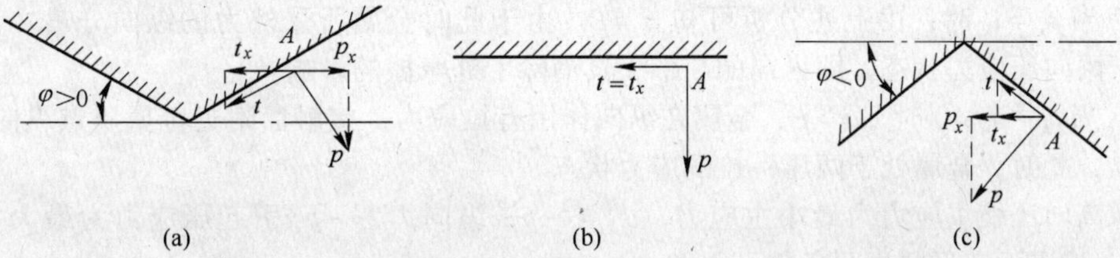

图 8-19 三种工具形状

（a）凸形工具；（b）平板工具；（c）凹形工具

对图 8-19 所示工具和工件接触面右方的 A 点，我们来研究工具对金属作用的单位压力 p 和单位摩擦力 t。

8.6.1.1　凹形工具的影响

凹形工具，即工具形状角 $\varphi<0$ 时，p、t 的水平分力 p_x、t_x 都作用在阻碍金属纵向流动的方向，使金属在纵向的压应力 σ_1 的绝对值增大。φ 角越小（即 φ 的绝对值越大），压应力 σ_1 的绝对值越大，对金属来说，是三向压应力状态越强。如前所述，此时变形前的圆柱体工件，变形后将变成单鼓形。

8.6.1.2　平板工具的影响

平板工具，$\varphi=0$，$p_x=0$，t_x 阻碍金属纵向流动，因而对变形体形成纵向的压应力，t_y 阻碍金属横向流动，因而对变形体形成横向的压应力。接触面摩擦系数越大，三向压应力状态越强。变形后仍为单鼓形。

8.6.1.3　凸形工具的影响

凸形工具，$\varphi>0$，p、t 之水平分量作用在相反方向，此时 t_x 阻碍金属水平流动，而 p_x 帮助金属水平流动。因而按 t_x、p_x 的大小不同，出现不同的应力状态，如图 8-20 所示。

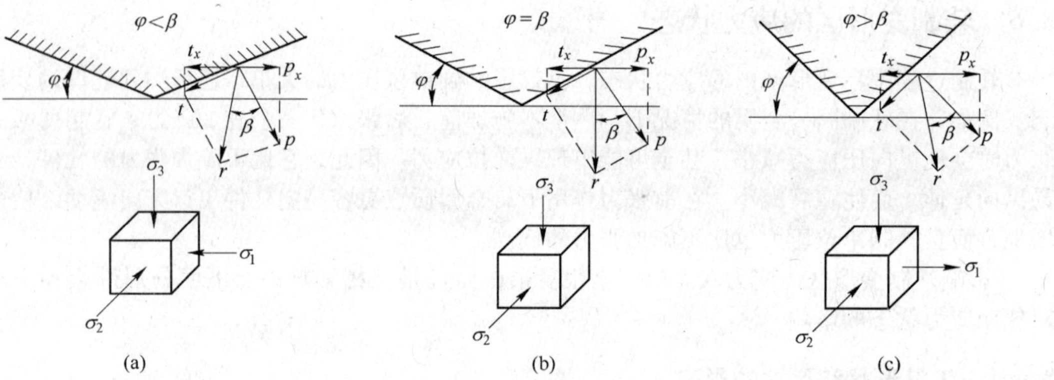

图 8-20　凸形工具压缩时的应力状态

(a) $\varphi<\beta$；(b) $\varphi=\beta$；(c) $\varphi>\beta$

(1) 当 $t_x>p_x$，即 $fp\cos\varphi-p\sin\varphi>0$ 时，变形体纵向为压应力状态，此时

$$f>\frac{\sin\varphi}{\cos\varphi}=\tan\varphi$$

由摩擦系数 f 与摩擦角 β 的关系知 $\tan\beta=f$，即此时

$$\tan\beta>\tan\varphi$$

可见，当 $\varphi<\beta$ 时，金属仍处于三向压应力状态。

(2) 当 $p_x=t_x$ 时，由上述分析可知 $\varphi=\beta$。由于此时金属所受外力的纵向分量之和为零，金属处于两向压应力状态，即纵向的凸形工具消除了外摩擦的影响。

(3) 当 $t_x-p_x<0$ 时，$\varphi>\beta$，金属在纵向作用有拉应力，接触面附近金属质点纵向流动变得更容易，此时，金属处于两压一拉的应力状态。

若取高向压缩主应力为最小主应力，$\sigma_3=-p$，纵向力 t_x-p_x 引起压应力为最大主应力，$\sigma_1=-q$，按平面变形的屈服条件可得

$$(-q)-(-p)=K$$

即

$$p-q=K$$

或

$$p=K+q \tag{8-12}$$

如前所述，对于凸形工具压缩，当 $\varphi>\beta$ 时，因 σ_1 与 σ_3 异号，即 p 与 q 异号，有 $p=K-q$。

而对凸形工具压缩时 $\varphi=\beta$ 的情况，因 $\sigma_1=0$，即 $q=0$，此时有 $p=K$。

对凸形工具压缩时 $\varphi<\beta$ 的情况，以及平板压缩（$\varphi=0$）、凹形工具压缩（$\varphi<0$），应力状态均为三向压应力，$p=K+q$。

由上述分析可知，当工具角由 $\varphi>\beta$ 依次减小为 $\varphi=\beta$、$\varphi<\beta$、$\varphi=0$、$\varphi<0$ 时，纵向主应力 σ_1 将由 $\sigma_1>0$ 依次减小为 $\sigma_1=0$、$\sigma_1<0$，并且纵向压应力不断增强，由式（8-11）可知，工具对工件的单位压力 p 之绝对值亦不断相应增大。这种变化规律可由图 8-21 反映的更为清楚。

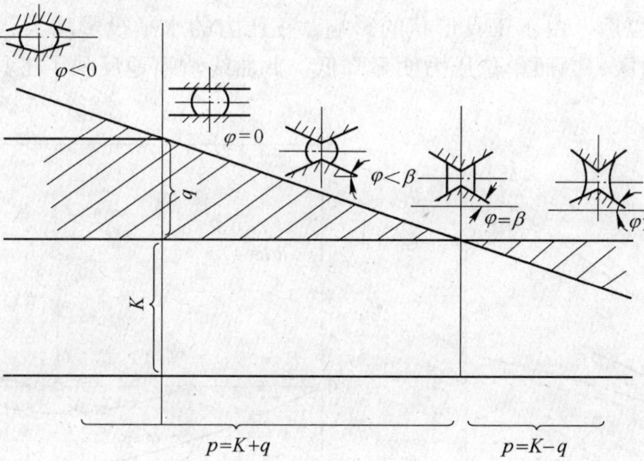

图 8-21　工具形状对工件变形和单位压力的影响

轧制时，沿轧制方向可将轧辊看成凸形工具，只不过沿变形区长度工具角的值是变化的。因此，经过上面的分析，对轧制条件下金属的应力状态就不难理解了。如图 8-22 所示，当轧件原始厚度 H、压下量 Δh 均相同，而轧辊直径 D 不同时，轧辊直径增大，接触弧长度 l 亦增大，外摩擦影响的程度也加大。所以，轧辊直径的大小反映了摩擦的影响；另一方面，在 Δh 相同时，轧辊直径减小，咬入角 α 加大。由图 8-23 可看出，随咬入角 α 增大，正压力的水平分量 p_x 增加，纵向压应力将减小。如前所述，这将使 q 减小，p 降低。从这一点上，可以看出用小直径轧辊轧制的优越性。因此，随着技术的发展，特别是在冷轧及热带轧制生产中，采用小辊径轧制，是减小变形抗力的一个重要特征。

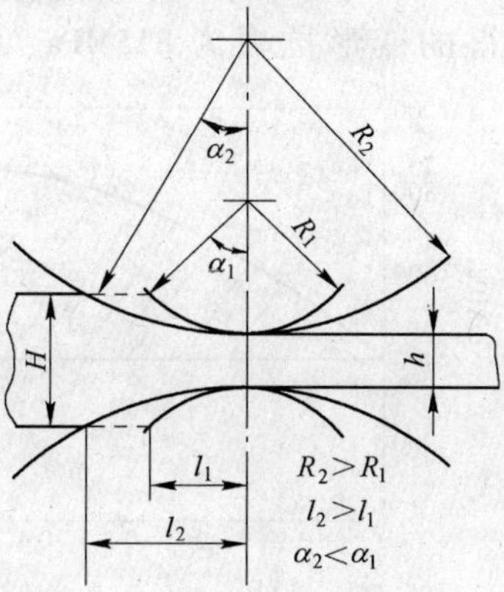

图 8-22　轧辊直径的影响

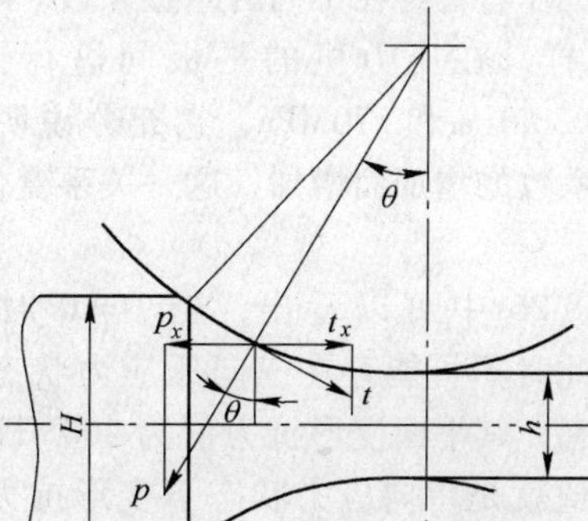

图 8-23　轧制水平力的影响

例如，当轧制带钢时，轧件轧前厚度为1.96mm，相对压下量为30%，辊径分别为89mm和190mm，大辊比小辊接触面积大44%，而轧制压力则高80%。图8-24给出了在不同辊径下，以不同压下量轧制时的轧制力资料。轧件厚度为2mm，宽为30mm，摩擦系数$f=0.1$，由图8-24可看出，轧辊直径对轧制压力影响较大。

图8-25为在摩擦系数及轧辊直径与轧件厚度之比值一定条件下，咬入角对单位压力的影响曲线。可以看出，当$\alpha<\beta$时，随压下量增大，变形区长度增加，外摩擦的影响使三向压应力状态增强。因而随α增加，单位压力随接触弧分布的曲线逐渐增高，到$\alpha=\beta$时单位压力增至最大，但当$\alpha>\beta$以后，由于工具形状的影响，正压力的水平投影增大，在靠近变形区的入口处出现纵向拉应力区，因而单位压力明显降低。此曲线清晰地反映了工具形状对应力状态和单位压力的影响。

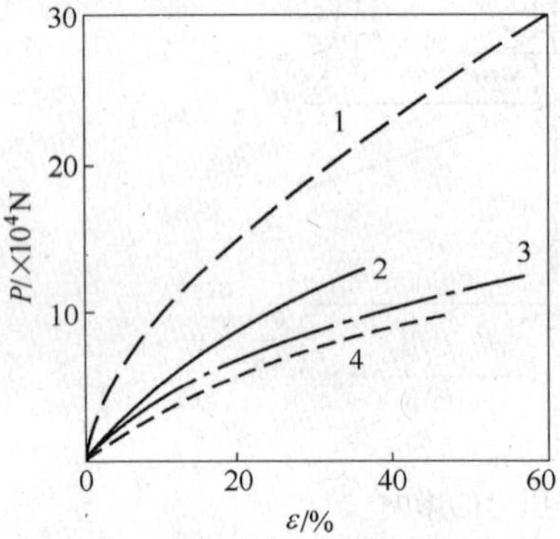

图8-24　轧辊直径对轧制压力的影响
1—$D=184.8$mm；2—$D=92.4$mm；
3—$D=61.9$mm；4—$D=45.8$mm

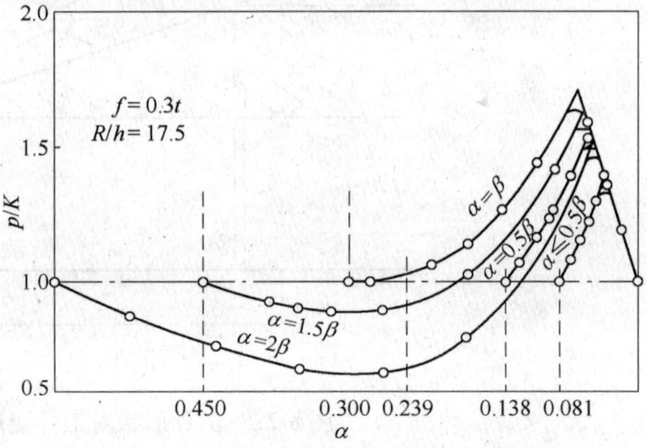

图8-25　单位压力分布曲线形状随α的变化

8.6.2　外摩擦的影响

在金属塑性加工过程中，如果摩擦系数越大，则阻止金属移动的能力就越强。因此，形成的三向压应力状态就越强，故金属的变形抗力也就越大。为了证明摩擦系数对变形抗力的影响，科学工作者曾经在不同的摩擦系数$f=0.5$、0.4、0.3，0.2、0.1的条件下，用成分及性质相同的试样，在压力机的平板间进行镦粗试验，测得的变形抗力为815MPa、805MPa、780MPa、680MPa和570MPa，它充分说明了变形抗力随摩擦系数的增加而增加，这一关系变化如图8-26所示。

由图8-26中可以看出，当$f=0$时，摩擦力$T=0$，故此时不可能存在三向压应力状态，是单向压应力状态，其平面变形抗力值为400MPa，用K表示。故K值就是单向应力状态下变形抗力，它仅由金属本身的性质来决定。因此，K值与应力状态的条件无关。所以带摩擦时金属的变形抗力变化，可以由两个部分组成，即由平面变形抗力K值和由摩擦引起的附加变形抗力q值组成。其数学表示形式为：

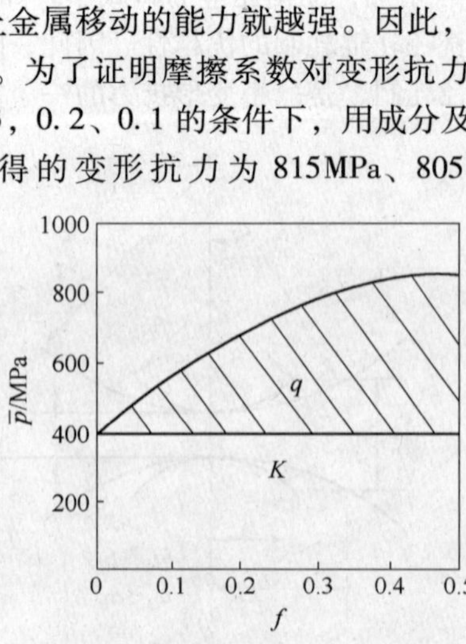

图8-26　摩擦系数对平均单位压力的影响

$$\bar{p} = K + q$$

综上所述，不论是轧制状态，还是其他金属压力加工方式，凡是能降低摩擦系数的因素，都能起到降低变形抗力的作用。所以在冷加工时（如冷轧），由于轧制压力大而采用润滑剂，在很大程度上就是为了减少变形抗力，目前在热轧中采用润滑也获得了成功，对减少变形抗力也具有很重要的意义。

8.6.3　外力的影响

在连轧机上由于机架之间相互作用，可能使轧件承受推力，轧机前后有卷取机时会使轧件受张力。如前述，轧制时在入口侧或出口侧施以张力，会降低轧制单位压力。而具备推力时则与此相反。

在 $D=250$mm 的轧机上，轧制某一钢种，测定了在张力作用下单位压力及单位压力沿接触弧分布特性，实验结果如图 8-27 所示。

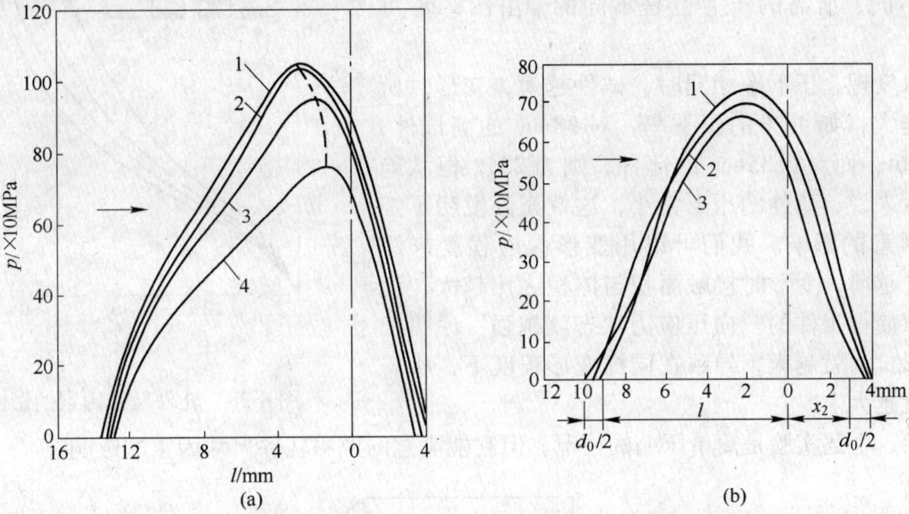

图 8-27　张力对单位压力分布曲线特性的影响

(a)

曲线	1	2	3	4
q_h	0	0	0	0
q_H	0	7.7	13.6	22.7
ε	0.5	0.55	0.57	0.59
l	11.2	11.7	12.0	12.2

(b)

曲线	1	2	3
q_H	2.55	2.55	2.55
q_h	13.9	17.0	19.6
ε	0.19	0.20	0.22
l	6.77	6.95	7.26

由图 8-27 可见：

(1) 轧制单位压力随前后张力的增加而降低。

(2) 在不进行轧机辊缝调整的情况下，施加了张力以后，由于轧制压力降低，使轧件弹性变形减小，因而增加了压下量，减小了最终轧制厚度，如施加 227MPa 后张力时，压下率由不加张力的 50%，增加至 59%。

(3) 后张力的影响比前张力的影响为大。这是可以理解的，因为冷轧时后滑区比前滑区要大得多，而且后滑区的工具形状因素影响较大等等都应该使后张力的影响要大些。

（4）可以近似地认为后张力主要对后滑区单位压力曲线有所影响，前张力主要是影响前滑区的单位压力曲线，因此后张力使单位压力最大值的位置向轧件出口处移动，而前张力则相反。

8.6.4　轧件尺寸的影响

研究轧件尺寸的影响时，常常也包含着其他因素的影响。不能保持单一影响因素的条件，例如研究压下量的影响时，而常导致咬入角的改变，使工具形状这一因素也起作用。为了对轧件尺寸影响有一个实质性的了解，我们还以平板压缩的实验来说明。

在同样工具条件下，压缩直径相同（均为19mm）、高度不同的圆柱体。试样的高度分别为38mm、19mm、11.2mm、6.35mm。虽然工具表面摩擦条件相似，接触面积相同，但在同样变形程度下，由于体积不同，所需的压力也是不同的，由图8-28可知。

可以发现，压下率相同时，试件越薄，变形时所需压力越大，如40%的压下率，对38mm的高试件，压力为16t；而对6.35mm的薄件，则为23t，但从绝对压下量来说，薄件的压下为小，这就充分说明了工件尺寸因素的影响。我们可以用变形深透程度来解释，工件越薄，变形时接触面积与体积之比越大，说明外摩擦使得工件的三向压应力状态就越强，说明工件的变形抗力就越大，导致在同样变形程度下，所需的压力就越大。

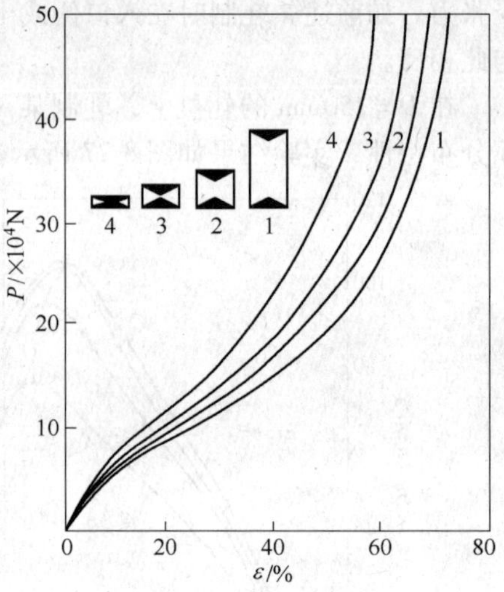

图 8-28　轧件尺寸因素的影响

虽然，上述实验是简单压缩的情况，但它能满意的说明轧件尺寸因素的影响。

习　题

8-1　什么叫咬入，咬入问题在实际生产中有何意义？
8-2　如何理解摩擦角的概念。
8-3　轧辊咬入轧件的必要条件是什么，理论上稳定轧制的条件是什么？
8-4　分析热轧时最大咬入角约为（1.5～1.7）β，而不是2β。
8-5　何谓剩余摩擦力，它有何意义？
8-6　计算最大压下量有哪些方法？
8-7　确定型材轧制时的压下量应考虑些什么？
8-8　影响咬入的主要因素有哪些？
8-9　轧辊表面状态、轧制速度对咬入有什么影响？
8-10　孔型形状对咬入有什么影响？
8-11　轧制生产中通过哪些措施可以改善咬入条件？
8-12　有时钢坯出炉后立即进行轧制，不能咬入，将轧件在辊道上搁置一会儿，即可咬入。为什么？
8-13　三种典型轧制情况是按什么标准划分的。
8-14　简述第一种典型轧制情况的力学、变形特征。

8-15　简述第三种典型轧制情况的力学、变形特征。

8-16　工具形状（凸、平、凹）对工件单位压力有什么影响？

8-17　冷轧机的工作辊径为什么较小，为什么要带张力轧制？

8-18　解释冷加工时采用润滑，为什么能轧出更薄的产品？

8-19　轧辊工作直径 $D=500$mm，轧件压缩量等于2mm，求咬入角为多少？

8-20　轧辊直径 $D=650$mm 的轧机，假定为平辊轧制，当轧件原始高度 $H=100$mm，轧后高度 $h=70$mm 时，求咬入角？

8-21　在 ϕ460mm 轧机上，箱形孔型的高度为 70mm，宽度为 114mm，轧制碳素钢坯断面尺寸为 110mm×110mm，轧辊材料为铸钢，轧制速度 $v=2.1$m/s。轧制温度为 1150℃，问轧制时可否咬入？

8-22　厚度 $H=100$mm 的轧件在 $D=500$mm 的轧机上轧制，若最大允许咬入角为 20°，求：

（1）最大允许压下量；

（2）若在 $D=500$mm 轧机上以延伸系数等于 2 进行该道次轧制，咬入角应为多少才行？（设轧制时宽展可忽略）

（3）轧辊直径多大时才能以咬入角为 20°、延伸系数等于 2 的情况下完成该道次轧制（设 $\Delta b=0$）。

8-23　推导在只传动下辊的二辊轧机上的咬入条件，设轧辊直径均为 D，摩擦系数为 f。

9 轧制时金属的横变形——宽展

9.1 宽展的种类和组成

9.1.1 宽展的概念

金属在轧制过程中，轧件在高度方向上被压缩的金属体积将流向纵向和横向。流向纵向的金属使轧件产生延伸，增加轧件的长度；流向横向的金属使轧件产生横向变形，称之为横变形。我们通常把轧制前、后轧件横向尺寸的绝对差值，称为绝对宽展，简称为宽展。以 Δb 表示。即

$$\Delta b = b - B \tag{9-1}$$

式中 B、b——分别为轧前与轧后轧件的宽度。

9.1.2 研究宽展的意义

(1) 根据给定的坯料尺寸和压下量，来确定轧制后产品的尺寸，或已知轧制后轧件的尺寸和压下量，要求定出所需坯料的尺寸。这是在拟定轧制工艺时首先遇到的问题。要解决这类问题，首先要知道被压下的金属体积是如何沿轧制方向和宽度方向分配的，亦即如何分配延伸和宽展的。因为只有知道了延伸和宽展的大小以后，按照体积不变条件才有可能在已知轧制前坯料尺寸及压下量的前提下，计算轧制后产品的尺寸，或者根据轧制后轧件的尺寸来推算轧制前所需的坯料尺寸。由此可见，研究轧制过程中宽展的规律，具有很重要的实际意义。

(2) 另外，宽展在实际生产中和孔型设计时得到了广泛的应用。例如，宽展量 Δb 是确定孔型宽度或来料宽度的主要依据。如图 9-1 所示圆钢成品孔的情况，当椭圆形轧件进入圆形成品孔轧制时可能出现以下三种情况。

第一种情况：宽展出来的金属正好充满孔型，说明宽展量或来料宽度选择得正确。

第二种情况：孔型没有充满，轧件不圆。说明宽展量预定得过大，或来料宽度选择小了。

第三种情况：孔型过充满，轧件出耳子，说明宽展量预定得小或来料宽度选择大了。

以上第一种情况最理想。故在型钢轧制过程中，其主要矛盾就是同孔型的未充满或过充满的现象作斗争。

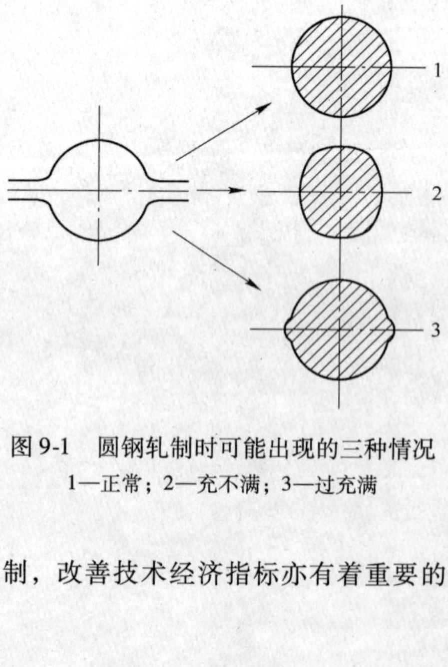

图 9-1 圆钢轧制时可能出现的三种情况

1—正常；2—充不满；3—过充满

(3) 此外，正确估计宽展值，对于实现负公差轧制，改善技术经济指标亦有着重要的保证。

9.1.3 宽展的种类

在不同的轧制条件下，坯料在轧制过程中的宽展形式是不同的。根据金属沿横向流动的自由程度，宽展可分为：自由宽展、限制宽展和强迫宽展。

9.1.3.1 自由宽展

轧件在轧制过程中，金属高度受到压缩而可以自由横向展宽的值，称为自由宽展。在这种情况下，金属流动除来自轧辊的摩擦阻力外，不受任何其他的阻碍和限制。因此，带自由宽展的轧制是轧制变形中最简单的情况。在平辊上或者是沿宽度上有很大富余的扁平孔型内轧制时属于这种情况。如图9-2所示。

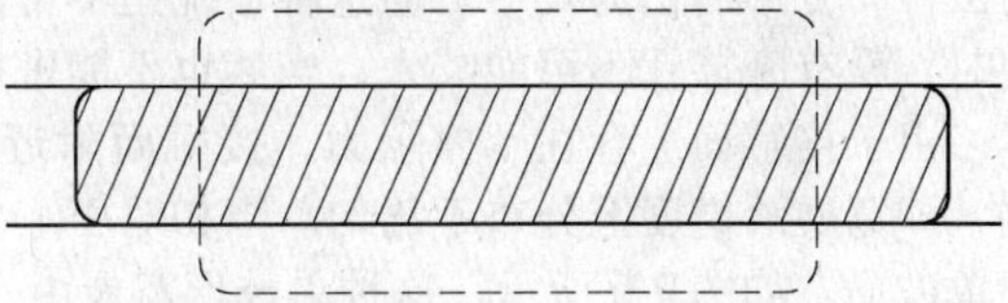

图9-2 自由宽展

9.1.3.2 限制宽展

坯料在轧制过程中，金属流动除来自轧辊的摩擦阻力外，还受到孔型侧壁的限制作用而得到的宽展值，称为限制宽展。此时，轧件被迫取得孔型侧边轮廓的形状，如图9-3所示。此外，在斜配孔型内轧制时，宽展可能为负值，如图9-4所示。

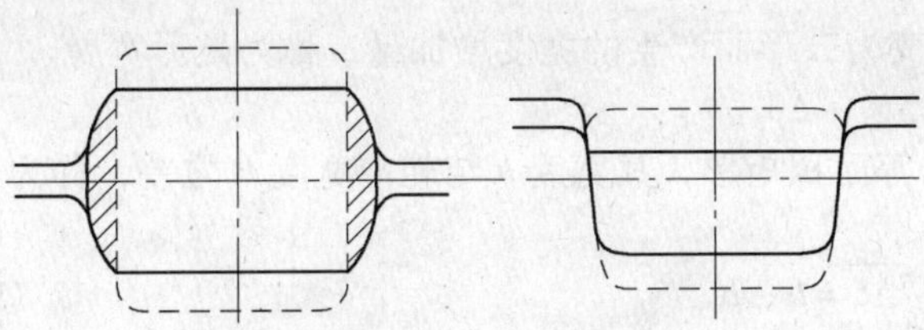

图9-3 限制宽展

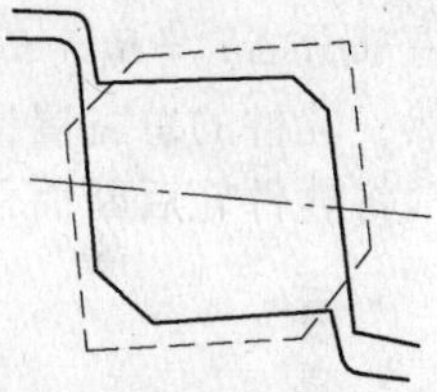

图9-4 在斜配孔型内的宽展

采用限制宽展进行轧制，可使轧件的侧边受到一定程度的加工。因此，除能提高轧件的侧边质量外，并可保证轧件的断面尺寸精确，外形规整。

9.1.3.3 强迫宽展

坯料在轧制过程中，被压下的金属体积受轧辊凸峰的切展而强制金属横向流动，使轧件的宽度增加，这种变形叫做强制宽展。在立轧孔内轧制钢轨时是强制宽展的最好例子，如图9-5（a）所示。轧制扁钢时，采用的“切展”孔型也是说明强制宽展的实例，如图9-5（b）所示。借助于强制宽展可以使用宽度较小的钢坯，轧制成宽度较大的成品，而在自由宽展条件下是不能达到所需宽度的。应当指出：由于强制宽展是在剧烈的不均匀变形条件下的产物，故在一般轧制条件下很少使用，特别是后者。实际上，在有不均匀压缩的变形条件下，就可能有不同程度的强迫宽展了。

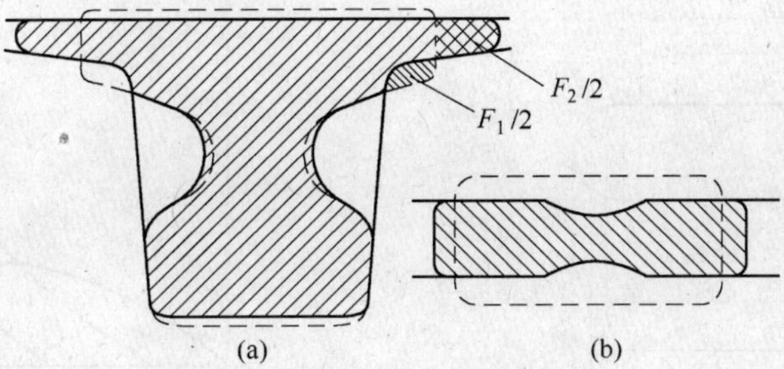

图9-5 强迫宽展

（a）钢轨底层的强迫宽展；（b）切展孔型的强迫宽展

确定金属在孔型内轧制时的宽展是十分复杂的，尽管做过许多的研究工作，但限制或强迫宽展在孔型内金属流动的规律还不十分清楚。

9.1.4　宽展的组成

9.1.4.1　宽展沿横断面高度上的分布

在简单压缩条件下，当摩擦系数 $f=0$ 时，宽展沿试件高度均匀分布，即原来是矩形断面的试件，变形后仍为矩形。但这种情况是不可能存在的，因接触面不可能没有摩擦存在。在轧制时，没有摩擦就不可能咬入，当然也不能进行轧制。

由于接触面上存在摩擦阻力，接触面附近金属的横向流动必然比离接触面较远的金属小些，即宽展沿高度上分布不均匀。当相对压下量较大，变形深透时，会使变形后的轧件边缘出现单鼓形。如图 9-6 所示，这种单鼓形宽展由三部分组成。

第一部分 $\Delta b_1=B_1-B$，是轧件在轧辊的接触表面上，由于产生相对滑动使轧件宽度增加的部分，称滑动宽展。

第二部分 $\Delta b_2=B_2-B_1$，称为翻平宽展，是由于接触面摩擦阻力的原因，使轧件侧面的金属在变形过程中翻转到接触表面上来。翻平宽展可由实验证实它的存在，并测量它的大小（在轧件的上下表面涂以黑色颜料，轧制后在轧件的上下表面会出现两条非黑色的窄条边缘，其宽度之和即为翻平宽展）。

第三部分 $\Delta b_3=B_3-B_2$，为轧件侧面变为鼓形而产生的宽度增加量，称为鼓形宽展。

显然，轧件的总宽展量为 $\Delta b=\Delta b_1+\Delta b_2+\Delta b_3$。

通常将轧件轧后断面化为同一厚度的等面积矩形，其宽度 b 与轧前宽度 B 之差，称为平均宽展：

$$\overline{\Delta b}=b-B \tag{9-2}$$

前已述及，当相对压下量较小、H/D 值较大时，变形不深透，轧件轧后侧面产生双鼓形，并可能由此引起边裂及边缘凹陷等缺陷。因此在轧制大板坯时，为减少此缺陷，应采用立辊（或立轧）轧制。

滑动宽展、翻平宽展和鼓形宽展的数值，依赖于摩擦系数和变形区几何参数的变化而不同。它们有一定的变化规律，但至今定量的规律尚未掌握，只能依靠实验和初步的理论分析，了解它们之间的定性关系。例如摩擦系数 f 值越大，不均匀变形越严重，此时滑动宽展越小，相应的翻平宽展和鼓形宽展的值就越大。各种宽展与变形区几何参数之间的关系可由图 9-7 看出，当 $l/\overline{h}$ 值越小时，例如初轧的最初道次，滑动宽展越小，而翻平宽展和鼓形宽展占主导地位。这是因为当 $l/\overline{h}$ 值越小，黏着区越大，接触面金属的滑动难以进行，故宽展主要由鼓形宽展和翻平宽展组成。

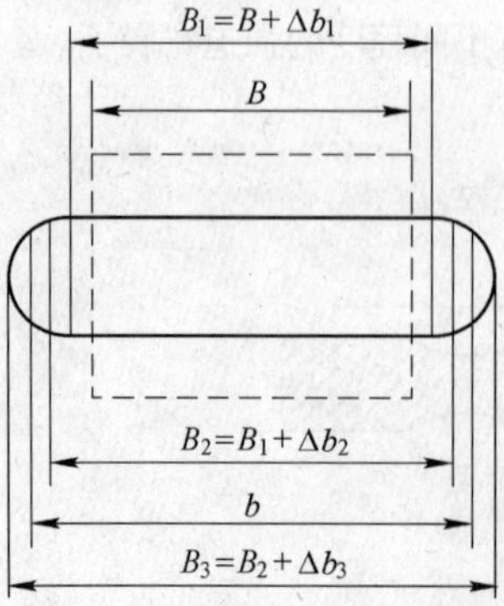

图 9-6　宽展沿轧件断面高度的分布

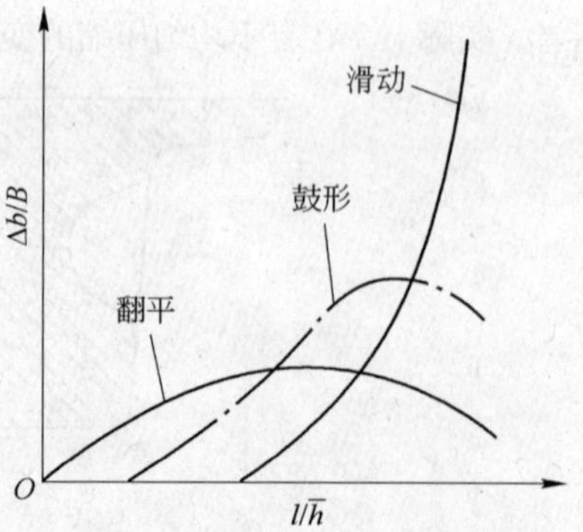

图 9-7　各种宽展与 $l/\overline{h}$ 值的关系

9.1.4.2 宽展沿轧件宽度上的分布

宽展沿宽度分布的理论有两种假说。第一种假说认为，宽展沿轧件宽度是均匀分布的。这种假说认为，当轧件在宽度上均匀压下时，由于外区的作用，各部分延伸也是均匀的。根据体积不变条件，在轧件宽度上各部分的宽展也应均匀分布。这就是说，若轧制前把轧件在宽度上分成几个相等的部分，则在轧制后这些部分的宽度仍应相等，如图9-8所示。

实验指出，对于宽而薄的轧件，宽展很小甚至忽略不计时，可以认为宽展沿宽度均匀分布。其他情况，尤其对厚而窄的轧件，宽展均匀分布假说不符合实际。因此，这种假说是有局限性的。

第二种假说认为，变形区可以分为四个区域，两边的区域为宽展区，中间为前后两个延伸区，如图9-9所示。

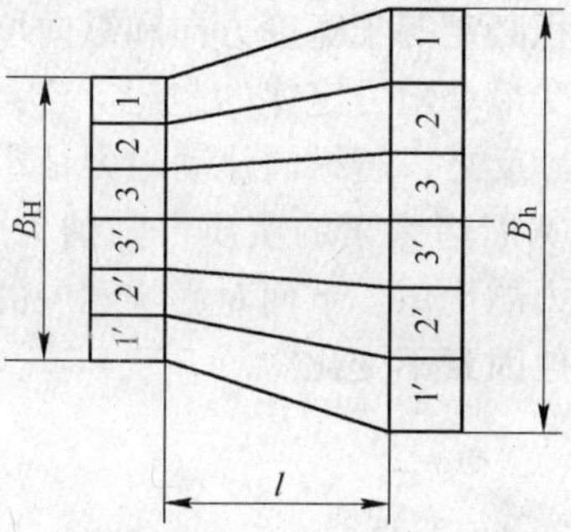

图9-8 宽展沿宽度均匀分布的假说

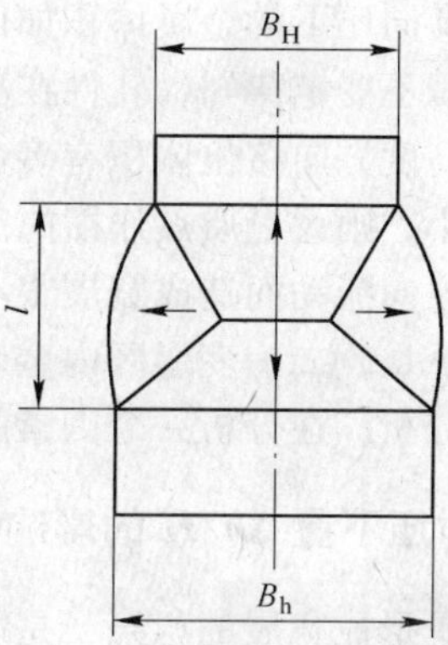

图9-9 变形区分区图示

变形区分区假说也不完全准确。许多实验均证明变形区中金属质点的流动轨迹，并不严格按所画的区间流动。但它能定性描述变形时金属沿横向和纵向流动的总趋势。如宽展区在整个变形区面积中所占面积大，则宽展就大；并且认为宽展主要产生于轧件边缘，这是符合实际的。这个假说便于说明宽展现象的本质，可作为推导宽展计算公式的原始出发点。

9.1.4.3 宽展沿变形区长度的分布

如图9-10所示，当轧件咬入后再减小轧辊辊缝，使轧件在 $\alpha > \beta$ 条件下轧制时，由于工具形状的影响，变形区中后滑区靠近轧件入口处有拉应力区存在。拉应力区也是后滑区的一部分，在拉应力区由于纵向拉应力的作用，使轧制单位压力降低。而当在 $\alpha \leqslant \beta$ 条件下轧制时，则无此拉应力区。

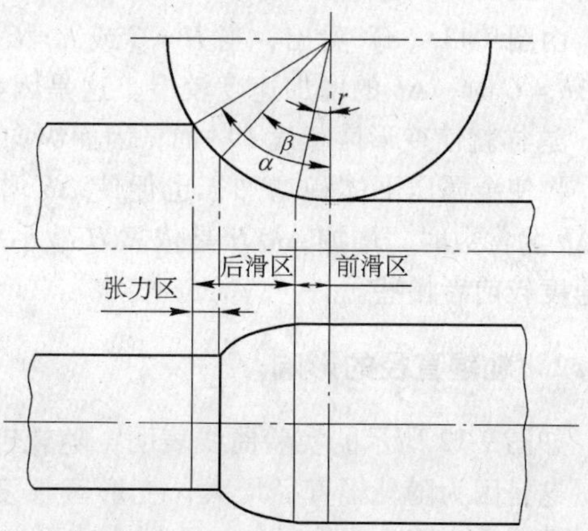

图9-10 宽展沿变形区长度分布

实验表明，宽展主要集中在后滑区的非拉应力区，拉应力区和前滑区都很小。其原因将在下节讨论。

总之，宽展沿轧件高度、宽度及变形区长度上的分布，都是不均匀的。它是一个复杂的轧制现象，受很多因素影响。

9.2　影响宽展的因素

影响宽展的因素很多，情况极其复杂，到目前为止，还没有找到一个规律性的，普遍适用的计算宽展量的公式和方法，因而往往都是凭经验和工厂数据初步确定宽展量，并采取边试轧、边修改的办法，使孔型达到正确地充满，以获得要求的轧件尺寸。由于条件性很强，定量是困难的，然而为了主动找出误差的原因，了解和分析影响宽展的因素，对于孔型设计和实际轧制工作都是有益的。

宽展量的大小，取决于轧制时的很多因素。轧制时任何条件的改变，都将引起宽展量大小的变化，有的影响比较显著，有的轻微些。这些因素主要有：压下量 Δh、轧件高度 h 或 H、轧件宽度 b 或 B、轧辊直径 D、轧制道次 n、摩擦系数 f、轧制温度 t、轧制速度 v、轧辊材质、轧件化学成分及工具形状等。

轧制时高向压下的金属体积如何分配给延伸和宽展，受到体积不变定律和最小阻力定律的支配。由体积不变定律知，轧件在高度方向压缩的金属体积必定等于宽度方向和纵向增长的体积之和。而高度方向移位体积有多少分配于横向流动，则受最小阻力定律的制约。若金属横向流动阻力较小，则大量质点作横向流动，表现为宽展较大。反之，若纵向流动阻力很小，则金属质点大量纵向流动而造成宽展很小。由此可看出，影响宽展诸因素的实质可归纳为两方面：一为相对压下量，二为变形区内金属流动的纵向与横向阻力的比值。下面对影响宽展的几个主要因素进行分析。在分析一个因素的影响时，总是认为其他因素不变化。

9.2.1　相对压下量 $\Delta h/H$ 的影响

压下量是形成宽展的源泉，是影响宽展的主要因素之一，没有压下量就无从谈及宽展，因此，相对压下量增加，宽展增加。

很多实验表明，随着压下量的增加，宽展是增加的，如图 9-11 所示。这是因为一方面随 $\Delta h/H$ 加大，即高向压下来的金属体积增加，宽度方向和纵向移位体积都相应增加，所以宽展也自然加大。另一方面，当压下量增加时，变形区长度增加，变形区形状参数 $l/\bar{h}$ 增大，使金属流动的纵横阻力比增加，根据最小阻力定律，金属质点沿流动阻力较小的横向流动变得更加容易，因而宽展也应加大。

由图 9-11（a）看出，当 $H=C$ 或 $h=C$ 时，随相对压下量 $\Delta h/H$ 增加，Δb 的增加速度快；而 $\Delta h=C$ 时，Δb 的增加速度较慢。这是因为，当 $H=C$ 或 $h=C$ 时，要增加 $\Delta h/H$，必须增加 Δh，这样就使变形区长度 l 增加，因而纵向阻力增加，延伸减小，宽展 Δb 增加；同时，Δh 增加，将使金属压下体积增加，也促使 Δb 增加，二者综合作用的结果，将使 Δb 增加的更快。而 Δh 为常数时，增加 $\Delta h/H$ 是依靠 H 减小来达到的，这时变形区长度 l 不增加，所以 Δb 的增加速度较前者慢些。

9.2.2　轧辊直径的影响

如图 9-12 所示的实验曲线表明，随轧辊直径增大，宽展量增大。

这是因为随轧辊直径增大，变形区长度增大，由接触面摩擦力所引起的纵向流动阻力增大，根据最小阻力定律可知，金属在变形过程中，随着纵向流动阻力的增大迫使高向压下来的金属横向流动，从而宽展增大。

此外，研究轧辊直径对宽展的影响时，还应注意到轧辊辊面呈圆柱体，沿轧制方向是圆弧形的辊面，对轧件产生有利于延伸的水平分力，使摩擦力产生的纵向流动阻力影响减小，因而

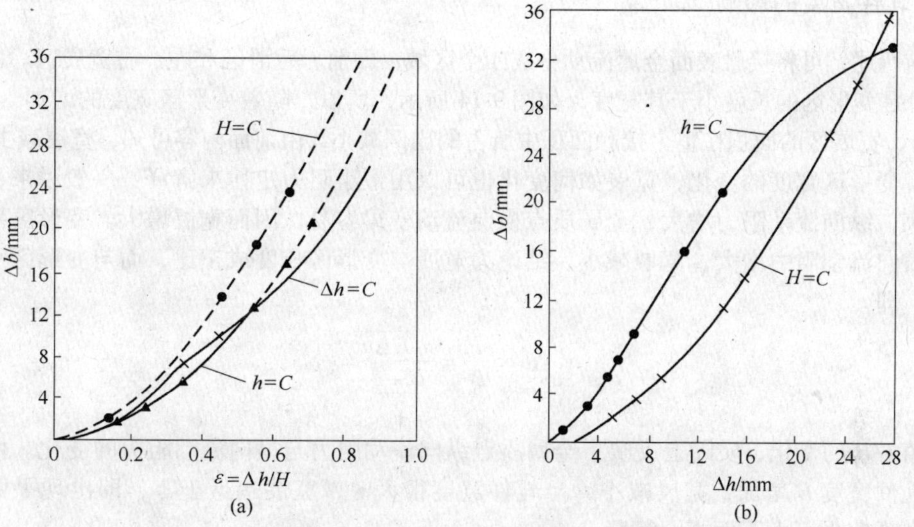

图 9-11 宽展与压下量之间的关系

(a) 当 Δh、H、h 为常数、低碳钢在 $t=900℃$、$v=1.1\text{m/s}$ 时，Δb 与 $\Delta h/H$ 的关系；

(b) 当 H、h 为常数，条件同 (a) 时 Δb 与 $\Delta h/H$ 的关系

使延伸增大，即使在变形区长度等于轧件宽度时，延伸也总是大于宽展。由图 9-13 可看出，当在压下量 Δh 不变的条件下，轧辊直径加大时，变形区长度增大而咬入角减小，轧辊对轧件作用力的纵向分力减小，即轧辊形状所造成的有利于延伸变形的趋势减弱，因而也有利于宽展加大。

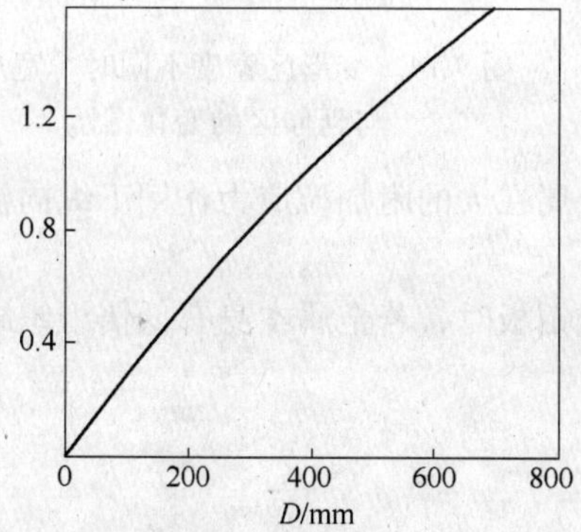

图 9-12 宽展系数与轧辊直径的关系

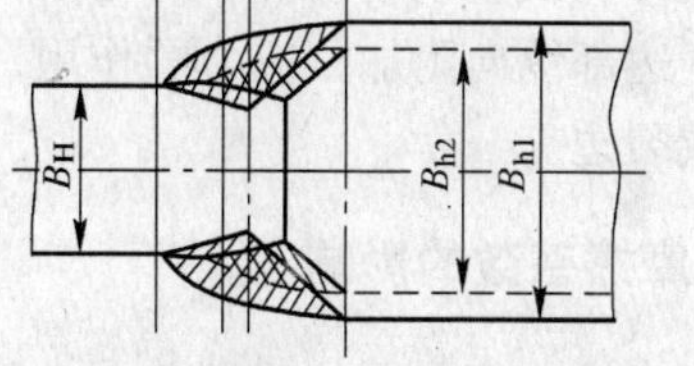

图 9-13 轧辊直径对宽展的影响

由以上两个原因可说明 Δb 随轧辊直径增大而增加，所以，轧制时，为了得到大的延伸，我们一般采用小辊径轧制。

在型钢的实际生产过程中，各机列的轧辊名义尺寸不变，但轧辊的重车是经常的。不过由于每次重车量都比较小，只相当于轧辊直径的 1% 左右，所以带来的影响甚微，一般可不予考虑。但当由报废辊换新辊，即由最小直径换成最大直径时，辊径差约为 6%～10%。在这种情况下各道的 Δb 及导卫安装尺寸都应作适当调整。

9.2.3 轧件宽度的影响

如前所述，可将接触表面金属流动分成四个区域：即前、后滑区和左、右宽展区。由于轧制时一般总是变形区的长度小于其宽度，如图 9-14 所示，所以，随着变形区宽度的增加（由 B_1 增加到 B_2），宽展区的面积在整个接触面积中所占的比例减小，由前面内容可知，宽展减少。

随着变形区宽度的变化，宽展如何变化也可以用最小阻力定律来解释：一般说来，变形区长度增大，纵向流动阻力增大，金属质点横向流动变得容易，因而宽展增大。变形区平均宽度增大，横向流动阻力增大，宽展减小。结论为宽展与变形区长度成正比，而与变形区平均宽度成反比，即

$$\Delta b \propto \frac{l}{\bar{B}} = \frac{\sqrt{R\Delta h}}{\dfrac{B+b}{2}} \tag{9-3}$$

比值 $l/\bar{B}$ 的变化，实际上反映了金属质点纵向流动阻力与横向流动阻力的变化。由此式可看出，轧件宽度 B 增加，宽展减小，当轧件宽度很大时，宽展趋近于零，即出现平面变形状况。这个现象也可由下面原因解释：

由于金属是一个整体和在变形区前后存在着外区，所以有力图使变形区内各部分金属变形均匀化的作用。中部延伸区通过外区使边部宽展区金属与延伸区一起纵向流动，边部金属也通过外区牵制中部金属，力图使其产生较小的延伸。这样，由于金属整体性和外区的作用，在边部产生纵向附加拉应力，而在中部产生纵向附加压应力。当轧件宽度大到一定程度后，宽展区面积在变形区中所占比例减小，而延伸区面积所占比例增大（见图 9-14），即延伸变形随宽度增加而越来越占优势。因此，宽度很大的轧件轧制时，边部的纵向附加拉应力很大，而中部纵向附加压应力很小。其结果是轧件的实际延伸变形与延伸区的自然延伸变形相近，而宽展区金属在大的附加拉应力作用下纵向流动，导致轧件实际宽展量很小而可以忽略不计。

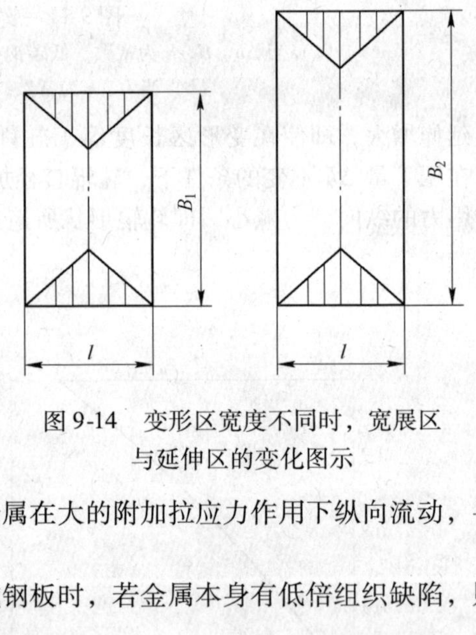

图 9-14 变形区宽度不同时，宽展区与延伸区的变化图示

由于边部纵向附加拉应力的作用，在轧制板坯或钢板时，若金属本身有低倍组织缺陷，则可能形成裂边。

9.2.4 摩擦系数的影响

一般来说，变形区的长度总是小于其宽度，摩擦对宽展的影响可以归结为摩擦对纵横方向塑性流动阻力比的影响。

用 R_x 和 R_y 分别表示纵向延伸和横向宽展的阻力。如图 9-15 所示，对后滑区，纵向塑性流动阻力为

$$R_x = T_{1x} - P_{1x}$$

在横向，由于辊身是平的，所以宽展的塑性流动阻力为

$$R_y = T_1 = fP_1$$

因而纵向与横向塑性流动阻力比为

$$R_1 = \frac{R_x}{R_y} = \frac{T_{1x} - P_{1x}}{fP_1} \tag{9-4}$$

由图 9-15 可见

$$P_{1x} = P_1 \sin \frac{\alpha + \gamma}{2}$$

$$T_{1x} = T_1 \cos \frac{\alpha + \gamma}{2} = fP_1 \cos \frac{\alpha + \gamma}{2}$$

代入到式（9-4）中得到

$$R_1 = \cos \frac{\alpha + \gamma}{2} - \frac{1}{f} \sin \frac{\alpha + \gamma}{2} \tag{9-5}$$

在前滑区，

$$R_2 = \frac{T_{2x} + P_{2x}}{T_2}$$

而

$$P_{2x} = P_2 \sin \frac{\gamma}{2},\ T_2 = fP_2,\ T_{2x} = fP_2 \cos \frac{\gamma}{2}$$

所以

$$R_2 = \cos \frac{\gamma}{2} + \frac{1}{f} \sin \frac{\gamma}{2} \tag{9-6}$$

由于实际轧制情况 $\gamma/2$ 只有几度，可以认为 $R_2 = 1$，这相当于把前滑区看成平面压缩。所以，纵横阻力比主要决定于后滑区，即主要决定于 R_1。由计算 R_1 的公式可以看出，当摩擦系数 f 增加时，R_1 增加，即阻碍延伸的作用增大，促进了宽展。

应指出，计算 R_1 的公式只适用于 $l/\bar{B}$ 较小，即短变形区的情况。对于长变形区，随着 f 的增大，宽展可能保持不变。

图 9-16 中曲线表示了摩擦系数对宽展的影响。由图可知，轧辊表面粗糙时，可使摩擦系数 f 增加，从而使宽展增加。

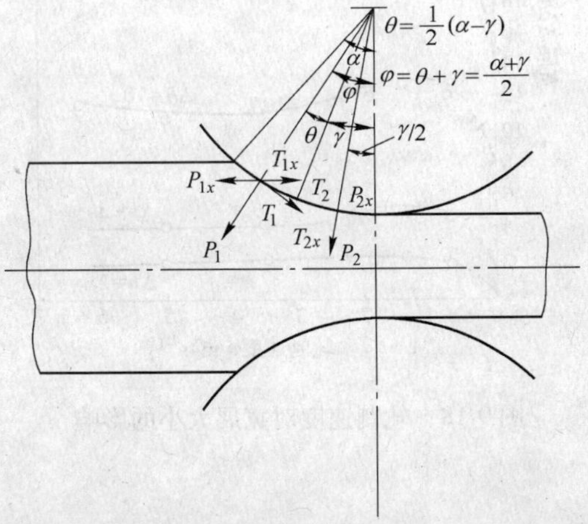

图 9-15 变形区塑性流动阻力示意图

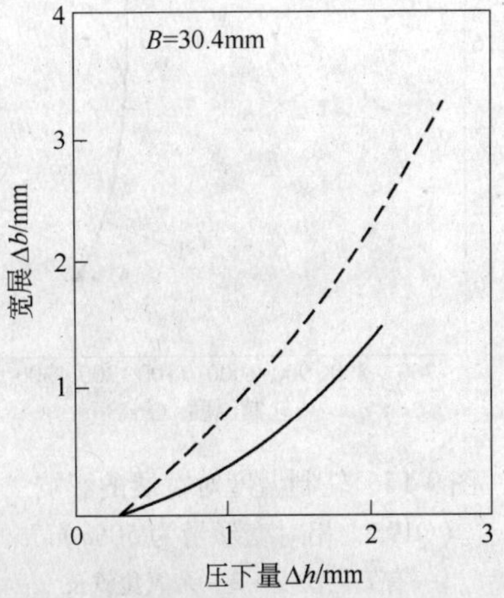

图 9-16 宽展与压下量，辊面状况的关系

实线—光面辊；虚线—粗糙表面轧辊

以上的理论分析和实验结果说明，宽展随摩擦系数的增加而增加。由此可以推断，轧制时，凡是影响摩擦的因素都对宽展有影响。前面已经讲过，摩擦系数除与轧辊材质、轧辊辊面粗糙度有关系外，还与轧制温度、轧制速度、润滑状况及轧件化学成分等因素有关。

9.2.4.1　轧辊化学成分的影响

由经验式（4-1）可以看出，钢轧辊的摩擦系数比铸铁轧辊要大，因而在钢轧辊上轧制时的宽展比在铸铁轧辊上轧制的要大。

9.2.4.2　轧制温度的影响

轧制温度对宽展影响的实验曲线如图 9-17 所示。由图可以看出，轧制温度对宽展影响规律和轧制温度对摩擦系数的影响基本上一致。金属表面的氧化铁皮对宽展有很大影响。

在低温阶段，有氧化铁皮的轧件宽展，远大于无氧化铁皮轧件的宽展。而在高温阶段（大约在 1050℃以上），由于氧化铁皮开始起润滑作用，摩擦系数降低，因而随温度升高宽展急剧下降。而对无氧化铁皮轧件，高温时宽展无明显降低，但是在高于 1150℃左右时，由于无氧化铁皮的轧件摩擦系数要大于有氧化铁皮的轧件摩擦系数，所以无氧化铁皮的轧件的宽展量要大一些。

9.2.4.3　轧制速度的影响

为研究轧制速度对宽展的影响，有人做过这样的实验，其条件是：在轧辊直径为 340mm 的二辊轧机上，轧制速度在 0.3～7m/s 的范围内，轧件宽度为 40mm，轧后高度 $h=10$mm，轧制温度都是 1000℃左右。根据所测数据，得出如图 9-18 所示的实验曲线。由图中可看出，在所有的压下量条件下，轧制速度在 1～2m/s 范围内，宽展量有最大值；当轧制速度提高时，宽展降低；轧制速度提高到一定程度后，宽展保持恒定。这与轧制速度对摩擦系数的影响规律是一致的。

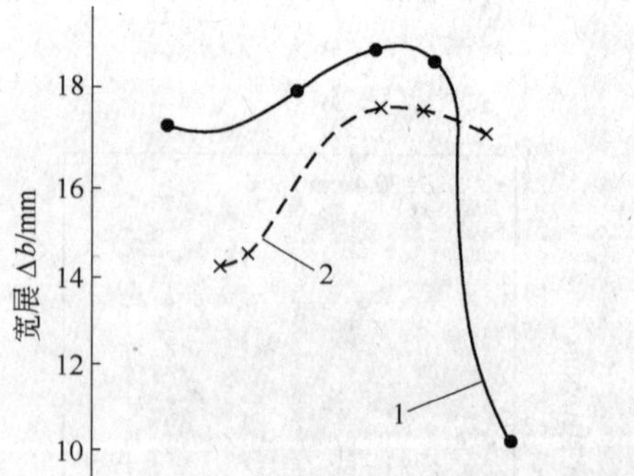

图 9-17　轧制温度对宽展的影响（Q195，相对变形量为 50%）
1—有氧化铁皮　2—无氧化铁皮

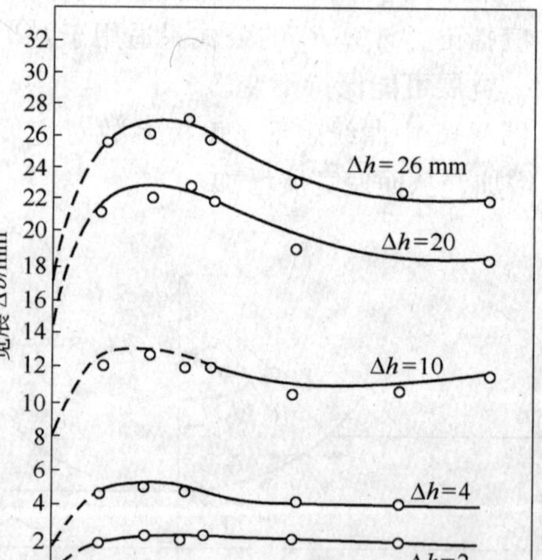

图 9-18　轧制速度对宽展大小的影响

9.2.4.4　金属化学成分（钢种）的影响

金属性质对宽展的影响，主要是通过化学成分改变金属氧化铁皮的形成和性质，使摩擦系数变化，从而增大或减小宽展的。

例如，当轧制铬钢时，钢材表面形成一层干的、塑性很小的氧化层；而在轧制含硫易切削钢时，由于硫含量高，高温时生成氧化铁皮，甚至是熔化的液体状（起润滑的作用）。因而轧制铬钢时较轧制含硫易切削钢时的摩擦系数大，宽展也大。

轧制型钢时，一般具有以下特点：所有加入钢中的成分，如果是提高氧化铁皮软化点和熔化温度的元素，都会使摩擦系数增加，因而宽展增加。反之，则使宽展减小。

前苏联学者齐西柯夫做了各种化学成分及组织的钢种实验，所得结果列入表9-1中，从表中可以看出合金钢的宽展比碳素钢的宽展大。

按一般公式计算出的宽展，很少考虑合金元素的影响。为了确定合金钢的宽展，必须将按一般公式计算所得的宽展值乘以表9-1中的系数 m，即

$$\Delta b_{合} = m\Delta b_{计} \tag{9-7}$$

式中 $\Delta b_{计}$——按一般公式计算的宽展量；

$\Delta b_{合}$——所求得的合金钢的宽展量；

m——考虑化学成分影响的系数，由表9-1查得。

表9-1 合金元素对宽展系数的影响

组别	钢 种	钢 号	系数 m	平均值
1	普通碳素钢	10号钢	1.0	
2	珠光体—马氏体钢（珠光体钢，珠光体—马氏体钢，马氏体钢）	T7A（碳素工具钢） GCr15（轴承钢） 16Mn（结构钢） 4Cr13（不锈钢） 38CrMoAl（合金结构钢） 4Cr10Si2Mo（不锈耐热钢）	1.24 1.29 1.29 1.33 1.35 1.35	1.25~1.32
3	奥氏体钢	4Cr14Ni14W2Mo 2Cr13Ni4Mn9（不锈耐热钢）	1.36 1.42	1.35~1.4
4	带残余相的奥氏体（铁素体、莱氏体）钢	1Cr18Ni9Ti（不锈耐热钢） 3Cr18Ni25Si2（不锈耐热钢） 1Cr23Ni13（不锈耐热钢）	1.44 1.44 1.53	1.4~1.5
5	铁素体钢	1Cr17Al5（不锈耐热钢）	1.55	
6	带有碳化物的奥氏体钢	Cr15Ni60（不锈耐热合金钢）	1.62	

9.2.5 轧制道次的影响

实验证明，在总压下量相同的条件下，轧制道次越多，总的宽展量越小。从轧制一道的宽展和轧制若干道时的宽展来看，可用下式表示

$$\Delta b > \Delta b_1 + \Delta b_2 + \cdots + \Delta b_n$$

根据实验可列表9-2和如图9-19所示。

表9-2 轧制道次和宽展

序号	t/℃	道次数	$\frac{H-h}{H}\times 100\%$	Δb/mm
1			原状	
2	1000	1	74.5	22.4
3	1085	6	73.6	15.6
4	925	6	75.4	17.5
5	920	1	75.1	33.2

由图 9-19 可以看出，轧制一道的 2 号与 5 号，轧件在压下量相近的情况下，比轧六道的 3 号和 4 号轧件的宽展量大得多。因此，不能按照钢坯和成品的厚度计算宽展，必须逐道计算，否则会造成错误。

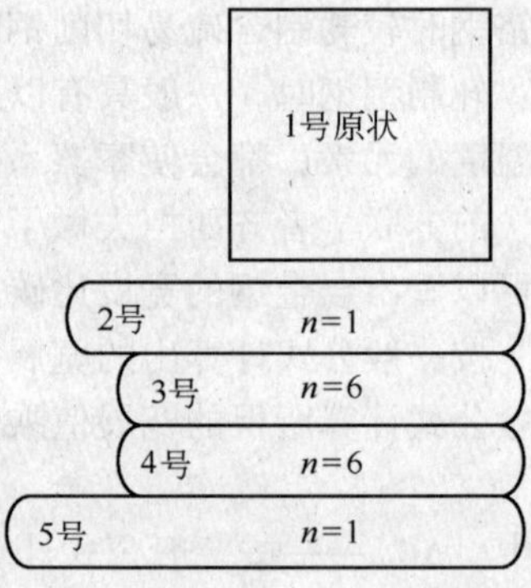

图 9-19　轧制道次对宽展的影响

根据 M. A. 扎罗辛斯基的研究，得出下列关系

$$\Delta b = C_2(\Delta h)^2 \tag{9-8}$$

即绝对宽展 Δb 与绝对压下量 Δh 的平方成正比。例如总压下量 $\Delta h = 10\text{mm}$，则用一道次轧制，其宽展为

$$\Delta b = C_2(\Delta h)^2 = C_2(10)^2 = 100C_2(\text{mm})$$

若改用两道次轧制，每道次压下量为 5mm，则其宽展为

$$\Delta b_2 = \Delta b' + \Delta b'' = C_2(5)^2 + C_2(5)^2 = 50C_2(\text{mm})$$

显然

$$\Delta b_1 > \Delta b_2$$

9.2.6　张力对宽展的影响

实验证明，后张力对宽展有很大影响，而前张力对宽展影响很小。这是因为轧件变形主要产生在后滑区。图 9-20 表示了在 $\phi 300$ 轧机上轧制焊管坯时得到的后张力对宽展影响的数据。图中的纵坐标 $C = \Delta b/\Delta b_0$，Δb 为有后张力时的实际宽展量，Δb_0 为无后张力时的宽展量。横坐标为 q_H/K，其中 q_H 为作用在入口断面上单位后张力，K 为平面变形抗力，由图 9-20 可知，当后张力 $q = K/2$ 时，轧件宽展为零。在 $q_H < K/2$ 时，$C = \Delta b/\Delta b_0$ 随 q_H/K 增大成直线关系减小。这是因为在后张力作用下使金属质点纵向塑性流动阻力减小，必然使延伸增大、宽展减小。在 $\alpha > \beta$ 条件下轧制时，由于工具形状的影响，在后滑区靠近入口端形成的拉应力区内，Δb 小的原因，也可以由此解释。

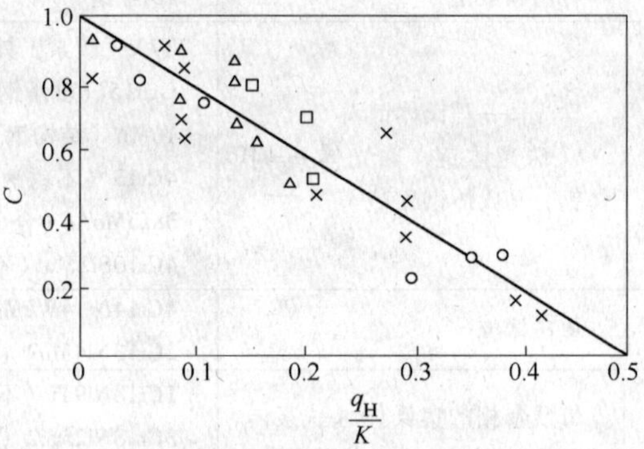

图 9-20　后张力对宽展的影响

另外，在冷轧不锈钢带时，由于张力的影响，宽展量为负值，轧后的宽度略小于轧前宽度。

9.2.7　工具形状对宽展的影响

工具形状对宽展的影响，一方面是指轧制时所用的工具形状不同于其他加工方式，另一方面指孔型形状的不同，对宽展所产生的影响也不同。

孔型形状对宽展量大小的影响是一个很复杂的问题。由于孔型形状的不同，不仅可以产生促进或抑制金属横向流动的水平力，同时也影响这种水平力的大小，如图 9-21 所示。此外，

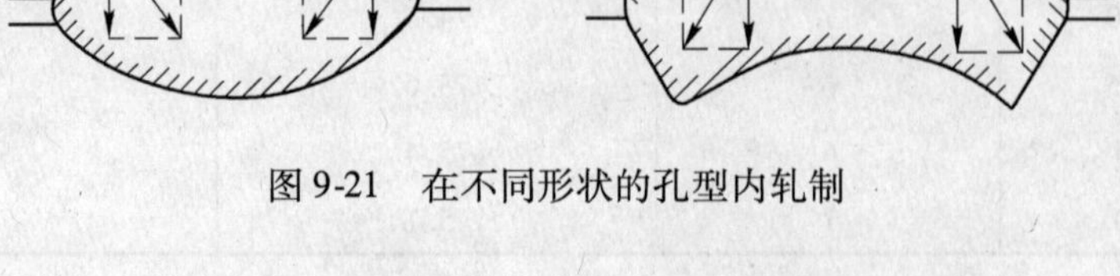
图 9-21　在不同形状的孔型内轧制

由于不均匀变形的存在，可能发生强迫宽展的现象，从而也将影响宽展量的变化。即在同一孔型中这两方面的因素往往是同时并存的，这样就很难说明是哪种因素在起作用了，关于这方面的问题在下一节中将作进一步的讨论。

9.3 孔型中轧制时横变形的特点

型钢轧制时，由于工具形状和轧件形状的特点，变形区内的主要几何参数（H、h、D、l、a、Δh）不再保持为常数。

图 9-22 中，a 为简单轧制情况，其余均为孔型中轧制的情况。由图中可以看出，孔型中轧制的变形与简单轧制情况相比较，有如下一系列的特点。

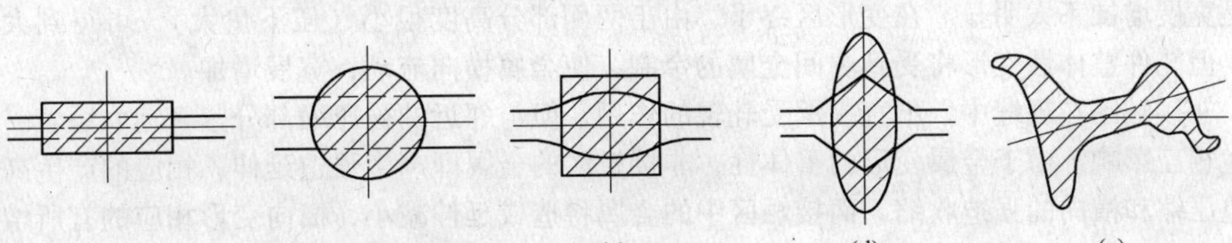

图 9-22 孔型中轧制与简单轧制比较

（a）平辊轧制；（b）圆孔型中轧制；（c）椭圆孔型中轧制；（d）立方孔型中轧制；（e）轨型孔中轧制

9.3.1 在孔型中轧制时，沿轧件宽度的压下量不均匀

如图 6-6 所示，当方坯进椭圆孔型时，压下量沿宽度上的分布是不均匀的，因而沿孔型宽度，轧件各部分金属的自然延伸也应该不均匀。但由于轧件整体性和外区的影响，轧件各部分应得到相同的延伸，即轧件以某一平均延伸系数 $\bar{\mu} = l/L$ 轧出。其中 l、L 分别为轧件轧后长度和轧前的长度。根据体积不变条件，在大压下量区域，高向压下的部分金属只能被迫向宽度方向流动，增加了宽展。反之，在低压下区域受轧件整体性影响被迫拉长，产生横向收缩现象。

9.3.2 轧件与轧辊接触的非同时性

变形区长度沿轧件宽度也是变化的。由图 9-23 可清楚地看清这一点。以圆形轧件进入平辊为例，轧件与轧辊首先在 A 点局部接触，随着轧件继续进入变形区，B 点及 C 点相继接触轧辊辊面，而侧面的 D 点到最后也不与轧辊接触。这样，在变形区内除轧件与轧辊表面相接触的接触区外，还存在着非接触区。轧件与轧辊沿变形区长度不同时接触，并形成非接触区，叫做“接触非同时性”。

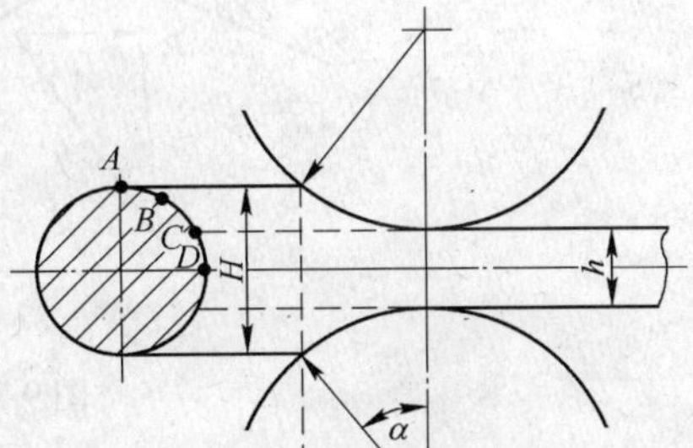

图 9-23 接触的非同时性

关于非同时接触的影响，从图 9-24 中清楚地看出来，在图中画出了与轧辊轴线平行的变形区内若干的横断面。轧件开始进入轧辊时，轧件尖角首先与孔型接触，如断面Ⅳ—Ⅳ，由于被压缩部分较小，纵向延伸困难，故可能在此处得到局部宽展。在Ⅲ—Ⅲ断面，压缩面积已比未压缩面积大若干倍。此时未压缩部分金属受压缩部分金属的作用而延伸。相反，压缩部分延伸受未压缩部分的抑制。

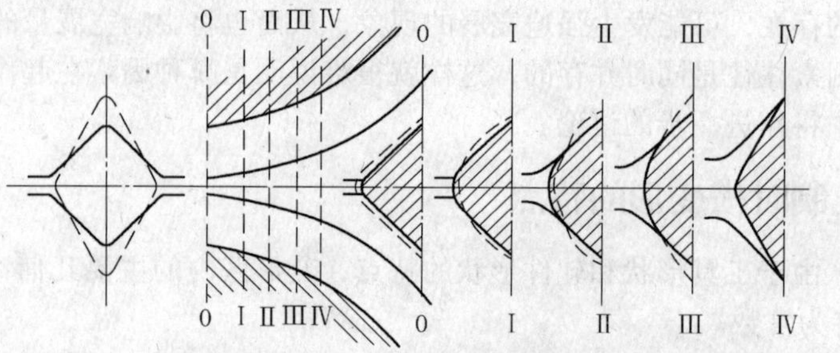

图 9-24　非同时接触对轧件的影响

但是宽展增加不太明显。在变形区终了，由于两侧部分高度很小（压下量大），可得到大的延伸，但轧件整体性变形将受到中间金属的牵制，使金属横向流动，宽展增加。

非接触区在辊缝中，不直接承受轧辊的作用，但与邻近的被压缩部分紧密地联系着，二者发生相互影响。由于金属变形的整体性，非接触区的金属即产生强迫延伸，相应的产生高度的强迫压缩和横向的强迫收缩，而接触区中的金属将造成延伸减小，横向变形相应的有所增加。

9.3.3　孔型的凸、平、凹形组合、孔型侧壁的侧向力的作用

例如，菱形孔型就如前述的凹形工具一样，而切入孔则如凸形工具。如图 9-25 所示，在菱形孔中，横向变形阻力为摩擦阻力与压力的水平分量之和，即

$$P_x + T_x = P(\sin\varphi + f\cos\varphi)$$

而在切入孔型中，横向变形阻力为二者水平分量之差；

$$P_x - T_x = P(f\cos\varphi - \sin\varphi)$$

可见，在凸形孔型中轧制时，要产生强制宽展；而在凹形孔型中轧制时，宽展要受到限制。这与平辊中轧制时的自由宽展是不同的。

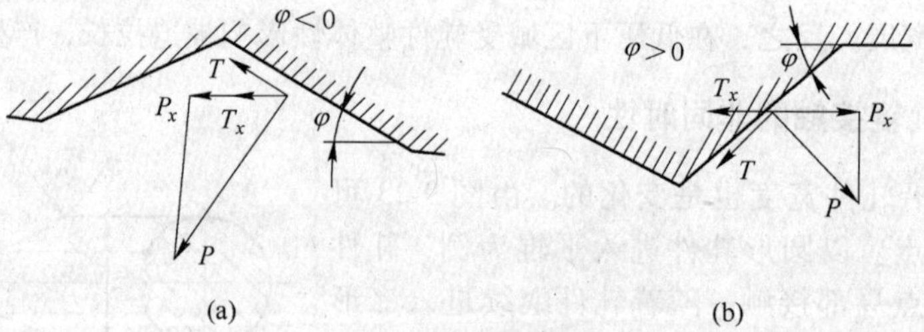

图 9-25　孔型形状对宽展的影响
（a）菱形孔；（b）切入孔

9.3.4　孔型中轧制时有速度差现象

如图 9-26 所示，在孔型中轧制时，由于轧辊工作直径不同，轧件各点的自然出辊速度应该不同。在图中的菱形孔型中，孔型边部的辊径为 D_1，中心部分的辊径为 D_2，其辊径差值为

$$D_1 - D_2 = h - s$$

式中　h——孔型高度；

s——辊缝。

在上下轧辊转速相同时，D_1 处的线速度 v_1 要大于 D_2 处的线速度 v_2，其速度差为

$$\Delta v = v_1 - v_2 = \frac{\pi(D_1 - D_2)n}{60} = \frac{\pi n(h-s)}{60}$$

其相对速度差

$$\frac{\Delta v}{v_1} = \frac{h-s}{D_1}$$

例如，在650轧机上轧制时，某孔型的尺寸为 $D_1 = 672\text{mm}$，$D_2 = 535\text{mm}$，轧辊转速 $n = 40\text{r/min}$，其速度差为

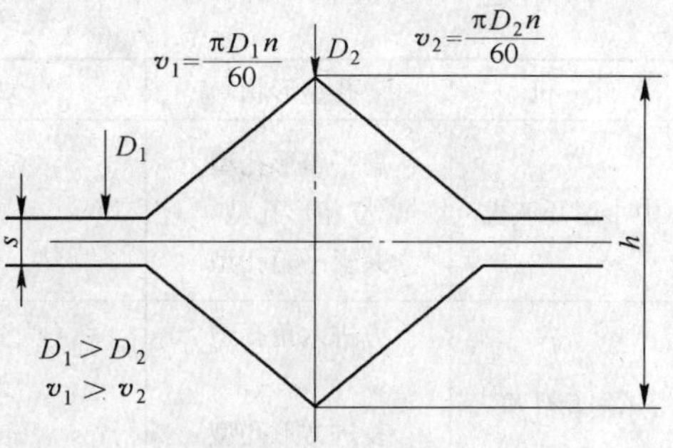

图9-26 孔型中轧制时的速度差

$$\Delta v = \frac{\pi(D_1 - D_2)n}{60}$$

$$= \frac{40\pi}{60}(0.672 - 0.535) = 0.28(\text{m/s})$$

其相对速度差

$$\frac{\Delta v}{v_1} = \frac{D_1 - D_2}{D_1} = \frac{672 - 535}{672} = 20\%$$

但由于轧件是一个整体，应以某一平均速度出辊，因而必然造成轧件中部和边部互相拉扯。若中部低速部分体积占大部分，则边部金属拉不动中部的，只有作为横向流动而导致宽展的增加。同时，这种速度差会导致孔型磨损加快和磨损的不均匀。

由上述孔型中轧制时的变形特点可知，在孔型中轧制时的宽展不再是自由宽展，而大部分成为强制宽展或限制宽展，并产生局部宽展或拉缩。

9.4 计算宽展的公式

由于影响宽展的因素很多，一般公式中很难把所有的影响因素全部考虑进去，甚至一些主要因素也很难考虑正确。如厚件轧制时出现的双鼓形宽展与薄件轧制时的单鼓形宽展，其性质不同，很难用同一公式考虑。现有的宽展计算公式，多数都只考虑几个影响因素，而用一个系数估计其他因素的作用。如果把这些公式应用于得出这些公式或系数的条件中，计算结果一般接近于实际情况。现选择几个比较典型、切合实际而又常用的公式加以介绍和分析。

9.4.1 若兹公式

1900年德国学者若兹根据实际经验提出如下宽展计算公式：

$$\Delta B = \beta \Delta h \tag{9-9}$$

式中 β——宽展系数，其值为0.35~0.48。

此公式只考虑了压下量的影响，其他因素的影响都包含在宽展系数中。在具体生产条件下，若轧制条件变化不大时，宽展系数也变化不大。这时用若兹公式形式简单、便于使用，计算结果也比较准确，为工厂技术人员经常使用。但系数 β 的值要有大量经验数据时，才能选择的较为准确。下面给出 β 一些经验数据：

冷轧时：$\beta = 0.35$（硬钢）；

热轧时：$\beta = 0.48$（软钢）。

β 值还可根据现场经验数据选取，在1100~1150℃热轧低碳钢时，$\beta = 0.31 \sim 0.35$；热轧高碳钢或合金钢时，$\beta = 0.45$。

根据大量生产实测资料的统计，在轧制普通碳素钢时，在孔型中轧制时的 β 值如表9-3所示。

表 9-3　宽展系数表

轧　机	孔型形状	轧件尺寸/mm	宽展指数β值
中小型开坯机	扁平箱形孔型		0.15~0.35
	立箱形孔型		0.20~0.25
	共轭平箱孔型		0.20~0.35
小型初轧机	方进六角孔型	边长>40 的方	0.5~0.7
		边长<40 的方	0.65~1.0
	菱进方形孔型		0.20~0.35
	方进菱形孔型		0.25~0.40
中小型轧机及线材轧机	方进椭圆孔型	边长 6~9	1.4~2.2
		9~14	1.2~1.6
		14~20	0.9~1.3
		20~30	0.7~1.1
		30~40	0.5~0.9
	圆进椭圆孔型		0.4~1.2
	椭圆进方孔型		0.4~0.6
	椭圆进圆孔型		0.2~0.4

9.4.2　彼德诺夫－齐别尔公式

该公式为

$$\Delta b = \beta \frac{\Delta h}{H}\sqrt{R\Delta h} \tag{9-10}$$

1917 年俄国学者彼德诺夫，根据变形金属往横向和纵向流动的体积与其克服摩擦阻力所需要的功成正比这个条件，导出了上述形式的公式。1930 年德国学者齐别尔在研究了接触表面的摩擦力、并发现阻碍延伸的趋势正比于接触弧长度 $\sqrt{R\Delta h}$ 及相对压下量 $\Delta h/H$ 的基础之上，提出了计算 Δb 的公式，β 一般为 0.35~0.45。热轧低碳钢（1150℃）时，$\beta=0.31$；热轧低碳钢（1000℃）时，$\beta=0.35$；在轧制硬钢（温度低于 1000℃）时，$\beta=0.4\sim0.45$。对于轧制合金钢时 β 的取值要大。

该公式没有考虑轧件宽度的影响，所以这个公式不能用于轧件宽度小于或等于其厚度的轧制条件。

9.4.3　巴赫契诺夫公式

苏联学者巴赫契诺夫根据金属压缩后往横向和高向移位体积之比与其相应的变形功之间的比值相等这个条件，于 1950 年提出的宽展计算公式为

$$\Delta b = 1.15\frac{\Delta h}{2H}\left(\sqrt{R\Delta h}-\frac{\Delta h}{2f}\right) \tag{9-11}$$

该公式考虑了压下量、变形区长度和摩擦系数的影响。在公式推导过程中，也考虑了轧件宽度和前滑的影响，但该公式是在忽略宽度影响时的简化形式。这个公式正如作者本人分析证明的，对宽轧件，即 $B/2\sqrt{R\Delta h}>1$ 时，计算结果是正确的。轧制时的摩擦系数用艾克隆德公式 $f=K_1K_2K_3(1.05-0.0005t)$ 计算。

9.4.4 艾克隆德公式

艾克隆德认为宽展决定于压下量及接触面上纵横阻力的大小，并由此出发，得出直接计算轧件轧后宽度的公式

$$b=\sqrt{4m^2(H+h)^2(\frac{l}{B})^2+B^2+4ml(3H-h)}-2m(H+h)\frac{l}{B}$$

式中

$$m=\frac{1.6fl-1.2\Delta h}{H+h},\ l=\sqrt{R\Delta h}$$

摩擦系数由公式 $f=K_1K_2K_3$（$1.05-0.0005t$）计算。

艾克隆德公式考虑的因素比较全面，适用范围较大，计算结果也相当符合实际情况，但计算较为复杂。

例 9-1：已知轧前轧件断面尺寸 $H\times B=100\text{mm}\times 200\text{mm}$，轧后厚度 $h=70\text{mm}$，轧辊材质为铸钢，工作直径 $D_k=650\text{mm}$，轧制速度 $v=4\text{m/s}$，轧制温度 $t=1100℃$，轧件材质为低碳钢，用各公式计算该道次 Δb。

解：（1）用艾克隆德公式计算摩擦系数 f：

因为轧辊材质为铸钢，所以 $K_1=1$；

由 $v=4\text{m/s}$，查图 4-7 得 $K_2=0.8$；

因为轧件材质为碳素钢，所以 $K_3=1$

故

$$f=K_1K_2K_3(1.05-0.0005t)$$
$$=0.8(1.05-0.0005\times 1100)=0.4$$

（2）计算压下量及变形区长度：

$$\Delta h=H-h=100-70=30\text{mm}$$

$$l=\sqrt{R\Delta h}=\sqrt{\frac{650}{2}\times 30}=98.7$$

（3）按若兹公式计算宽展量。因轧制温度为 1100℃，轧件材质又是低碳钢，系数 β 可取上限，即

$$\beta=0.35$$

故

$$\Delta b=0.35\times\Delta h=0.35\times 30=10.5\text{mm}$$

（4）按彼德诺夫－齐别尔公式计算宽展量。因轧件材质是低碳钢，轧制温度为 1100℃，取 $\beta=0.35$

故

$$\Delta b=0.35\frac{\Delta h}{H}\sqrt{R\Delta h}=0.35\times\frac{30}{100}\times 98.7=10.4\text{mm}$$

（5）按巴赫契诺夫公式计算宽展量

$$\Delta b=1.15\frac{\Delta h}{2H}(\sqrt{R\Delta h}-\frac{\Delta h}{2f})$$

$$=1.15\frac{30}{2\times 100}(98.7-\frac{30}{2\times 0.4})=10.6\text{mm}$$

（6）按艾克隆德公式计算宽展量

$$m=\frac{1.6fl-1.2\Delta h}{H+h}=\frac{1.6\times 0.4\times 98.7-1.2\times 30}{100+70}=0.16$$

$$A = 2m(H+h)\frac{l}{B}$$

$$= 2 \times 0.16 \times (100+70) \times \frac{98.7}{200} = 26.85$$

$$b = \sqrt{A^2 + B^2 + 4ml(3H-h)} - A$$

$$= \sqrt{26.85^2 + 200^2 + 4 \times 0.16 \times 98.7 \times (3 \times 100 - 70)} - 26.85$$

$$= 208.2$$

故

$$\Delta b = b - B = 208.2 - 200 = 8.2\text{mm}$$

习　题

9-1　什么叫宽展，它有几种类型？

9-2　宽展在轧制生产中有何意义？

9-3　宽展沿宽度方向是怎样分布的？

9-4　为什么在轧制情况下增加摩擦系数会使宽展增大？

9-5　在轧制时，影响宽展的因素有哪些？

9-6　为什么在任何轧制情况下的绝对宽展量较延伸量小得多？

9-7　利用实习中了解的轧制实例，举例说明哪些是自由宽展、限制宽展和强制宽展。

9-8　宽展主要产生在变形区长度上什么部位，并说明其原因。

9-9　一块矩形断面的轧件在经轧制后，出现前、后端宽度比中间部分宽度大些，且前、后端呈扇形。试分析产生此现象的原因。

9-10　在下列几种情况下，型钢轧制时孔型充满情况将发生什么变化？

（1）轧制温度较正常情况降低 50℃。

（2）把辊径为 500mm 轧机上轧制成功的孔型照搬到 800mm 轧机上。

（3）把在同一轧机上轧制低碳钢合适的孔型用来轧制高合金钢。

（4）轧辊材质由锻钢改为球墨铸铁，孔型尺寸未变化。

9-11　轧制线材时，为什么有时出现头部充不满而尾部又有耳子？

9-12　咬入角减小时，纵横阻力比是怎样变化的？

9-13　有哪些因素影响变形区纵横阻力比？随纵横阻力比的变化，宽展应如何变化？

9-14　若在某轧机上轧制扁钢，六道次轧成，中间不翻钢，在正常轧制温度为 900 ~ 1100℃ 范围内正好得到符合要求的成品尺寸，变形区尺寸 $l < \overline{B}$。试说明：

（1）若轧制温度增加或减小 50℃，成品宽度尺寸将如何变化？

（2）在总压下量及轧制道次不变条件下，因轧制温度变化，应如何调整各道次的压下量来获得合格产品尺寸，并说明其原因（提示：主要考虑热轧碳钢时轧制温度对摩擦系数的关系）。

9-15　在宽度上压下均匀时，解释宽度很大的板带轧制时，实际宽展量很小的原因；当板带塑性差时形成裂边的原因。

9-16　若总压下量为 200mm，轧制道次分别为 8 道和 3 道，哪种情况下总宽展量大些，为什么？

10 轧制过程中的纵变形——前滑与后滑

10.1 轧制时的前滑和后滑

10.1.1 前滑的产生及表示方法

10.1.1.1 前滑的产生

当轧件在满足咬入条件并逐渐充填辊缝的过程中（见图8-7），由于轧辊对轧件作用力的合力作用点内移、作用角（$\alpha-\delta$）减小而产生剩余摩擦力，此剩余摩擦力和轧制方向一致。在剩余摩擦力的作用下，轧件前端的变形金属获得加速，使金属质点流动速度加快，如图10-1所示，当在变形区内金属前端速度增加到大于该点轧辊辊面的水平速度时，就开始形成前滑，并形成前滑区和后滑区。在后滑区金属相对辊面向入口方向滑动，故其摩擦力的方向不变，仍是将轧件拉入辊缝的主动力，而在前滑区，由于金属相对于辊面向出口方向滑动，摩擦力的方向与轧制方向相反，即与剩余摩擦力的方向相反，因而前滑区的摩擦力成为轧件进入辊缝的阻力，并将抵消一部分后滑区摩擦力的作用。结果使摩擦力的合力 T 相对减小，使轧制过程趋于达到新的平衡状态。

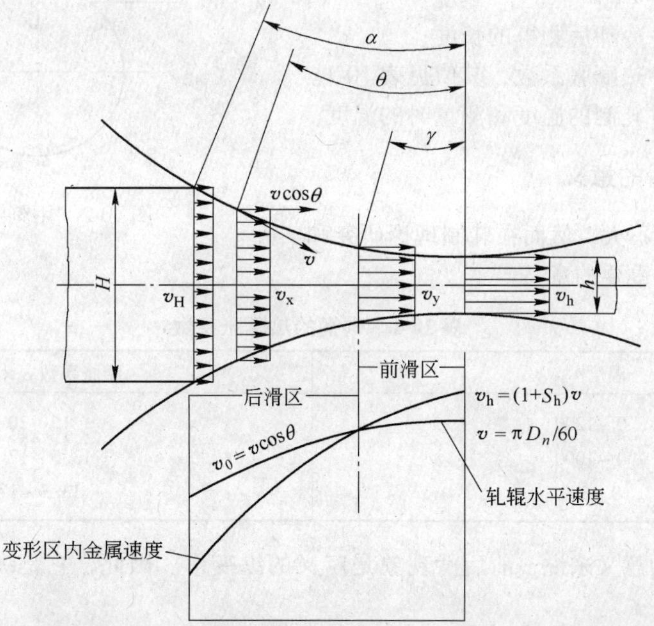

图10-1 变形区内金属流动速度与轧辊水平速度

10.1.1.2 前后滑的定义及表示方法

在轧制过程中，轧件出口速度 v_h 大于轧辊在该处的线速度 v，这种 $v_h>v$ 的现象称为前滑。而轧件进入轧辊的速度 v_H 小于轧辊在该处线速度的水平分量 $v\cos\alpha$ 的现象称为后滑。前滑值用出口断面上轧件速度与轧辊圆周速度之差和轧辊圆周速度的比值的百分数表示，即

$$S_h = \frac{v_h - v}{v} \times 100\% \tag{10-1}$$

式中　v——轧辊圆周速度；

S_h——前滑值。

后滑值用入口断面处轧辊圆周速度的水平分量与轧件入口速度之差和轧辊圆周速度水平分量比值的百分数表示：

$$S_H = \frac{v\cos\alpha - v_H}{v\cos\alpha} \times 100\% \tag{10-2}$$

式中　S_H——后滑值。其余符号同前。

如果将式（10-8）中的分子和分母同乘以时间 Δt，则得

$$S_h = \frac{v_h \cdot \Delta t - v \cdot \Delta t}{v \cdot \Delta t} = \frac{L_h - L_H}{L_H} \times 100\% \tag{10-3}$$

式中　L_h——在时间 Δt 内轧出的轧件长度；

L_H——在时间 Δt 内，轧辊表面任一点所移动的圆周距离。

如果事先在轧辊表面一个圆周上刻出距离为 L_H 的两个小坑（图 10-2），则轧制后在轧件表面测量出 L_h，即可用实验方法计算出轧制时的前滑值。若热轧时测出轧件的冷尺寸 L'_h，则可用下式换算成轧件的热尺寸：

$$L_h = L'_h[1 + \alpha(t_1 - t_2)] \tag{10-4}$$

式中　L'_h——轧件冷却后测得的长度；

α——轧件热膨胀系数，其值见表 10-1。

t_1、t_2——轧件轧制的温度和测量时的温度。

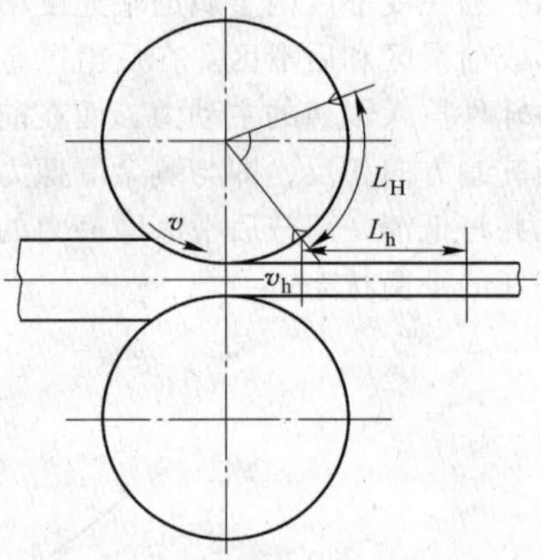

图 10-2　用刻痕法计算前滑

10.1.2　研究前滑的意义

前滑数值虽然不大，然而在轧制理论研究和实际轧钢生产中具有很重要的意义。

表 10-1　碳钢的热膨胀系数

温度/℃	膨胀系数 $\alpha \times 10^{-6}$
0～1200	15～20
0～1000	13.5～17.5
0～800	13.3～17

（1）从广泛的意义来说，前后滑现象是广义的纵变形。因此，它是纵变形研究的基本内容。

（2）在使用带张力轧制及连轧时必须考虑前滑值。因为在轧机调整时必须正确估计前滑值，否则可能造成两台轧机之间的堆钢，或者因 S_h 值估计过大而致使轧件被拉断等现象。

（3）研究外摩擦时必须计算前滑。在轧制时，轧辊与轧件间沿咬入弧之摩擦系数 f，实际上各点是不相同的。这种 f 值的变化，影响压力的分布及其性质，从而影响了功率的消耗。但是这种摩擦现象要直接从实验中研究是很困难的。如果从测量前滑值来测定摩擦力，问题就容易解决，因为前滑数值是受咬入角限制的。

10.2 前滑的计算公式

式（10-1）是前滑的定义表达式，它没有反映出轧制参数与前滑值的关系，因此无法在已知轧制参数的条件下计算前滑值。忽略轧件的宽展，并由秒流量相等条件，可得出

$$v_h h = v_\gamma h_\gamma \text{ 或 } v_h = v_\gamma \frac{h_\gamma}{h} \tag{10-5}$$

式中 v_h、v_γ——轧件出辊和中性面处的水平速度；

h、h_γ——轧件出辊和中性面处的高度。

因为 $v_\gamma = v\cos\gamma$，$h_\gamma = h + D(1-\cos\gamma)$

由公式（10-5）可得出

$$\frac{v_h}{v} = \frac{h_\gamma \cos\gamma}{h} = \frac{[h + D(1-\cos\gamma)]\cos\gamma}{h}$$

由前滑的定义得到

$$S_h = \frac{v_h - v}{v} = \frac{v_h}{v} - 1$$

将前面的式子代入上式后得

$$S_h = \frac{(D\cos\gamma - h)(1-\cos\gamma)}{h} \tag{10-6}$$

此式即为芬克（Fink）前滑公式。由公式可看出，影响前滑值的主要工艺参数为轧辊直径 D、轧件厚度 h 及中性角 γ。显然，在轧制过程中凡是影响 D、h 及 γ 的各种因素必将引起前滑值的变化。图 10-2 为前滑值 S_h 与轧辊直径 D、轧件厚度 h 和中性角 γ 的关系曲线。这些曲线是用芬克前滑公式在以下情况下计算出来的。

曲线 1	$S_h = f(h)$	$D = 300$mm	$\gamma = 5°$
曲线 2	$S_h = f(D)$	$h = 20$mm	$\gamma = 5°$
曲线 3	$S_h = f(\gamma)$	$h = 20$mm	$D = 300$mm

由图 10-3 可知，前滑与中性角呈抛物线关系；前滑与辊径呈直线关系；前滑与轧件轧出厚度呈双曲线关系。

当中性角 γ 很小时，可取 $1 - \cos\gamma = 2\sin^2\frac{\gamma}{2} = \frac{\gamma^2}{2}$，$\cos\gamma = 1$

则式（10-6）可简化为

$$S_h = \frac{\gamma^2}{2}\left(\frac{D}{h} - 1\right) \tag{10-7}$$

此式即为艾克隆德（Ekelund）前滑公式。因为 D/h 远远大于 1，故上式括号中的 1 可以忽略不计，则该式变为

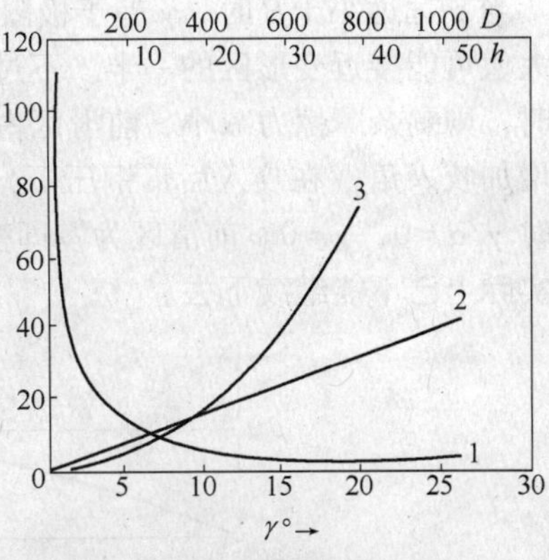

图 10-3 按芬克公式计算的曲线

$$S_h = \frac{R}{h}\gamma^2 \tag{10-8}$$

此即德雷斯登（Dresden）前滑公式。此式所反映的函数关系与式（10-6）是一致的。这些都是在不考虑宽展时求前滑的近似公式。当存在宽展时，实际所得的前滑值将小于上述公式

所算得的结果。考虑宽展时的前滑值可按柯洛廖夫公式计算：即

$$S_h = \frac{R}{h}\gamma^2\left(1 - \frac{R \cdot \gamma}{B_h}\right) \tag{10-9}$$

在一般生产条件下，前滑值波动在2% ~10%之间，但某些特殊情况也有超出此范围的。

10.3　中性角的确定

由式（10-6）、式（10-7）、式（10-8）可知，为计算前滑值必须知道中性角 γ。对简单的理想轧制过程，在假定接触面全滑动和遵守库伦干摩擦定律以及单位压力沿接触弧均匀分布和无宽展的情况下，按变形区内水平力平衡条件导出中性角 γ 的计算公式，即

$$\gamma = \frac{\alpha}{2}\left(1 - \frac{\alpha}{2\beta}\right)$$
$$\gamma = \frac{\alpha}{2}\left(1 - \frac{\alpha}{2f}\right) \tag{10-10}$$

式（10-10）为计算中性角的巴甫洛夫公式，式中 α、β、γ 三个角的单位均为弧度。为深入了解，来分析一下式（10-10）的函数关系，主要讨论 β 或 f 为常数时，γ 与 α 的关系。

此时式（10-10）为抛物线方程（见图10-4）：

$$\gamma = \frac{\alpha}{2} - \frac{\alpha^2}{4\beta} \text{或} \ \alpha^2 - 2\beta\alpha - 4\beta\gamma = 0$$

此函数有最大值。为求此最大值，可使 γ 对 α 的一阶导数为零：

$$\frac{d\gamma}{d\alpha} = \frac{1}{2} - \frac{2\alpha}{4\beta} = 0$$

由上式可解得 $\alpha = \beta$，将此值代入式（10-10），得中性角的最大值为

$$\gamma_{max} = \frac{\alpha}{4} = \frac{\beta}{4}$$

可见，当 $\alpha = \beta$，即在极限咬入条件下，中性角有最大值，其值为 0.25α 或 0.25β；当 $\alpha < \beta$ 时，随 α 增加，γ 增加；当 $\alpha > \beta$ 时，随 α 增加，γ 减小；当 $\alpha = 2\beta$ 时，$\gamma = 0$。

当 α 远远小于 β 时，γ 趋于极限值 $\alpha/2$，这表明由于剩余摩擦力很大，前滑区有很大发展，最大值可能接近变形区的一半。不过此时咬入角很小，前滑区的绝对值是很小的。当咬入角增加时，则剩余摩擦力减小，前滑区占变形区的比例减小，极限咬入时只占变形区的1/4，如果再增加咬入角（在咬入后带钢压下），剩余摩擦力将更小，当 $\alpha = 2\beta$ 时，剩余摩擦力为零，而此时 $\gamma/\alpha = 0$，$\gamma = 0$。前滑区为零即变形区全部为后滑区，此时轧件向入口方向打滑，轧制过程实际上已不能继续下去。

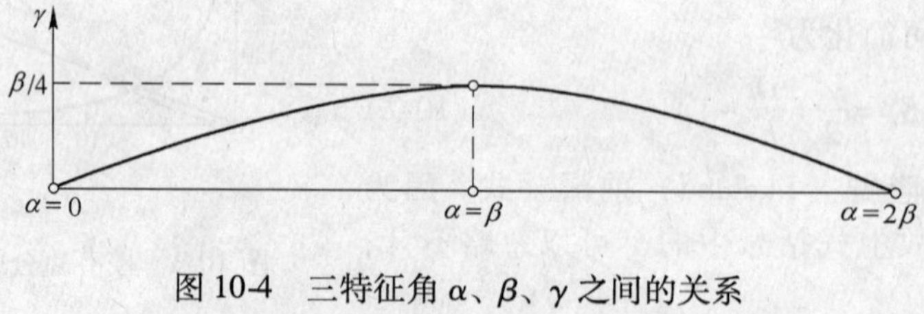

图10-4　三特征角 α、β、γ 之间的关系

由上述分析可见，前滑区在变形区内所占比例的大小，即 γ/α 值，与剩余摩擦力的大小有一定关系。当 α 不大时，可认为 $\cos\alpha/2 \approx 1$，$\sin\alpha/2 \approx \alpha/2$，稳定轧制阶段的剩余摩擦力（一个轧辊的）为：

$$P_x \approx fN - \frac{1}{2}\alpha N$$

又设轧制时咬入角与摩擦角之间的关系为 $\alpha = K\beta$，在单位压力和摩擦系数都相同时，$K = 0 \sim 2$。此外，$f = \tan\beta \approx \beta$，由式（10-10）移项得

$$\frac{\gamma}{\alpha} = \frac{1}{2}\left(1 - \frac{K\beta}{2\beta}\right) = \frac{1}{2}\left(1 - \frac{K}{2}\right)$$

又

$$P_x = \beta N - \frac{1}{2}K\beta N = \beta N\left(1 - \frac{K}{2}\right)$$

故

$$\frac{\frac{\gamma}{\alpha}}{P_x} = \frac{1}{2\beta N} \tag{10-11}$$

上式中 $\beta N \approx fN$，为轧制时作用在辊面与轧件接触面之间的摩擦力。当轧制条件一定时，摩擦力应为定值，即比值 $\frac{\frac{\gamma}{\alpha}}{P_x}$ 为定值，因而可以用 γ/α 来表征该轧制条件下剩余摩擦力的大小。

一般轧制过程都必然存在前滑区和后滑区。前已述及，前滑区的摩擦力是轧件进入变形区的阻力，轧辊是通过后滑区的摩擦力的作用将轧件拉入辊缝，故后滑区的摩擦力具有主动作用力的性质。所以前滑区和后滑区是两个相互矛盾着的方面。然而前滑区对稳定轧制过程又是不可缺少的。当由于某种因素的变化，使阻碍轧件前进的水平阻力增大（如后张力增大），或使拉入轧件进入辊缝的水平作用力减小（如摩擦系数减小），前滑区均将会部分地转化为后滑区，使拉入轧件前进的摩擦力的水平分量增大，使轧制过程得以在新的平衡状态下继续进行下去。

10.4　前滑、后滑与纵横变形的关系

金属质点在变形区内的纵向流动，即前滑与后滑，构成轧件的延伸变形。根据流经变形区任一截面金属的秒体积不变的原则可得

$$F_H v_H = F_x v_x = F_\gamma v_\gamma = F_h v_h = \text{常数} \tag{10-12}$$

变换形式有

$$\frac{v_H}{v_h} = \frac{F_h}{F_H} = \frac{1}{\mu} \quad \text{即} \quad v_H = \frac{v_h}{\mu}$$

把上式代入式（10-2），可得

$$S_H = \frac{v\cos\alpha - \frac{v_h}{\mu}}{v\cos\alpha} = 1 - \frac{v_h}{v}\frac{1}{\mu\cos\alpha} \tag{10-13}$$

前滑定义表达式（10-1）可改写成

$$v_h = v(1 + S_h) \tag{10-14}$$

将式（10-14）代入到式（10-13）中得

$$S_H = 1 - \frac{1 + S_h}{\mu\cos\alpha} \text{或} \mu = \frac{1 + S_h}{(1 - S_H)\cos\alpha} \tag{10-15}$$

将式（10-14）代入到 $v_H = \frac{v_h}{\mu}$ 中得

$$v_H = \frac{v}{\mu}(1 + S_h) \tag{10-16}$$

由式（10-14）、式（10-15）、式（10-16）可知，当延伸系数 μ 和轧辊圆周速度已知时，轧件进出辊的实际速度 v_H、v_h 决定于前滑值 S_h，或已知前滑值便可求出后滑值。也可看出，当 μ 和咬入角 α 一定时，前滑值增加，后滑值就必然减少。

设 μ_h 为前滑区内的延伸系数，由体积不变条件可得

$$\mu_h = \frac{F_\gamma}{F_h} = \frac{v_h}{v_\gamma} = \frac{v_h}{v\cos\gamma} \approx \frac{v_h}{v}$$

而由前滑定义表达式得

$$S_h = \frac{v_h - v}{v} = \frac{v_h}{v} - 1 \approx \mu_h - 1 \tag{10-17}$$

由上式可见，前滑值与前滑区的延伸系数呈线性关系，因而可以把前滑理解为前滑区的纵变形。

由以上的分析可以看出，前滑、后滑和延伸三者之间存在着联系。因此，必须把三者看作一个整体进行研究，否则将在分析问题时会得出错误的结论。例如，轧制时在接触面加入润滑剂，使摩擦系数减小，由前面章节所述摩擦系数对宽展的影响可知，此时宽展应减小，在压下量 Δh 不变的前提下，相应的延伸变形应增加。但此时前滑、后滑是否都同时增加呢？让我们来看另一方面，由于摩擦系数减小，剩余摩擦力减小，中性角减小，即前滑区在整个变形区中所占比例将减小，因此前滑值亦将减小。在这种情况下，延伸变形的增大是依靠后滑值的增大而增大的。

芬克前滑公式是在假定宽展为零的条件下导出的。而在很多轧制条件下，宽展均较大而不容忽视。前面我们已经知道前滑和后滑构成延伸变形，更确切地讲，前滑是前滑区延伸变形的结果，后滑是后滑区延伸变形的结果。然而根据体积不变条件，可得

$$\mu = \frac{l}{L} = \frac{HB}{hb} = \frac{H}{h} \cdot \frac{1}{\frac{b-B+B}{B}} = \frac{H}{h} \cdot \frac{1}{\frac{\Delta b}{B}+1} \tag{10-18}$$

由上式可看出，随宽展 Δb 增加，轧件的延伸系数 μ 减小，因而有宽展时，实际的前滑值也将比由芬克公式计算出的要小。在其他条件不变时，宽展越大，前滑值越小。

对孔型中轧制时的前滑值计算，要比平辊轧制时复杂得多。这是因为在孔型中轧制时，孔型周边各点的轧辊圆周线速度不同，而由轧件整体性和外端的作用，轧件横断面上各点又必须以同一速度出辊。因而造成轧件各部分的前滑值不同。工作轧辊辊径越大的地方，前滑越小；反之工作辊径小的地方，前滑值大。对异型孔型，如果某些部分工作辊径很大，可能出现 $v > \bar{v}_h$ 的现象，即出现负前滑，这就说明在工作直径较大的部分，金属可能全部为后滑。

由于沿轧件宽度上各点的前滑值不同，且工作辊径不等，由德雷斯登前滑公式可得

$$\gamma = \sqrt{\frac{S_h \cdot h}{R}}$$

可见中性角沿轧件宽度也不同，这样，中性面是一个曲线。

图 10-5 表示方轧件进入椭圆孔型的情况。由于轧件进入变形区时与轧辊不同时接触，变形区的水平投影是如图中 *ABCDE* 的形状，可见此时变形区长度 l、咬入角 α 也是变化的，前滑区为 *DEFGH* 内的区域，中性面为 *FGH*。

目前还没有很好的办法来计算孔型中轧制时轧件的出辊速度，而随着型钢连轧的发展，又迫切要求解决这个问题。为了粗略估计孔型中轧制时轧件的出辊速度，目前许多人是用平均高度法（见图 7-6），把孔型和轧前轧件断面化为矩形断面，然后按前面讲过的平辊轧制矩形断

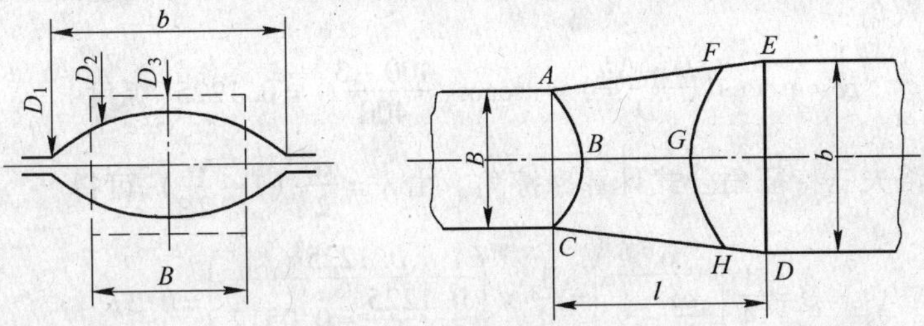

图 10-5 方轧件进入椭圆孔型的变形区

面轧件的方法来确定轧辊的平均线速度 $\bar{v}$ 和平均前滑值 $\bar{S}_h$ 并按下式计算轧件平均出辊速度

$$\bar{v}_h = \bar{v}(1 + \bar{S}_h) \tag{10-19}$$

还有一种方法，是把异型孔型和轧件断面划分为几个矩形断面区域，分别计算各区域的轧辊线速度、前滑值和轧件出辊速度，然后再根据各区域面积占整个断面积的比例，来确定轧件的平均前滑值、平均出辊速度。

应指出，这些计算孔型中轧制时的前滑值和轧件出辊速度的方法，是不很精确的，还有待于进一步深入研究。

例 10-1：在 $D=650$mm、材质为铸铁的轧辊上，将坯料尺寸为 $H=100$mm、$B=400$mm 的低碳钢轧件轧成 $h=70$mm，轧辊圆周速度 $v=2$m/s，轧制温度 $t=1000$℃，计算忽略宽展的前滑值。

解：(1) 求咬入角 α。由 $\Delta h = D(1-\cos\alpha)$ 得

$$\cos\alpha = \frac{D-\Delta h}{D} = \frac{650-30}{650} = 0.9538$$

求得 $\alpha = 17.48° = 17°28'$

(2) 求摩擦系数及摩擦角。由计算 f 的艾克隆德公式，按已知条件查得 $K_1=0.8$，$K_2=1$，$K_3=1$

所以

$$f = K_1K_2K_3(1.05-0.0005t)$$
$$=0.8\times(1.05-0.0005\times1100)=0.4$$

查得 $\beta = \arctan 0.4 = 21.8°$

(3) 求中性角

$$\gamma = \frac{\alpha}{2}\left(1-\frac{\alpha}{2\beta}\right) = \frac{17.48°}{2}\left(1-\frac{17.48°}{2\times21.8°}\right) = 5.24°$$

计算 $\cos\gamma = \cos 5.24° = 0.9958$

(4) 计算前滑值：

$$S_h = (1-\cos\gamma)\left(\frac{D}{h}\cos\gamma - 1\right) = (1-0.9985)\left(\frac{650}{70}\times0.9985-1\right)$$
$$=3.47\%$$

例 10-2：在轧辊直径为 400mm 的轧机上，将 10mm 的带钢一道次轧成 7mm，此时用辊面刻痕法测得前滑值为 7.5%，计算该轧制条件的摩擦系数。(说明：这是一种测量摩擦系数的方法)

解：(1) 由德雷斯登公式计算中性角：

$$\gamma = \sqrt{\frac{S_h\cdot h}{R}} = \sqrt{\frac{0.075\times7}{200}} = 0.0512\ (弧度)$$

（2）计算咬入角：

$$\alpha = \arccos\left(\frac{D-\Delta h}{D}\right) = \arccos\left(\frac{400-3}{400}\right) = 0.1225\text{（弧度）}$$

（3）由巴甫洛夫三特征角公式计算摩擦角。由 $\gamma = \frac{\alpha}{2}\left(1-\frac{\alpha}{2\beta}\right)$ 可得

$$\beta = \frac{1}{4}\left(\frac{\alpha^2}{\frac{\alpha}{2}-\gamma}\right) = \frac{1}{4}\times\left(\frac{0.1225^2}{\frac{0.1225}{2}-0.0512}\right) = 0.37$$

即

$$f \approx \beta = 0.37$$

10.5　前滑的影响因素

前已指出，前滑与后滑的本质是一样的，影响前滑的因素也影响后滑，因此本节只讨论影响前滑的因素。实验证明，前滑是轧制条件的复杂函数：

$$S_h = f\left(D, \frac{\Delta h}{H}, h, f, B, q\cdots\right)$$

式中　D——轧辊直径；

$\Delta h/H$——该轧制道次的相对压下量；

h——该道次轧件轧后厚度；

f——接触表面的摩擦系数；

B——该道次轧件的轧前宽度；

q——作用在变形区前后的水平外力（张力或推力）。

尽管影响前滑的因素很多，如果能抓住基本的影响因素，并揭示出其影响的物理实质，则其规律是容易掌握的。

凡是研究纵横变形的规律，都应遵循最小阻力定律和体积不变条件（秒流量相等）的原则。下面对各主要影响因素进行讨论。

10.5.1　轧辊直径的影响

图 10-6 表示了轧辊直径对前滑影响的实验结果。实验条件是辊面经粗磨，无润滑，把 $H=2.5\text{mm}$ 的红铜轧件经一道轧成 $h=1.5\text{mm}$。实验结果指出：前滑随轧辊直径增大而增大；在轧辊直径小于 400mm 的范围内，轧辊直径对前滑的影响很大；用芬克公式计算的前滑值与实测值很接近，说明芬克公式正确地反映了轧辊直径对前滑的影响。

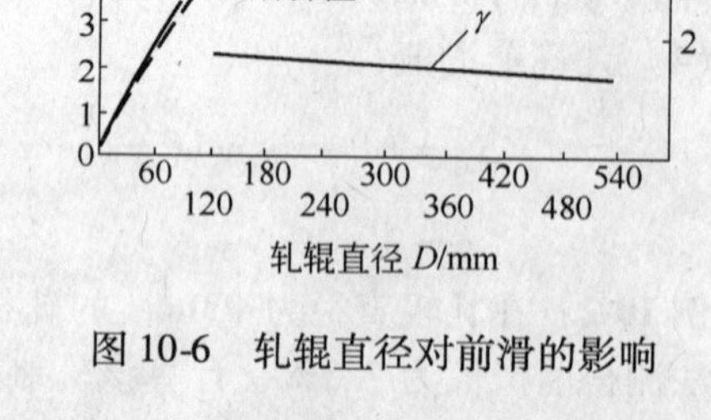

图 10-6　轧辊直径对前滑的影响

此实验结果可从两方面解释：

（1）轧辊直径增大，咬入角减小，在摩擦系数不变时，剩余摩擦力增大；而变形区长度随着轧辊直径的增大也增长，所以使得轧件前端流动速度越来越快，即前滑加大。此时若延伸变形不变，后滑值相应的减小。

（2）实验中当 D 大于 400mm 时，随辊径增加前滑增加的速度减慢，是因为辊径增加伴随着轧制速度增加，摩擦系数随之而减小，使剩余摩擦力有所减小；同时，辊径增大导致宽展增

大，延伸系数相应减小，所以前滑和后滑都减小。由这两个因素共同作用，使前滑增加速度放慢。

10.5.2 摩擦系数的影响

实验证明，摩擦系数f越大，在其他条件相同时，前滑值越大，如图10-7所示。这是因为摩擦系数增大，剩余摩擦力增加，而变形区长度不变，所以轧件前端流动速度越来越快，即前滑加大。

很多实验都证明，凡是影响摩擦系数的因素，如轧辊材质、轧件化学成分、轧制温度、轧制速度等，都能影响前滑的大小。图10-8表示轧制温度对前滑的影响。可见在热轧温度范围内，在$\varepsilon=\Delta h/H$不变时，随温度降低，前滑值增大，这是因为此时摩擦系数增大的缘故。

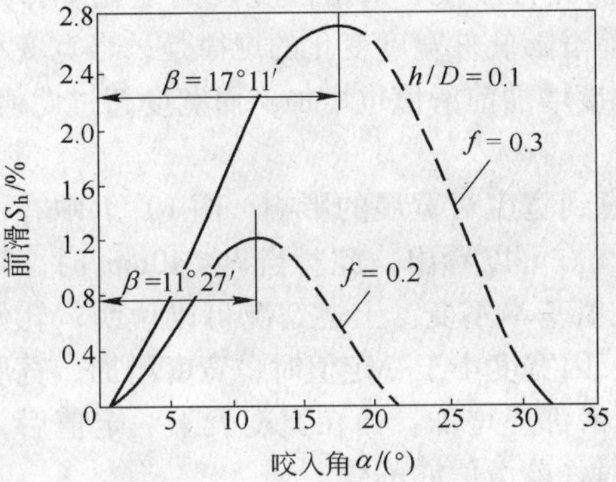

图10-7 前滑与咬入角、摩擦系数的关系（$h/D=0.1$）

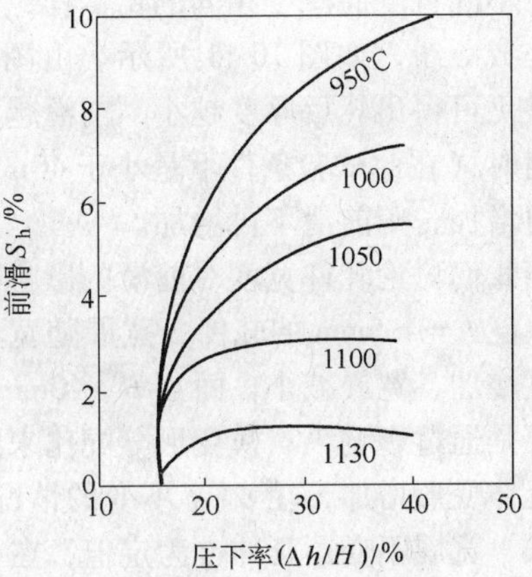

图10-8 轧制温度、压下量对前滑的影响

10.5.3 相对压下量的影响

由图10-9的实验结果可以看出，不论以任何方式改变相对压下量，前滑均随相对压下量增加而增加，而且以当Δh=常数时，前滑增加更为显著。

形成以上现象的原因可由以下几种情况来讨论：

首先相对压下量增加，即高向移位体积增加，分配到宽度方向和纵向的移位体积均应加大，而纵向延伸由前滑、后滑组成，此时前滑值和后滑值均增加是无疑义的。

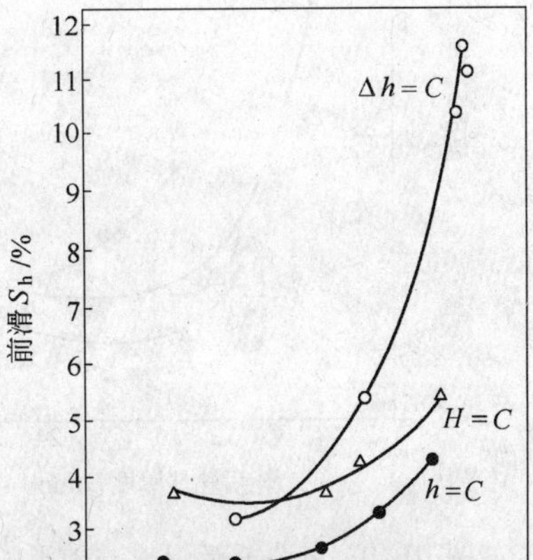

图10-9 相对压下量对前滑的影响

（低碳钢，$t=1000$℃，$D=400$mm）

但对不同情况，前、后滑值增加的比例不同。当Δh=常数时，相对压下量的增加是靠减小轧件厚度H或h完成，咬入角α并不增大，在摩擦系数不变化时，剩余摩擦力不变化，前、后滑区在变形区中所占比例不变，即前、后滑值均随$\Delta h/H$值增大以相同的比例增大。而h=常数或H=常数时，相对压下量增加是由增加Δh，即增加咬入角α的途径完成的，在摩擦系数不变化时，这

标志着剩余摩擦力减小，前滑减小，此时虽然延伸变形增加，但主要是由后滑的增加来完成的，前滑的增加速度与 Δh = 常数的情况相比要缓慢得多。

10.5.4　轧件厚度的影响

如图 10-10 的实验结果表明，当轧后厚度 h 减小时，前滑增大。而当 Δh = 常数时，前滑值增加的速度比 H = 常数时要快。因为在 H、h、Δh 三个参数中，不论是以 H = 常数或以 Δh = 常数，h 减小都意味着相对压下量增加，因而轧件轧后厚度对前滑的影响，实质上可归结为相对压下量对前滑的影响，这里不再重复。

10.5.5　轧件宽度的影响

用不同宽度而厚度相同的铅试样，在压下量均为 $\Delta h = 1.2$mm 的试验条件下，所得的试验数据作成曲线，如图 10-11 所示。由图可见，对不同轧件厚度，前滑随宽度的变化规律均相同，并仍可得出轧后厚度越小、前滑越大的结论。前滑随轧件宽度变化的规律是，当宽度小于一定值时（在此试验条件下是小于 40mm 时），随宽度增加前滑值也增加；而宽度超过此值后，宽度再增加，则前滑不再增加。

当我们讨论轧件宽度对前滑的影响时，也要注意到宽度对宽展的影响。图 10-11 中有一条表示厚度 $h = 4.5$mm 的轧件，宽展随宽度变化的曲线。可以看出，此时当 $B < 40$mm 时，随轧件宽度增加，宽展减小，而当 $B > 40$mm 后，宽展数值基本不变。上述情况可以说明，轧件宽度主要是通过影响纵、横变形分配比来影响前滑的。因宽度小于一定值时，宽度增加、宽展减小，延伸变形增加，在 α、f 不变的情况下，前、后滑都应增加。而在宽度大于一定值后，宽度增加、宽展不变，延伸也为定值，在 γ/α 值不变时，前滑值亦不变。

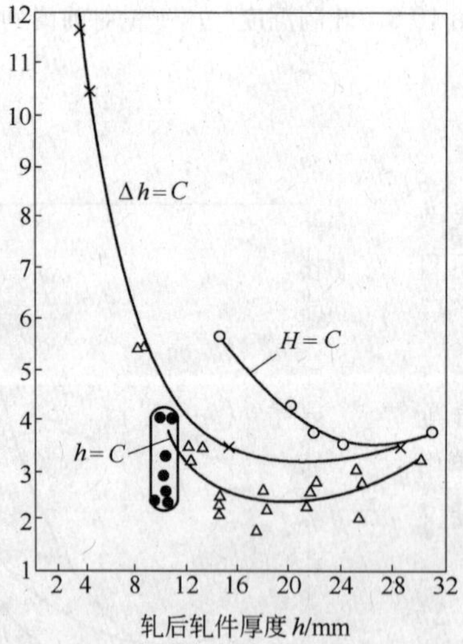

图 10-10　轧件轧后厚度与前滑的关系

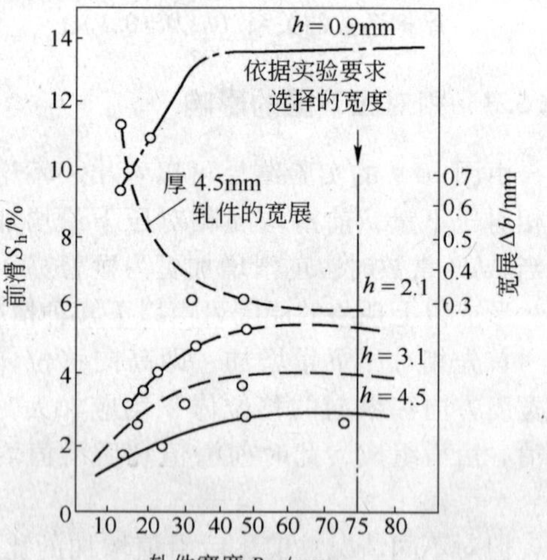

图 10-11　轧件宽度对前滑的影响

10.5.6　张力对前滑的影响

实验证明，前张力增加时，使前滑增加；后张力增加时，使前滑减小。这是因为前张力增加时，使金属向前流动的阻力减小，剩余摩擦力增加，而变形区长度不变，所以轧件前端流动速度越来越快，即前滑增加；而后张力增加，使剩余摩擦力减小，故前滑值减小。如图 10-12 所示的实验结果，也完全证实了上述分析的正确性。其实验条件是在辊径 $D=200$mm 的轧机上，采用不同的 h 值，用 $\Delta h=0.44$mm 轧制铝轧件，分别有前张力和不带前张力两组实验结果。可见有前张力时，使前滑值明显地增加。

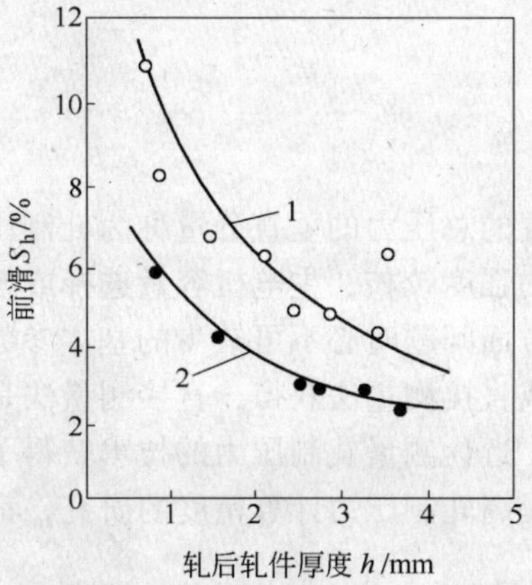

图 10-12　前张力对前滑的影响

1—前张力　2—无前张力

习　题

10-1　什么叫前滑，它是如何产生的？

10-2　轧制过程中为什么要讨论前滑，而不讨论延伸。

10-3　影响前滑的因素有哪些？

10-4　中性角、咬入角和摩擦角三者有何关系？

10-5　前滑是延伸的一部分，能说延伸越大前滑也越大吗，为什么？

10-6　摩擦系数越大，前滑与宽展均增大是否矛盾，为什么？

10-7　咬入角越大，其中性角也越大对吗，为什么？

10-8　在轧制时，如何理解前滑区存在的必要性。

10-9　为什么有宽展时的前滑值较无宽展时的小。

10-10　前滑与宽展的关系是如何变化的？

10-11　在轧辊直径为 400mm 的轧机上，将 10mm 的带钢一道次轧成 7mm，此时用辊面刻痕法测得前滑值为 7.5%，计算该轧制条件的摩擦系数（说明：这是一种测量摩擦系数的方法）。

10-12　若在轧辊辊面磨光但不加润滑的条件下冷轧薄板，若偶然将一小滴油掉在板面上，问此钢板轧制时会出现什么现象（提示：用摩擦系数对宽展和前滑的影响来说明，并注意上下板面润滑条件、摩擦系数不同）？

10-13　试分析轧辊材质、轧件化学成分、轧制温度、轧制速度等因素对前滑的影响规律。

11 金属对轧辊的压力

11.1 轧制压力的概念

轧制过程中通常金属给轧辊的总压力的垂直分量称为轧制压力或轧制力。

轧制压力是解决轧钢设备的强度校核，主电机容量选择或校核，制订合理的轧制工艺规程或实现轧制生产过程自动化等方面问题时必不可缺少的基本参数。

轧制压力可以通过计算法或直接测量法获得，直接测量法是用测压仪器直接在压下螺丝下对总压力进行实测而得的结果。近代测量轧制压力的技术获得了很大的进步，测量精度也不断提高，这对生产实践和进一步提高轧制压力计算精度的研究，都有很大的作用。在本章中将对上述两种方法作简要的介绍。

为了确定轧制压力的作用方向，首先应分析轧制时轧件上的受力情况。轧制时轧辊对轧件的作用力为一不均匀分布的载荷，但为了研究方便，假定在轧件上作用着的载荷均匀分布，其载荷强度为整个变形区接触的平均单位压力 $\bar{p}$，此时可用合力 P' 来代替，合力 P' 的作用点在接触弧的中点 C 和 D。按照简单轧制条件绘出如图 11-1 所示。由于轧件上仅作用着上下轧辊给予的作用力 P'_1 和 P'_2，因此根据力的平衡条件，P'_1 和 P'_2 为大小相等，方向相反，作用在 CD 直线上的一对平衡力。在简单轧制的情况下，CD 与两轧辊连心线 O_1O_2 平行。

根据作用力与反作用力定律，轧件作用在上下辊上的力 P_1 和 P_2 如图 11-2 所示即为轧制力。

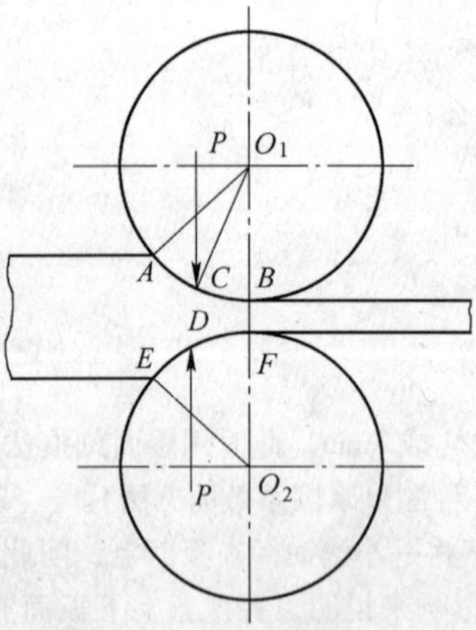

图 11-1　简单轧制时轧辊对轧件的作用力

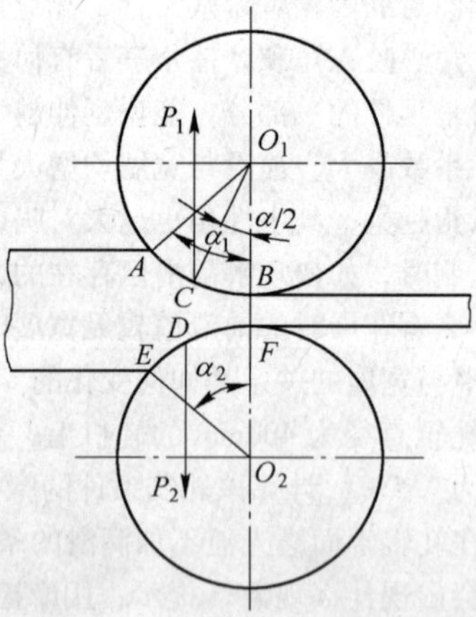

图 11-2　简单轧制时轧件对轧辊的作用力

由轧制压力的作用方向可知轧制压力 P 与平均单位轧制压力 $\bar{p}$ 及接触面积之间的关系为

$$P = \bar{p}F \tag{11-1}$$

式中 $\bar{p}$——金属对轧辊的（垂直）平均单位压力。

F——轧件与轧辊接触面积的水平投影，简称接触面积。

由此可知，决定轧制时轧件对轧辊的轧制压力的基本因素：一是平均单位压力 $\bar{p}$；二是轧件与轧辊的接触面积 F。

在不同的轧制条件下，轧制压力波动在很大的范围内。表 11-1 列举了几种轧机的轧制压力，供我们对轧制压力有一个基本的了解。

表 11-1 不同类型轧机的轧制压力

轧机名称	轧制温度/℃	轧制速度/m · s^{-1}	轧制压力/t
线材轧机			
精轧机	850 ~ 950	8 ~ 20	5 ~ 10
粗轧机	1000 ~ 1200	3 ~ 6	20 ~ 40
型钢轧机			
小型轧机	900 ~ 1200	4 ~ 7	30 ~ 50
中型轧机	900 ~ 1200	3 ~ 6	50 ~ 100
大型轧机	900 ~ 1200	2 ~ 5	200 ~ 400
轨梁轧机	900 ~ 1100	3 ~ 6	400 ~ 800
初轧机	1100 ~ 1200	0.5 ~ 2	500 ~ 1500
连续带钢轧机	800 ~ 1100	5 ~ 20	500 ~ 2000

11.2 接触面积的确定

根据分析，在一般情况下轧件对轧辊的总压力作用在垂直方向上或倾斜度不大，而接触面积应与压力垂直。因此，F 一般情况下不是轧件与轧辊实际接触面积，而是其水平投影。

11.2.1 在平辊上轧制矩形断面轧件时的接触面积

（1）简单轧制条件下金属的变形属于均匀压缩，故接触面积最容易确定。按图 11-2 可得：

$$F = \overline{B} \cdot l$$

式中 $\overline{B}$——平均宽度，$\overline{B} = (B+b)/2$；

l ——变形区长度，$l = \sqrt{R\Delta h}$。

所以，当上下工作辊径相同时，其接触面积可用下式确定：

$$F = \frac{B+b}{2}\sqrt{R\Delta h} \tag{11-2}$$

（2）此外，当上下工作辊径不等时，其接触面积可用下式确定：

$$F = \frac{B+b}{2}\sqrt{\frac{2R_1R_2}{R_1+R_2}\Delta h} \tag{11-3}$$

式中 R_1、R_2——上下轧辊工作半径。

（3）考虑轧辊弹性压扁时的接触面积计算。在冷轧板带和热轧薄板时，由于轧辊承受的高压作用，轧辊产生局部的压缩变形，此变形可能很大，尤其是在冷轧板带时更为显著。轧辊的弹性压缩变形一般称为轧辊的弹性压扁，轧辊弹性压扁的结果使接触弧长度增加。另外，轧件在轧辊间产生塑性变形时，也伴随产生弹性压缩变形，此变形在轧件出辊后恢复，这也会增大接触弧长度，如图 11-3 所示。

若忽略轧件的弹性变形，根据两个圆柱体弹性压扁的公式推得：

$$\begin{aligned} l' &= x_1 + x_2 = \sqrt{R\Delta h + x_2^2} + x_2 \\ &= \sqrt{R\Delta h + (c\,\overline{p}R)^2} + c\,\overline{p}R \end{aligned} \tag{11-4}$$

式中　c——系数，$c=\frac{8(1-\nu^2)}{\pi E}$，对钢轧辊，弹性模数 $E=2.156\times10^5$ MPa，波松系数 $\nu=0.3$，则 $c=1.075\times10^{-5}\text{mm}^2/\text{N}$；

$\bar{p}$——平均单位压力，MPa；

R——轧辊半径，mm。

一般先计算出没有考虑弹性压扁时的轧制压力 P，而后按此压力计算轧辊压扁的变形区长度 l'；再根据此 l' 值重新计算轧制压力 P'，用 P' 来验算所求的 l''。若 l' 与 l'' 相差较大，尚需反复运算，直至其差值较小为止。

此时的接触面积

$$F=B\cdot l'$$

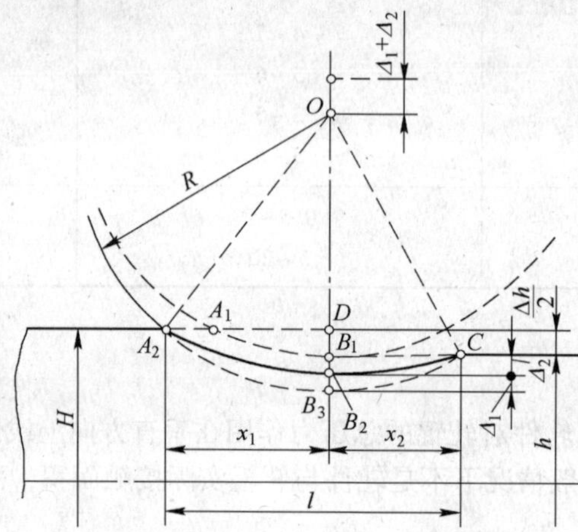

图 11-3　轧辊的弹性变形对变形区长度的影响

11.2.2　在孔型中轧制时接触面积的确定

在孔型中轧制时，由于轧辊上刻有孔型，轧件进入变形区和轧辊接触是不同时的，压下也是不均匀的。在这种情况下可用图解法或近似公式来确定。

11.2.2.1　*按作图法确定接触面积*

图 11-4 是用作图法，把孔型和在孔型中的轧件一起，画出三面投影，得出轧件与孔型相接触面的水平投影，其面积即为接触面积。图中俯视图有剖面线的部分为不考虑宽展时的接触面积，虚线加宽部分系根据轧件轧后宽度近似画出的接触面积。

图 11-4　用作图法确定接触面积

11.2.2.2　*近似公式计算法*

孔型中轧制时，也可用式（11-2）来计算，但这时所取压下量 Δh 和轧辊半径 R 应为平均值 $\overline{\Delta h}$ 和 $\bar{R}$。

对菱形、方形、椭圆和圆孔型进行计算时，如图 11-5 所示，可采用下列经验公式计算：

（1）菱形轧件进菱形孔型

$$\overline{\Delta h}=(0.55\sim0.6)(H-h)$$

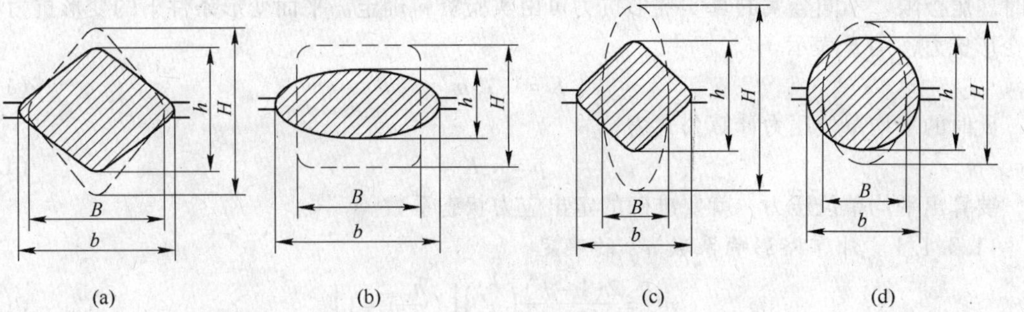

图 11-5 在孔型中轧制时的压下量的计算示意图

（2）方形轧件进椭圆孔型

$$\overline{\Delta h} = H - 0.7h \text{（适用于扁椭圆）}$$

$$\overline{\Delta h} = H - 0.85h \text{（适用于圆椭圆）}$$

（3）椭圆轧件进方孔型

$$\overline{\Delta h} = (0.65 \sim 0.7)H - (0.55 \sim 0.6)h$$

（4）椭圆轧件进圆孔型

$$\overline{\Delta h} = 0.85H - 0.79h$$

为了计算延伸孔型的接触面积，可用下列近似公式。

由椭圆轧成方形 $F = 0.75B_h\sqrt{R(H-h)}$

由方形轧成椭圆 $F = 0.54(B_H + B_h)\sqrt{R(H-h)}$

由菱形轧成菱形或方形 $F = 0.67B_h\sqrt{R(H-h)}$

式中 H、h ——在孔型中央位置的轧制前、后轧件断面的高度；

B_H、B_h ——轧制前、后轧件断面的最大宽度；

R ——孔型中央位置的轧辊半径。

11.3 计算平均单位压力的公式

11.3.1 采利柯夫公式

平均单位压力决定于被轧制金属的变形抗力和变形区的应力状态。

$$\bar{p} = m \cdot n_\sigma \cdot \sigma_\varphi \tag{11-5}$$

式中 m——考虑中间主应力的影响系数，在 1～1.15 范围内变化，若忽略宽展，认为轧件产生平面变形，则 $m = 1.15$；

n_σ——应力状态系数；

σ_φ——被轧金属的真实变形抗力。

应力状态系数决定于被轧金属在变形区内的应力状态。影响应力状态的因素有外摩擦、外端、张力等，因此应力状态系数可写成

$$n_\sigma = n'_\sigma \cdot n''_\sigma \cdot n'''_\sigma \tag{11-6}$$

式中 n'_σ ——考虑外摩擦影响的系数；

n''_σ ——考虑外端影响的系数；

n'''_σ ——考虑张力影响的系数。

被轧金属的真实变形抗力是指在一定变形温度、变形速度和变形程度下单向应力状态时的

瞬时屈服极限。不同金属的真实变形抗力可由实验资料确定。平面变形条件下的变形抗力称平面变形抗力，用 K 表示。

$$K = 1.15\sigma_{\varphi} \tag{11-7}$$

此时的平均单位压力计算公式为

$$\bar{p} = n_{\sigma} K \tag{11-8}$$

要算出平均单位压力，就要准确的定出应力状态系数。

11.3.1.1 外摩擦影响系数 n'_{σ} 的确定

$$n'_{\sigma} = \frac{2(1-\varepsilon)}{\varepsilon(\delta-1)}\left(\frac{h_r}{h}\right)\left[\left(\frac{h_r}{h}\right)-1\right] \tag{11-9}$$

式中 ε ——本道次变形程度，$\varepsilon = \Delta h/H$；

δ ——系数，$\delta = 2fl/\Delta h$，$l = \sqrt{R\Delta h}$。

$$\frac{h_r}{h} = \left[\frac{1+\sqrt{1+(\delta^2-1)\left(\frac{H}{h}\right)^{\delta}}}{\delta+1}\right]^{\frac{1}{\delta}}$$

为简化计算，将由式（11-9）表示的 n'_{σ} 与 δ、ε 的函数关系作成曲线，如图 11-6 所示。从图中可以看出，当 ε、f、D 增加时，平均单位压力急剧增大。当 δ、ε 较小时，可用图 11-6（b）所示的局部放大曲线。

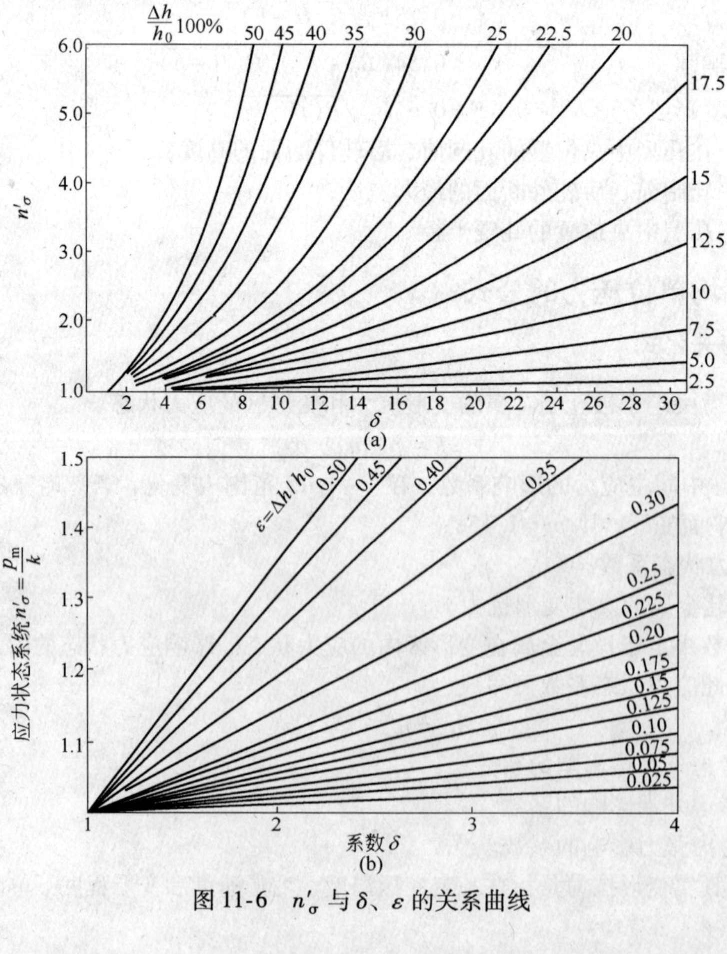

图 11-6 n'_{σ} 与 δ、ε 的关系曲线

11.3.1.2 外端影响系数 n''_σ 的确定

外端影响系数 n''_σ 的确定是比较困难的，因为外端对单位压力的影响是很复杂的。在一般轧制板带的情况下，外端影响可忽略不计。实验研究表明，当变形区 $l/\bar{h}>1$ 时，n''_σ 接近于 1，如在 $l/\bar{h}=1.5$ 时，n''_σ 不超过 1.04，而在 $l/\bar{h}=5$ 时，n''_σ 不超过 1.005。因此，在轧板带时，计算平均单位压力时可取 $n''_\sigma=1$，即不考虑外端的影响。

实验研究表明，对于轧制厚件，由于外端存在使轧件的表面变形引起的附加应力而使单位压力增大，故对于厚件当 $0.5<l/\bar{h}<1$ 时，可用经验公式计算 n''_σ 值，即

$$n''_\sigma=\left(\frac{l}{\bar{h}}\right)^{-0.4} \tag{11-10}$$

在孔型中轧制时，外端对平均单位压力的影响性质不变，可按图 11-7 上实验曲线查找。

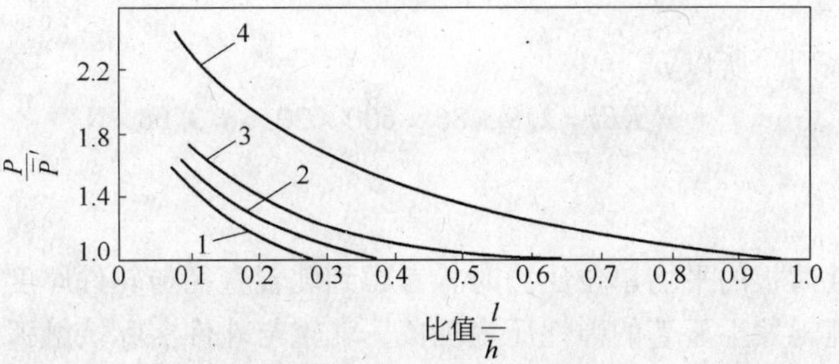

图 11-7 $l/\bar{h}$ 对 n''_σ 的影响

1—方形断面轧件；2—圆形断面；3—菱形轧件；4—矩形轧件

另外，根据试验资料，采利柯夫提出了如下外区影响系数 n''_σ 的计算公式：

$$n''_\sigma=1+2.6e^{-3(0.4+\frac{l}{h})^2} \tag{11-11}$$

11.3.1.3 张力影响系数 n'''_σ 的确定

当轧件前后张力较大时，如冷轧带钢，必须考虑张力对单位压力的影响。张力影响系数可用下式计算：

$$n'''_\sigma=1-\frac{\delta}{2K}\left(\frac{q_H}{\delta-1}+\frac{q_h}{\delta-1}\right) \tag{11-12}$$

在 $\delta=2fl/\Delta h\geqslant 10$ 时，上式可近似认为：

$$n'''_\sigma\approx 1-\frac{q_H+q_h}{2K} \tag{11-13}$$

q_h、q_H 分别为作用在轧件上的前、后张应力，即

$$q_h=\frac{Q_h}{bh},\quad q_H=\frac{Q_H}{BH}$$

式中 Q_h、Q_H ——作用在轧件上的前、后张力；

B、H——轧件轧制前的宽度和厚度；

b、h ——轧后的宽度和厚度；

K ——平面变形抗力。

当轧件无纵向外力作用时，$n'''_\sigma=1$，如纵向外力为推力时，Q_h、Q_H 取负值。

采利柯夫公式应用范围较广泛，可用于热轧，也可用于冷轧；可用于薄件轧制，也可用于厚件轧制。

例 11-1：在 $D=500$mm、轧辊材质为铸铁的轧机上轧制低碳钢板，轧制温度为 950℃，轧件尺寸 $H\times B=5.7\times 600$mm，$\Delta h=1.7$mm，$K=86$MPa，求轧制压力。

解：

$$f = 0.8 \times (1.05 - 0.0005t) = 0.8 \times (1.05 - 0.0005 \times 950) = 0.46$$

$$l = \sqrt{R\Delta h} = \sqrt{250 \times 1.7} = 20.6\text{mm}$$

$$\delta = \frac{2fl}{\Delta h} = \frac{2 \times 20.6 \times 0.46}{1.7} = 11$$

$$\varepsilon = \frac{\Delta h}{H} = \frac{1.7}{5.7} = 30\%$$

查图 11-6 得 $n'_\sigma = 2.9$，

因为$\frac{l}{\bar{h}} = \frac{20.6 \times 2}{5.7 + 4} = 4.2 > 1$，所以 $n''_\sigma = 1$

又因为无前后张力，所以 $n'''_\sigma = 1$。

所以 $$P = n'_\sigma KBl = 2.9 \times 86 \times 600 \times 20.6 = 3.08\text{MN}$$

11.3.2 斯通公式

斯通在研究冷轧薄板的平均单位压力时，考虑到轧辊直径与轧件厚度之比值很大，而且轧制单位压力很大，轧辊发生显著的弹性压扁现象，轧辊与轧件实际接触弧长度增大，因而可以近似将冷轧薄板看成轧件厚度为 $\bar{h}$ 的平行平板压缩。

直接给出计算平均单位压力的斯通公式：

$$\bar{p} = (\bar{K} - \bar{q})\left(\frac{e^{\frac{f \cdot l'}{\bar{h}}} - 1}{\frac{f \cdot l'}{\bar{h}}}\right) \tag{11-14}$$

应力状态系数 n'_σ 为

$$n'_\sigma = \frac{e^{\frac{f \cdot l'}{\bar{h}}} - 1}{\frac{f \cdot l'}{\bar{h}}} = \frac{e^x - 1}{x} \tag{11-15}$$

式中 $x = \frac{f \cdot l'}{\bar{h}}$，mm；

l'——考虑弹性压扁后的变形区长度，mm；

$\bar{K}$——平面变形抗力的平均值，$\bar{K} = 1.15\,\overline{\sigma_\varphi}$，MPa；

$\bar{p}$——平均单位压力，MPa；

$\overline{\sigma_\varphi}$——积累压下率的平均值 $\bar{\varepsilon}$ 在加工硬化曲线查出。

为了计算方便，表 11-2 给出了 $n'_\sigma = \frac{e^x - 1}{x}$之值，根据 x 便可从表中查出 n'_σ 值。

表 11-2 应力状态系数 $n'_\sigma = \frac{e^x - 1}{x}$的数值表

x	0	1	2	3	4	5	6	7	8	9
0.0	1.000	1.005	1.010	1.015	1.020	1.025	1.030	1.035	1.040	1.046
0.1	1.051	1.057	1.062	1.068	1.078	1.078	1.084	1.089	1.095	1.100
0.2	1.106	1.112	1.118	1.125	1.131	1.137	1.143	1.149	1.155	1.160
0.3	1.166	1.172	1.178	1.184	1.190	1.196	1.202	1.209	1.215	1.222
0.4	1.229	1.236	1.243	1.250	1.256	1.263	1.270	1.277	1.284	1.290
0.5	1.297	1.304	1.311	1.318	1.326	1.333	1.340	1.347	1.355	1.362

续表 11-2

x	0	1	2	3	4	5	6	7	8	9
0.6	1.370	1.378	1.336	1.393	1.401	1.409	1.417	1.425	1.433	1.442
0.7	1.450	1.458	1.467	1.475	1.483	1.491	1.499	1.508	1.517	1.525
0.8	1.533	1.541	1.550	1.558	1.567	1.577	1.586	1.595	1.604	1.613
0.9	1.623	1.632	1.642	1.651	1.661	1.670	1.681	1.690	1.700	1.710
1.0	1.719	1.729	1.739	1.749	1.750	1.770	1.780	1.790	1.800	1.810
1.1	1.820	1.830	1.840	1.850	1.860	1.871	1.884	1.896	1.908	1.920
1.2	1.935	1.945	1.957	1.968	1.978	1.990	2.001	2.013	2.025	2.037
1.3	2.049	2.062	2.075	2.088	2.100	2.113	2.126	2.140	2.152	2.1615
1.4	2.181	2.195	2.209	2.223	2.237	2.250	2.264	2.278	2.291	2.305
1.5	2.320	2.335	2.350	2.365	2.380	2.395	2.410	2.425	2.440	2.455
1.6	2.470	2.486	2.503	2.520	2.536	2.553	2.570	2.586	2.603	2.620
1.7	2.635	2.652	2.670	2.686	2.703	2.719	2.735	2.752	2.769	2.790
1.8	2.808	2.826	2.845	2.863	2.880	2.900	2.918	2.936	2.955	2.974
1.9	2.995	3.014	3.033	3.052	3.072	3.092	3.112	3.131	3.150	3.170
2.0	3.195	3.170	3.240	3.260	3.282	3.302	3.323	3.346	3.368	3.390
2.1	3.412	3.435	3.458	3.480	3.504	3.530	3.553	3.575	3.599	3.623
2.2	3.648	3.672	3.697	3.722	3.747	3.772	3.798	3.824	3.849	3.876
2.3	3.902	3.928	3.955	3.982	4.009	4.037	4.064	4.092	4.119	4.148
2.4	4.176	4.205	4.234	4.263	4.292	4.322	4.352	4.381	4.412	4.412
2.5	4.473	4.504	4.535	4.567	4.598	4.630	4.663	4.695	4.727	4.761
2.6	4.794	4.827	4.861	4.895	4.929	4.964	4.998	5.034	5.069	5.104
2.7	5.141	5.176	5.213	5.250	5.287	5.324	5.362	5.400	5.438	5.477
2.8	5.516	5.555	5.595	5.634	5.674	5.715	5.556	5.797	5.838	5.880
2.9	5.922	5.964	6.007	6.050	6.093	6.137	6.181	6.226	6.271	6.316

下面我们给出计算 x 的公式：

$$x^2=(e^x-1)y+z^2 \tag{11-16}$$

式中　$y=2a\dfrac{f}{\bar{h}}(\bar{K}-\bar{q})$，$z=\dfrac{f\cdot l}{\bar{h}}$，$a=cR$。

为了计算方便，将式（11-16）中的 x 与 y、z 的关系作成曲线图 11-8。

使用曲线图 11-18 和表 11-2 可使计算过程简化，其计算步骤如下：

（1）由已知条件计算出 $\bar{h}$、$\bar{q}$、l、f，再由该道次积累压下率 $\bar{\varepsilon}$ 的平均值由加工硬化曲线查出平均变形抗力 $\overline{\sigma_\varphi}$，并由 $\bar{K}=1.15\,\overline{\sigma_\varphi}$ 算出平面变形抗力的平均值 $\bar{K}$；

（2）计算出 y 和 z^2 的值，并在图 11-8 上将此两点连成一直线，与曲线之交点即所求 x 的值；

（3）由 $x=\dfrac{f\cdot l'}{\bar{h}}$ 算出弹性压扁后的接触弧长 l'，并由表 11-2 根据 x 值查出 $n'_\sigma=\dfrac{e^x-1}{x}$ 的值；

（4）由公式 11-14 算出平均单位压力 $\bar{p}$；

（5）由 $P=\bar{p}Bl'$ 计算轧制压力。

例 11-2：已知冷轧带钢 $H=1$mm，$h=0.7$mm，$\bar{K}=500$MPa，$\bar{q}=200$MPa，$f=0.05$，$B=120$mm，在 $D=200$ 的四辊轧机上轧制，求轧制压力 P。

解：

$$l=\sqrt{R\Delta h}=\sqrt{\frac{200}{2}\times(1-0.7)}=5.5\text{mm}$$

$$\bar{h}=\frac{1+0.7}{2}=0.85\text{mm}$$

$$z^2=\left(\frac{fl}{\bar{h}}\right)^2=\left(\frac{0.05\times5.5}{0.85}\right)^2=0.1$$

$$a=cR=1.1\times10^{-5}\times100=1.1\times10^{-3}\text{mm}^3/\text{N}$$

$$y = 2a\frac{f}{\bar{h}}(\bar{K} - \bar{q}) = 2 \times 1.1 \times 10^{-3} \times \frac{0.05}{0.85} \times (500 - 200) = 0.039$$

由图 11-8 查得 $x = \frac{f \cdot l'}{\bar{h}} = 0.34$。

由表 11-2 查得 $n'_\sigma = \frac{e^x - 1}{x} = 1.19$。

$$l' = 0.34\frac{\bar{h}}{f} = 0.34 \times \frac{0.85}{0.05} = 5.78\text{mm}$$

$$\bar{p} = (\bar{K} - \bar{q})n'_\sigma = (500 - 200) \times 1.19 = 357\text{MPa}$$

$$P = \bar{p}Bl' = 357 \times 120 \times 5.78 = 246 \times 10^3\text{N}$$

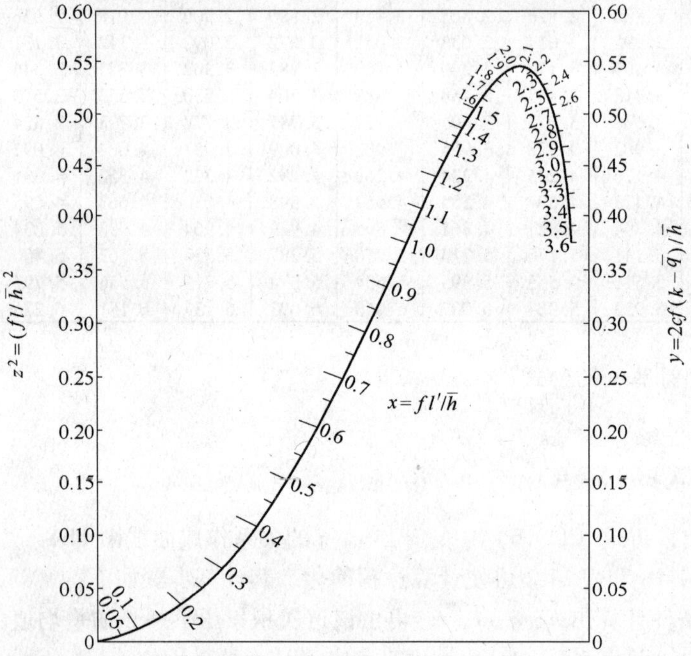

图 11-8　确定 $x = \frac{f \cdot l'}{\bar{h}}$ 的图表

11.3.3　西姆斯公式

西姆斯公式普遍用于热轧板带。直接给出计算平均单位压力的西姆斯公式：

$$\bar{p} = n'_\sigma K \tag{11-17}$$

式中　$n'_\sigma = \sqrt{\frac{1-\varepsilon}{\varepsilon}}\left(\frac{1}{2}\sqrt{\frac{R}{h}}\ln\frac{1}{1-\varepsilon} - \sqrt{\frac{R}{h}}\ln\frac{h_\gamma}{h} + \frac{\pi}{2}\arctan\sqrt{\frac{\varepsilon}{1-\varepsilon}}\right) - \frac{\pi}{4}$。

由西姆斯式（11-17）可知，应力状态系数 n'_σ 仅决定于相对压下量 ε 及比值 R/h。为了便于应用，将公式计算结果作成曲线，如图 11-9 所示。根据 R/h 和 ε 的值便可查出 n'_σ 值，从而就可求出平均单位压力和总压力。

另外，由于西姆斯公式比较复杂，因此很多学者在此基础上发表了西姆斯公式的简化形式，其中有

（1）志田茂公式：

$$n'_\sigma = 0.8 + (0.45\varepsilon + 0.04)\left(\sqrt{\frac{R}{H}} - 0.5\right)$$

（2）美坂佳助公式：

$$n'_\sigma = \frac{\pi}{4} + 0.25\frac{l}{h}$$

（3）克林特里公式：

$$n'_\sigma = 0.75 + 0.27\frac{l}{h}$$

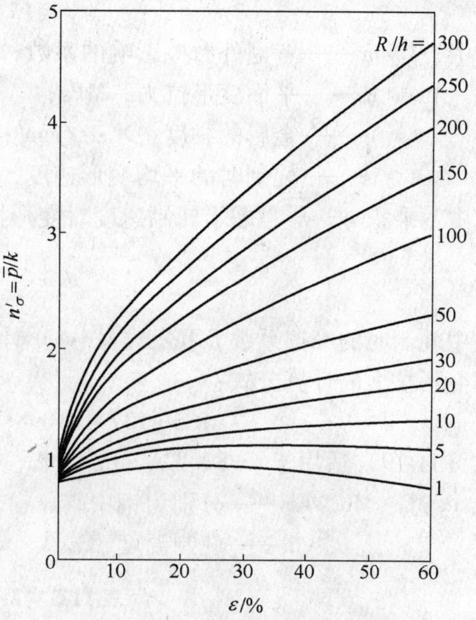

图 11-9 n'_σ 与 ε、R/h 的关系

例 11-3：在工作辊直径 $D=860$mm 的轧机上轧制低碳钢板，轧制温度 $t=1100$℃，轧前轧件厚度 $H=93$mm，轧后轧件厚度 $h=64.2$mm，板宽 $B=610$mm，此时轧件之 $\sigma_\varphi=80$MPa，求轧制力。

解：（1）用西姆斯公式计算：

$$K = 1.15\sigma_\varphi = 1.15\times 80 = 92\text{MPa}$$

$$\varepsilon = \frac{\Delta h}{H} = \frac{93-64.2}{93} = 30.9\%$$

$$l = \sqrt{R\Delta h} = \sqrt{430(93-64.2)} = 111$$

$$\frac{R}{h} = \frac{430}{64.2} = 6.7$$

由图 11-19 查得 $n'_\sigma = 1.1$

所以 $\bar{p} = n'_\sigma K = 1.1\times 92 = 101.2$ MPa

$$P = \bar{p}Bl' = 101.2\times 610\times 111 = 6852\text{kN}$$

（2）用志田茂公式计算：

$$n'_\sigma = 0.8 + (0.45\varepsilon + 0.04)\left(\sqrt{\frac{R}{H}} - 0.5\right)$$

$$= 0.8 + (0.45\times 0.309 + 0.04)\left(\sqrt{\frac{430}{93}} - 0.5\right) = 1.1$$

$$\bar{p} = n'_\sigma K = 1.1\times 92 = 100.8\text{MPa}$$

$$P = \bar{p}Bl' = 100.8\times 610\times 111 = 6824\text{kN}$$

（3）用美坂佳助公式计算：

$$n'_\sigma = \frac{\pi}{4} + 0.25\frac{l}{h} = \frac{\pi}{4} + 0.25\frac{111\times 2}{93+64.2} = 1.14$$

$$\bar{p} = n'_\sigma K = 1.14\times 92 = 104.7\text{MPa}$$

$$P = \bar{p}Bl' = 104.7\times 610\times 111 = 7089\text{kN}$$

（4）克林特里公式：

$$n'_\sigma = 0.75 + 0.27\frac{l}{h} = 0.75 + 0.27\frac{111\times 2}{93+64.2} = 1.13$$

$$\bar{p} = n'_\sigma K = 1.13\times 92 = 104.1\text{MPa}$$

$$P = \bar{p}Bl' = 104.1\times 610\times 111 = 7047\text{kN}$$

11.3.4 艾克隆德公式

艾克隆德公式是用于计算热轧时平均单位压力的半经验公式，该公式的形式为

$$\bar{p}=(1+m)(K+\eta\cdot\bar{\dot{\varepsilon}}) \tag{11-18}$$

式中 $1+m$——考虑外摩擦影响的系数；

K——平面变形抗力，MPa；

η——金属的黏度，$N\cdot s/mm^2$；

$\bar{\dot{\varepsilon}}$——轧制时的平均变形速度，s^{-1}。

式中，乘积 $\eta\cdot\bar{\dot{\varepsilon}}$ 考虑了轧制速度对变形抗力的影响。公式中的各项分别用如下公式计算。

$$m=\frac{1.6f\sqrt{R\Delta h}-1.2\Delta h}{H+h} \tag{11-19}$$

式中轧制时的摩擦系数 f 用公式（4-4）计算。艾克隆德利用实验数据得到如下无摩擦平面压缩变形抗力的计算公式：

$$K=(137-0.098t)(1.4+C+Mn+0.3Cr)\text{ MPa} \tag{11-20}$$

式（11-19）适用于 $t=800℃$、$Mn\leqslant1\%$、$Cr<2\%\sim3\%$ 的情况。

式中 C、Mn、Cr——分别为钢中碳、锰、铬的含量，%；

t——轧制温度，℃。

表 11-3 系数 c' 与轧制速度的关系

轧制速度 $v/m\cdot s^{-1}$	小于6	6~10	10~15	15~20
系数 c'	1	0.8	0.65	0.6

$$\eta=0.01(137-0.098t)\cdot c'\quad N\cdot s/mm^2 \tag{11-21}$$

式中，系数 c' 为轧制速度对 η 的影响系数，其数值如表 11-3 所示。

$$\bar{\dot{\varepsilon}}=\frac{2v\sqrt{\frac{\Delta h}{R}}}{H+h}\quad s^{-1} \tag{11-22}$$

艾克隆德公式发表于 1927 年，是最早的一个考虑各种因素对单位压力影响的公式，用于计算热轧低碳钢钢坯及型钢的轧制压力有比较正确的结果。但对轧制钢板和异型钢材，则不宜使用。

例 11-4：在 $D=530mm$、辊缝 $s=20.5mm$、轧辊转速 $n=100r/min$ 的箱形孔型中轧制 45 号钢，轧件尺寸为 $H\times B=202.5\times174mm$，$h\times b=173.5\times176mm$，轧制温度 1120℃，钢轧辊，求轧制压力。

解：$R=\frac{1}{2}(D-h+s)=\frac{1}{2}(530-173.5+20.5)=188.5mm$

$\Delta h=H-h=202.5-173.5=29mm$

$l=\sqrt{R\Delta h}=\sqrt{188.5\times29}=74mm$

$F=\frac{B+b}{2}l=\frac{174+176}{2}\times74=12950mm^2$

$v=\frac{\pi Dn}{60}=\frac{3.14\times2\times188.5\times100}{60}=1.97m/s$

$f=1.05-0.0005\times1120=0.49$

$m=\frac{1.6fl-1.2\Delta h}{H+h}=\frac{1.6\times0.49\times74-1.2\times29}{202.5+173.5}=0.06$

$K=(137-0.098\times1120)(1.4+0.45+0.5)=64MPa$

$$\eta = 0.01 \times (137 - 0.098 \times 1120) = 0.27\text{N} \cdot \text{s/mm}^2$$

$$\bar{\dot{\varepsilon}} = \frac{2 \times 1.97\sqrt{\frac{29}{188.5}} \times 10^3}{202.5 + 173.5} = 4.1\text{s}^{-1}$$

$$\bar{p} = (1+m)(K + \eta \cdot \bar{\dot{\varepsilon}}) = (1+0.06)(64 + 0.27 \times 4.1) = 69\text{MPa}$$

$$P = \bar{p}F = 69 \times 12950 = 894 \times 10^3\text{N}$$

11.3.5 计算平均单位压力的其他公式

11.3.5.1 适用于初轧条件的平均单位压力公式

在初轧条件下，由于轧件厚度很大，大部分轧制道次 $l/\bar{h} < 1$。在这种情况下，外区对单位压力的影响是主要的，而外摩擦的影响可以忽略。我国学者赵志业用滑移线方法得出如下适用于计算初轧时的平均单位压力公式

$$\bar{p} = K\left(0.14 + 0.43\frac{l}{\bar{h}} + 0.43\frac{\bar{h}}{l}\right) \qquad 1 \geqslant \frac{l}{\bar{h}} > 0.35$$

和

$$\bar{p} = K\left(1.6 - 1.5\frac{l}{\bar{h}} + 0.14\frac{\bar{h}}{l}\right) \qquad \frac{l}{\bar{h}} < 0.35 \tag{11-23}$$

用上式计算出的结果与采利柯夫提出的公式计算结果相近。

11.3.5.2 在简单断面孔型中轧制时的平均单位压力

目前尚缺乏准确计算孔型中轧制时的平均单位压力公式。一般都按平均高度法把轧制前、后的轧件断面积化为矩形，然后再按平辊轧矩形断面轧件的平均单位压力公式来计算，常用的有艾克隆德平均单位压力公式（11-18）。此外，日本学者斋藤推荐用下列公式计算孔型中轧制时的平均单位压力：

$$\bar{p} = m\sigma_{\varphi}\left(0.75 + 0.25\frac{l}{\bar{h}}\right) \qquad \frac{l}{\bar{h}} > 1$$

和

$$\bar{p} = m\sigma_{\varphi}\left(0.75 + 0.25\frac{l}{\bar{h}}\right) \qquad \frac{l}{\bar{h}} < 1 \tag{11-24}$$

由于孔型中轧制时宽展很明显，中间主应力影响系数 $m = 1 \sim 1.15$。l 和 $\bar{h}$ 的值均用平均高度法按平辊轧矩形断面轧件来确定。

对于异型孔型中轧制，目前仍借助于实验数据，用平均高度法按平辊轧矩形断面轧件来计算，然后乘以考虑孔型形状影响的修正系数 n_k。或者把异型断面分为几个简单断面，分别按简单断面来计算单位压力，然后考虑金属整体性而引起的附加应力来加以修正。

11.3.6 按实验法确定轧制力

直接在轧机上测定各种条件下的轧制力，从而制成曲线。这种方法无论在实验中或在生产中都在一定程度上得到广泛应用。

用以测量轧制力的方法主要有两种：液压法及电测法。此外，也可通过测量轧机牌坊立柱的弹性变形之程度来测知轧辊所承受的压力。常见的测压方法有下列两种。

11.3.6.1 用电阻应变仪测压

测压仪由压头（或称压力传感器、转换器）和电阻应变仪两部分组成，压头贴有电阻片，装在工作机座的压下螺丝下面，轧制时压头受压后产生应变，使电阻片阻值发生变化，应变仪将阻值变化转换成电流大小不同的信号，从而显示出轧制力的大小。

11. 3. 6. 2　辊面上安装测压仪

将电阻应变式测压仪嵌在轧辊表面预先钻好的小孔内，测压仪工作面与轧辊表面平齐，轧件通过轧辊时，测压仪就记录下受压力的数据。

电阻应变仪的测量原理是：电阻应变片贴在压头上，当压头受力变形时它也相应随之变形，因而电阻便发生变化，这变化尽管很小，经放大后以电流的形式输送给示波器进行示波照相。一定的力相应的便有一定的电量变化，便可以知道力的大小。

此外，还有用水银测压计也可以测得轧制压力。这里就不详述了。

11. 4　影响轧制压力的因素

由轧制压力计算公式 $P=\bar{p}\cdot F$ 可知，轧制力的大小主要由轧制时的平均单位压力和接触面积来决定。因此，各种因素对轧制力的影响可通过对这两方面的影响来分析。值得注意的是，实际的轧制变形是极为复杂的，各种对轧制力的影响因素往往是同时对这两个方面均有影响。

下面分析各种因素对轧制力的影响。

11. 4. 1　轧件材质的影响

轧件材质对平均单位压力的影响如第 5 章第 3 节所述，材质不同，变形抗力也不同。含碳量高或合金成分高的材料，因其变形抗力大，轧制时平均单位压力也大，轧制压力也就大。

11. 4. 2　轧件温度的影响

轧制温度对碳素钢轧制压力的影响不是一条曲线所能表达清楚的。轧制温度高，一般来说轧制压力小，但仔细来说，在整个温度区域中，200 ~ 400℃时轧制压力随温度升高而下降，400 ~ 600℃时轧制压力随温度升高而升高，600 ~ 1300℃时轧制压力随温度升高而下降，如图 11-10 所示。

11. 4. 3　变形速度的影响

根据一些实验曲线，如图 11-11 所示可以得出，低碳钢在 400℃以下冷轧时，变形速度对抗

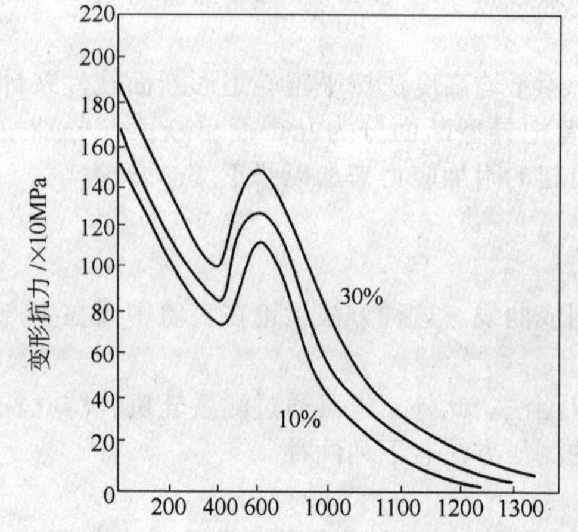

图 11-10　轧制温度与相对压下量对变形抗力的影响

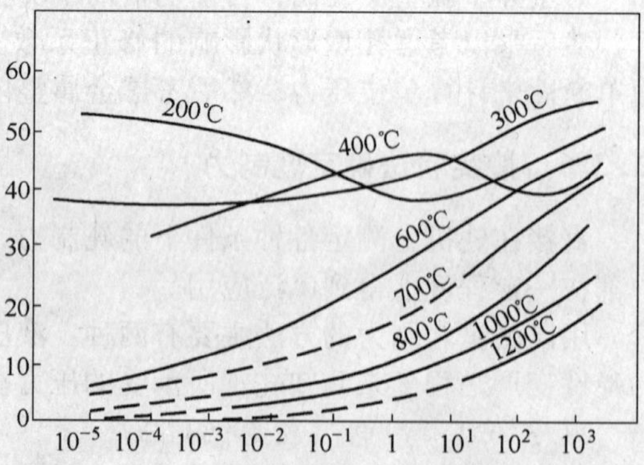

图 11-11　在不同温度下变形速度对低碳钢强度极限的影响

拉强度影响不大，而在热轧时却影响极大，型钢热轧时变形速度一般在 10～100s^{-1}之间，与静载变形（变形速度为 $10^{-4}s^{-1}$）相比，抗拉强度高出 5～7 倍。因此，热轧时，随轧制速度增加变形抗力有所增加，平均单位压力将增加，故轧制压力增加。

11.4.4 外摩擦的影响

轧辊与轧件间的摩擦力越大，轧制时金属流动阻力越大，平均单位压力越大，需要的轧制压力也越大。在表面光滑的轧辊上轧制比表面粗糙的轧辊上轧制时所需要的轧制压力小，其实验数据见图 11-12。

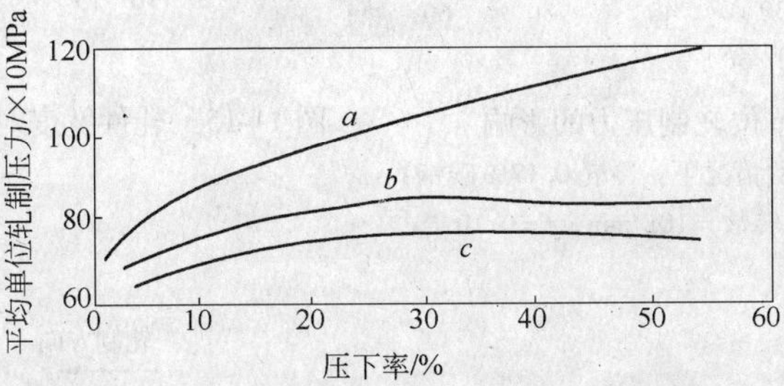

图 11-12 摩擦系数对平均轧制压力的影响（用铬钢轧辊轧制 0.17% 碳钢时）

$h_1 = 2mm$，$b_1 = 30mm$，$D = 184.8mm$，轧辊转数 = 36r/min

a—$f = 0.15$，人为使轧辊表面粗糙，无润滑时；b—$f = 0.09～0.11$，轧辊表面光滑，无润滑时；

c—$f = 0.07$，轧辊表面光滑且进行润滑时

外摩擦的影响主要表现在两个方面，其一为摩擦系数的影响，摩擦系数愈大，则附加变形抗力愈大。其次是变形区形状的影响。因为轧制时接触面上产生的摩擦力，不仅作用在表面上，而且通过金属的质点传递到整个体积中去。如果轧件较高，则摩擦力的影响达不到中间，所以中间部分受到的限制就小，因而附加抗力就小，相反，如果轧件很薄，则摩擦力的作用向中间逐渐增强，因而附加抗力增大，如图 11-13 所示。由此可以认为，附加抗力与轧件厚度成反比。当厚度一定时，接触面愈大，则金属在变形区中部附近受到的阻力愈大。

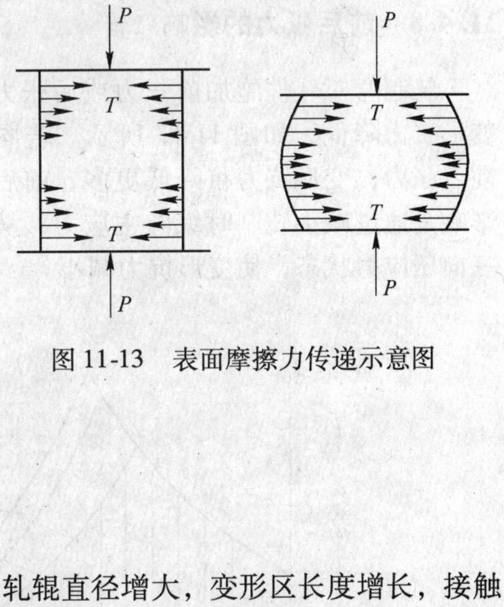

图 11-13 表面摩擦力传递示意图

11.4.5 轧辊直径的影响

轧辊直径对轧制压力的影响通过两方面起作用，当轧辊直径增大，变形区长度增长，接触面积增大，导致轧制压力增大。另一方面由于变形区长度增大，金属流动摩擦阻力增大，在长向上的压应力 σ_1 增强，使得三向压应力状态强烈，变形抗力增大，造成平均单位压力增大，如图 11-14 所示，所以轧制压力也增大。

11.4.6 轧件宽度的影响

轧件越宽对轧制压力的影响也越大。轧件越宽，接触面积增加，轧制压力增大；轧件宽度对单位压力的影响一般是宽度增大，平均单位压力增大，但当宽度增大到一定程度以后，平均单位压力不再受轧件宽度的影响。如图 11-15 所示。

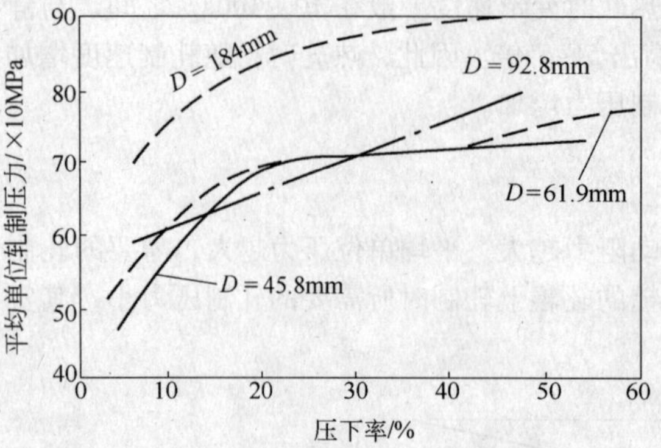

图 11-14　轧辊直径对单位轧制压力的影响
（用研磨过的铬钢轧辊在无润滑的情况下，冷轧 0.17% 碳钢）
$h_1 = 2\text{mm}$，$b_1 = 30\text{mm}$，轧辊转数 = 10r/min，$f = 0.10$

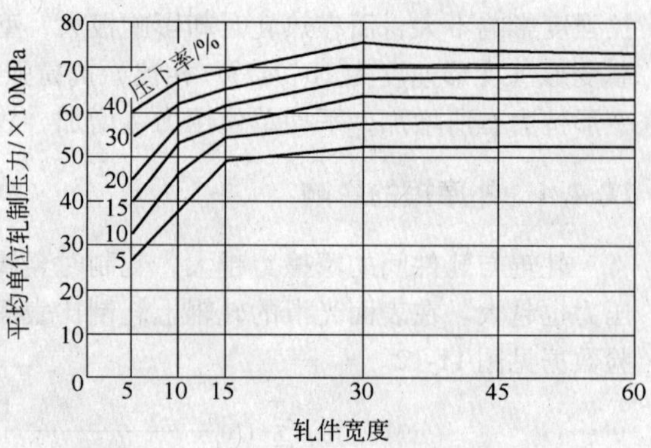

图 11-15　轧件宽度对平均单位轧制压力的影响

11.4.7　压下率的影响

压下率愈大，轧辊与轧件接触面积愈大，轧制压力增大；同时随着压下量的增加，变形抗力增大，造成平均单位压力也增大，轧制压力增大。如图 11-16 所示。

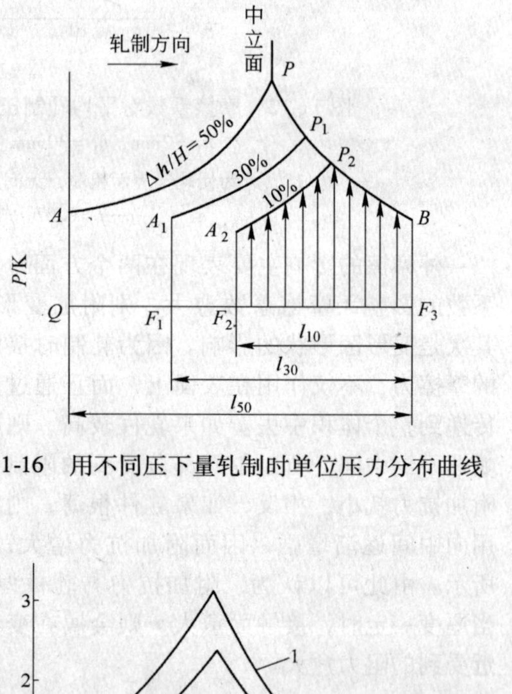

图 11-16　用不同压下量轧制时单位压力分布曲线

11.4.8　前后张力的影响

轧制时对轧件施加前张力或后张力，均使变形抗力降低，如图 11-17 所示。若同时施加前后张力，变形抗力将降低更多，前后张力的影响是通过减小轧制时纵向主应力，从而减弱三向压应力状态，使变形抗力减小。

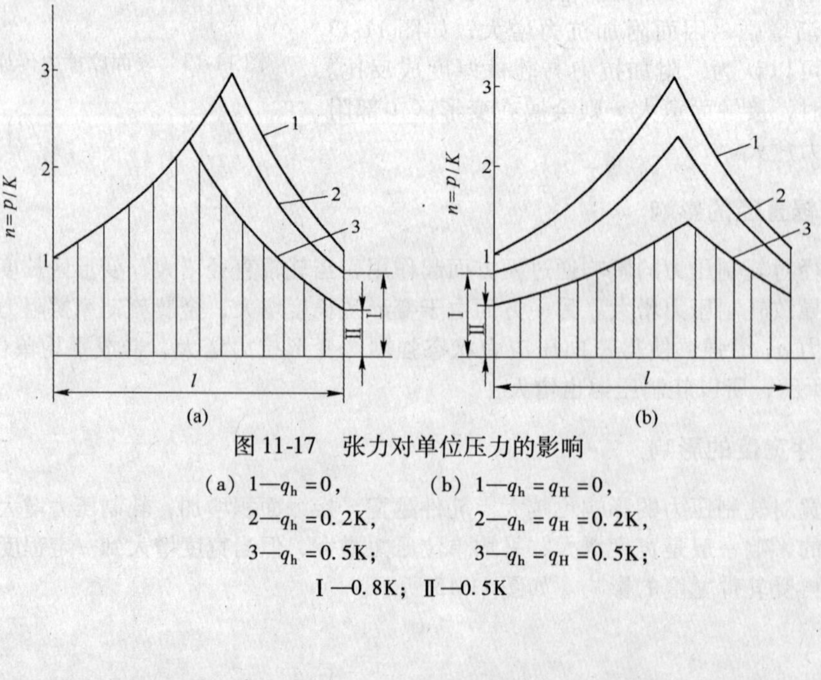

图 11-17　张力对单位压力的影响

（a）1—$q_h = 0$，　　（b）1—$q_h = q_H = 0$，

2—$q_h = 0.2K$，　　2—$q_h = q_H = 0.2K$，

3—$q_h = 0.5K$；　　3—$q_h = q_H = 0.5K$；

Ⅰ—0.8K；Ⅱ—0.5K

习　题

11-1　轧制压力的概念和确定。

11-2　金属与轧辊的接触面积是如何确定的?

11-3　轧制过程中对轧制压力影响的因素有哪些?

11-4　轧件材质、轧件温度是如何影响轧制压力大小的?

11-5　变形速度、外摩擦是如何影响轧制压力大小的?

11-6　压下率、前后张力对轧制压力有什么影响?

12 轧制力矩及功率

12.1 辊系受力分析与轧制力矩

12.1.1 简单轧制过程

简单轧制情况下，作用于轧辊上的合力方向，如图 12-1 所示，即轧件给轧辊的合压力 P 的方向与两轧辊连心线平行，上下辊的 P 力大小相等、方向相反。

此时转动一个轧辊所需力矩，应为力 P 和它对轧辊轴线力臂 a 的乘积，即

$$M_1 = P \cdot a \tag{12-1}$$

或

$$M_1 = P\frac{D}{2}\sin\varphi \tag{12-2}$$

式中 φ——合压力 P 作用点对应的圆心角。

转动两个轧辊所需的力矩为

$$M_Z = 2P \cdot a \tag{12-3}$$

式中 a——力臂，$a = \frac{D}{2}\sin\varphi$。

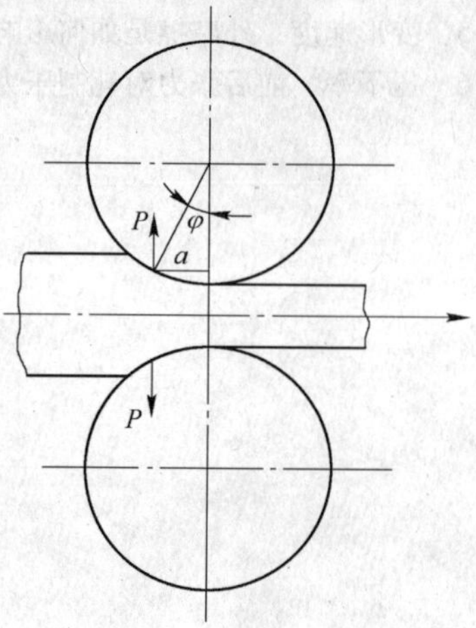

图 12-1 简单轧制时作用于轧辊上力的方向

如果要考虑轧辊轴承中不可避免的摩擦损失时，转动轧辊所需力矩将会增大。其值为

$$M = 2P(a + \rho) \quad 或 \quad M = P(D\sin\varphi + f_1 d) \tag{12-4}$$

式中 d——轧辊辊径直径；

f_1——轧辊轴承中的摩擦系数。

在实际生产中，要保持轧件给轧辊的合压力成垂直方向的简单轧制过程条件，并不是永远都具备的，而多见于非简单轧制的条件。下面讨论的几种常见的典型轧制过程，就是轧件对轧辊的合压力方向与铅垂方向偏离的。

12.1.2 单辊驱动的轧制过程

单辊驱动（见图 12-2）通常用于叠轧薄板轧机。此外，当二辊驱动轧制时，一个轧辊的传动轴损坏，或者两辊单独驱动，其中一个电机发生故障时都可能产生这种情况。

由于作用在轧件上的力只来自轧辊与轧辊的匀速运动条件，显然轧件给上轧辊的合力 P_1 应与给下轧辊的合力 P_2 相互平衡。这种平衡只有当 P_1 与 P_2 的大小相等、方向相反且在同一直线上的情况下才有可能。

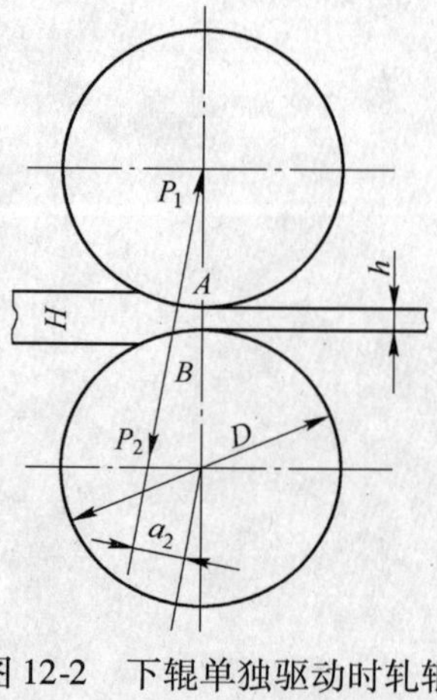

图 12-2 下辊单独驱动时轧辊上作用力的方向

由上述的分析可得出结论：如果只有一个轧辊被驱动，而另一个轧辊仅靠轧件或与轧辊间的摩擦力转动时，则轧件给轧辊的两个合压力彼此相等（$P_1 = P_2 = P$），并且在一条直线上，

但直线并非垂直方向。被动辊上的合力方向指向其轴心，主动辊上的合力方向则通过被动辊中心及金属给轧辊的合压力作用点的直线上。

因此，上轧辊的力臂 $a_1=0$，故 $M_1=0$。

下轧辊，即主动辊，其转动所需之力矩等于力 P 与力臂 a_2 的乘积，即

$$M_2=Pa_2 \quad 或 \quad M_2=P(D+h)\sin\varphi \tag{12-5}$$

12.1.3　具有张力作用时的轧制过程

假定轧制进行的一切条件与简单轧制过程相同，只是在轧件入口及出口处作用有张力 Q_H、Q_h。如图 12-3 所示。

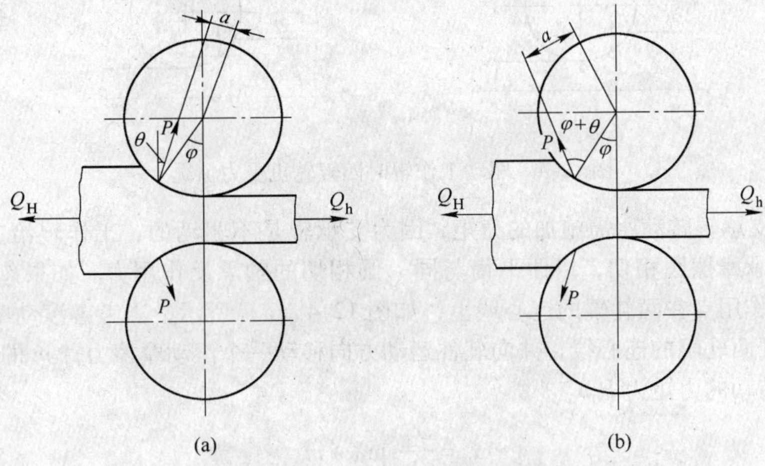

图 12-3　有张力时轧辊上作用力的方向

如果前张力 Q_h 大于后张力 Q_H，此时作用于轧件上的所有力为了达到平衡，轧辊对轧件合压力的水平分量之和必须等于两个张力之差，即

$$2P\sin\theta=Q_h-Q_H \tag{12-6}$$

由此可以看出，在轧件上作用有张力轧制时，只有当 $Q_H=Q_h$ 时，轧件给轧辊的合压力 P 才是垂直的，在大多数情况下 $Q_h\neq Q_H$，因而合压力的水平分量不可能为零，当 $Q_h>Q_H$ 时，轧件给轧辊的合压力 P 朝轧制方向偏斜一个 θ 角，如图 12-3（a）所示；当 $Q_h<Q_H$ 时，则 P 力向轧制的反方向偏斜一个 θ 角，θ 角可根据式（12-6）求出

$$\theta=\arcsin\frac{Q_h-Q_H}{2P} \tag{12-7}$$

可以看出，此时（即当 $Q_h>Q_H$ 时），转动两个轧辊所需力矩（轧制力矩）为

$$M=2Pa=PD\sin(\varphi-\theta) \tag{12-8}$$

由上式也可看出，随 θ 角的增加，转动两个轧辊所需的力矩减小，当 θ 角增加到 $\theta=\varphi$ 时，则 $M=0$，在此情况下力 P 通过轧辊中心，且整个轧制过程仅靠前张力（更确切些是靠 Q_h-Q_H 的值）来完成的。也即相当于空转辊组成的拉拔过程了。

12.1.4　四辊轧机轧制过程

四辊式轧机辊系受力情况有两种，即由主电机驱动两个工作辊或由主电机驱动两个支承辊。下面仅研究驱动两个工作辊的受力情况。

如图 12-4 所示，工作辊要克服下列力矩才能转动。首先为轧制力矩，它与二辊式情况下完全相同，是以总压力 P 与力臂 a 之乘积确定，即 Pa。

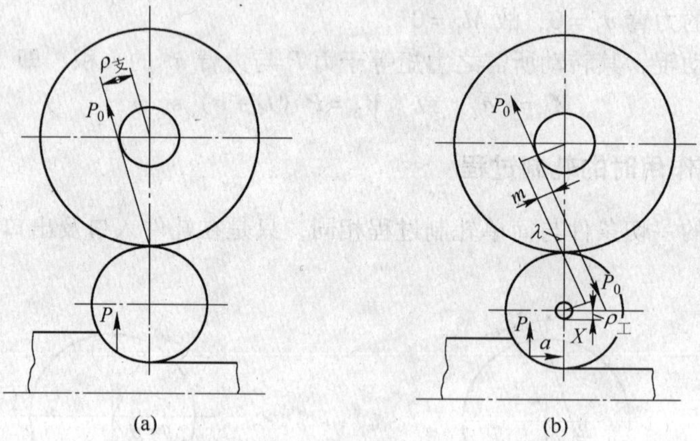

图 12-4　驱动工作辊时四辊轧机受力情况

其次为使支承辊转动所需施加的力矩，因为支承辊是不驱动的，工作辊给支承辊的合压力 P_0 应与其轴承摩擦圆相切，以便平衡与同一圆相切的轴承反作用力。如果忽略滚动摩擦，可以认为 P_0 的作用点在两轧辊的连心线上，如图 12-4（a）所示，当考虑滚动摩擦时，力 P_0 的作用点将离开两轧辊的连心线，并向轧件运动方向移动一个滚动摩擦力臂 m 的数值。

使支承辊转动的力矩为 $P_0 a_0$

而
$$a_0 = \frac{D_{工}}{2}\sin\lambda + m$$

式中　$D_{工}$——工作轧辊辊身直径；

λ —— P_0 力与轧辊连心线之间的夹角；

m ——滚动摩擦力臂，一般 $m = 0.1 \sim 0.3\text{mm}$。

$$\sin\lambda = \frac{\rho_{支} + m}{\frac{D_{支}}{2}}$$

式中　$D_{支}$——支撑辊辊身直径；

ρ ——支撑辊轴承摩擦圆半径。

所以

$$P_0 a_0 = P_0\left(\frac{D_{支}}{2}\sin\lambda + m\right) = P_0\left[\frac{D_{工}}{D_{支}}\rho_{支} + m\left(1 + \frac{D_{工}}{D_{支}}\right)\right] \tag{12-9}$$

式中的第一项相当于支撑辊轴承中的摩擦损失，第二项是工作辊沿支撑辊滚动的摩擦损失。另外，消耗在工作辊轴承中的摩擦力矩为工作辊轴承支反力 X 与工作辊摩擦圆半径 $\rho_{工}$ 的乘积。因为工作辊靠在支撑辊上，且其轴承具有垂直的导向装置，轴承反力应是水平方向的，用 X 表示。

从工作辊的平衡条件考虑，P、P_0 和 X 三力之间的关系可用力三角形图示确定出来，即

$$P_0 = \frac{P}{\cos\lambda}$$

$$X = P\tan\lambda$$

显然，要使工作辊转动，施加的力矩必须克服上述三方面的力矩，即

$$M = Pa + P_0 a_0 + X\rho_{\text{工}} \tag{12-10}$$

12.2　轧制时传递到主电机上的各种力矩

12.2.1　轧制时的功能消耗

轧制时的功能消耗由以下四部分所组成：

（1）轧制功或称变形功 A_z。即用于克服金属的变形抗力和克服变形过程中金属与辊面间摩擦所消耗之功，后者为伴随金属变形过程所不可避免的消耗。

（2）附加摩擦功 A_f。它由以下两部分所组成，即

A_{f1}——在轧制压力的作用下，消耗于克服辊颈与轴承间的摩擦功；

A_{f2}——轧制时在机列中所消耗的功，即传动系统中的损失。

按以上所述不难看出，所谓的附加摩擦功乃为仅存在于轧制瞬间的机械损失，而不存在于轧机的空转过程之中。

（3）空转功 A_k。即在非轧制时间内，机列空转所消耗的机械摩擦功（包括空气的摩擦阻力）。

（4）动力功 A_d。克服轧辊不均匀转动时的惯性力所消耗的功，在轧辊转速不变的轧制过程中，$A_d = 0$。

12.2.2　轧制时的各种力矩

根据动力学可知，在转动的条件下，功（A），转矩（M）与角位移（θ）之间的关系为：

$$A = M\theta \tag{12-11}$$

因此轧制时，主电机所付出的力矩，必须克服以下反抗力矩，轧制过程才能正常进行。

与上述的功消耗所相对应的各种力矩是：

（1）轧制力矩 M_z。为克服轧件的变形抗力及轧件与辊面间的摩擦所需的力矩。

（2）附加摩擦力矩 M_f。亦由两部分所组成，即

M_{f1}——在轧制压力作用下，发生于辊颈轴承中的附加摩擦力矩。

M_{f2}、M_{f3}——轧制时由于机械效率的影响，在机列中所损失的力矩。

（3）空转力矩 M_k。仅在于轧机空转时间内的摩擦损失。

（4）动力矩 M_d。克服轧辊及机列不均匀转动时之惯性力所需的力矩，对不带飞轮或轧制时不进行调速的轧机，$M_d = 0$。

由此，主电机所输出的力矩为：

$$M_{\text{电}} = \frac{M_z}{i} + M_f + M_k + M_d \tag{12-12}$$

12.2.3　静力矩 M_j 与轧制效率 η

12.2.3.1　静力矩 M_j

主电机轴上的轧制力矩、附加摩擦力矩与空转力矩三项之和称为静力矩 M_j。M_k 与 M_f 为已归并到主机轴上的力矩。M_z 则为轧辊轴线上的力矩，若换算到电机轴上，需除以减速比 i，即：

$$M_j = \frac{M_z}{i} + M_f + M_k \tag{12-13}$$

12.2.3.2　轧制效率 η

静力矩是任何轧机工作所不可缺少的，它是轧辊做匀速转动时所需的力矩。一般情况下，三者之中的轧制力矩为最大，只有在个别情况下（如二辊叠轧薄板轧机），才有可能发生附加摩擦力矩大于轧制力矩的现象。上述三项力矩中仅有轧制力矩直接用于使金属产生塑性变形，可认为是有用的力矩，而附加摩擦力矩和空转力矩皆为伴随轧制过程而发生的不可避免的损失。故轧制力矩（换算到主电机轴上的）与静力矩之比，称为轧制效率，即：

$$\eta = \frac{\frac{M_z}{i}}{\frac{M_z}{i} + M_f + M_k} \tag{12-14}$$

对不同类型的轧机，上述效率波动于很宽的范围内，这主要以轧制方式，设备结构，轴承形式等设备条件而定，通常约为：

$$\eta = 0.5 \sim 0.95$$

对轧辊而言，轧制力矩与发生于轧辊轴承中的附加摩擦力矩之和称为辊径上之扭矩，即为 $M_z + M_{f1}$。

12.3　各种力矩的计算

轧制时为克服各种反抗力矩，主电机轴上所必须付出的各种力矩计算方法如下。

12.3.1　轧制力矩

12.3.1.1　按金属对轧辊的作用力计算轧制力矩

简单轧制条件下，轧制压力 P 的作用方向，如图 12-1 所示，故为使金属变形，轧辊轴线上的（轧制力矩）应为：

$$M_z = 2Pa \quad 或 \quad M_z = PD\sin\varphi \tag{12-15}$$

如换算到主电机轴上，则需除以减速比 i。

式中　a——轧制力 P 与轧辊中心连线 O_1O_2 间距离，即轧制力臂；

φ——轧制压力作用点与连线 O_1O_2 所夹的圆心角；

i——传动装置的减速比。

上述圆心角 φ 与咬入角 α 的比值，称为轧制力作用位置系数 ψ，为简化轧制力臂的计算，通常近似认为：

$$\psi = \frac{\varphi}{\alpha} \approx \frac{a}{l}$$

故

$$a = \varphi \cdot l = \varphi\sqrt{R\Delta h} \tag{12-16}$$

将式（12-16）代入到式（12-15）中得到计算轧制力矩的公式为

$$M_z = 2P\psi\sqrt{R\Delta h} \quad 或 \quad M_z = 2\psi\bar{p} \cdot \bar{b} \cdot R\Delta h \tag{12-17}$$

轧制压力作用位置系数 ψ 值，见表 12-1 和表 12-2。

12.3.1.2　按能耗曲线确定轧制力矩

在许多情况下按轧制时的能耗曲线确定轧制力矩是比较方便的，因为在这方面积累了许多实验资料，如果轧制条件相同时，其计算结果也比较可靠。例如在轧制非矩形断面时，由于确定接触面积和平均单位压力比较复杂，就常用这种方法来计算轧制力矩。

表 12-1 热轧时的力臂系数

轧 制 条 件	系 数 ψ
热轧厚度较大时	0.5
热轧薄板	0.42 ~ 0.45
热轧方断面	0.5
热轧圆断面	0.6
在闭口孔型中轧制	0.7
在连续式板带材轧机第一架轧机上	0.48
在连续式板带材轧机最后一架轧机上	0.39

表 12-2 冷轧时的力臂系数的取值

轧件材质	厚度 H/mm	轧辊表面状态	系数 ψ
碳钢[$w(c)$]：0.2%	2.54	磨光表面	0.40
0.2%	2.54	普通光表面	0.32
0.2%	2.54	普通光表面无润滑	0.33
0.11%	1.88	磨光表面	0.36
0.07%	1.65	磨光表面	0.35
高强度铜	2.54	磨光表面	0.40
高强度铜	1.27	普通光表面	0.40
高强度铜	1.9	普通光表面	0.32
高强度铜	2.54	普通光表面	0.33

在一定的轧机上由一定规格的坯料轧制产品时，随着轧制道次的增加轧件的延伸系数增大。根据实测数据，按轧材在各轧制道次后得到的总延伸系数和1t轧件由该道次轧出后累积消耗的轧制能量所建立的曲线，称为能耗曲线。

轧制所消耗的功 A（kW · s）与轧制力矩 M 之间的关系为

$$M = \frac{A}{\theta} = \frac{A}{\omega \cdot t} = \frac{AR}{vt} \tag{12-18}$$

式中 θ——轧件通过轧辊期间轧辊的转角

$$\theta = \omega \cdot t = \frac{v}{R}t \tag{12-19}$$

ω——角速度；
t——时间；
R——轧辊半径；
v——轧辊圆周速度。

利用能耗曲线确定轧制力矩，其单位能耗曲线对于型钢和钢坯等轧制时一般表示为每吨产品的能耗与累积延伸系数的关系，如图 12-5 所示。而对于板带材轧制一般表示为每吨产品的能量消耗与板带厚度的关系，如图 12-6 所示。第 $n+1$ 道次的单位能耗为（$a_{n+1} - a_n$），如轧件质量为 G，则该道次之总能耗为

$$A = (a_{n+1} - a_n)G \quad \text{kW} \cdot \text{h} \tag{12-20}$$

因为轧制时的能量消耗一般是按电机负荷测量的，故按上述曲线确定的能耗包括轧辊轴承及传动机构中的附加摩擦损耗。但除去了轧机的空转损耗，并且不包括与动力矩相对应的动负荷的能耗。因此，按能量消耗确定的力矩是轧制力矩 M_z 和附加摩擦力矩 M_f 之总和。

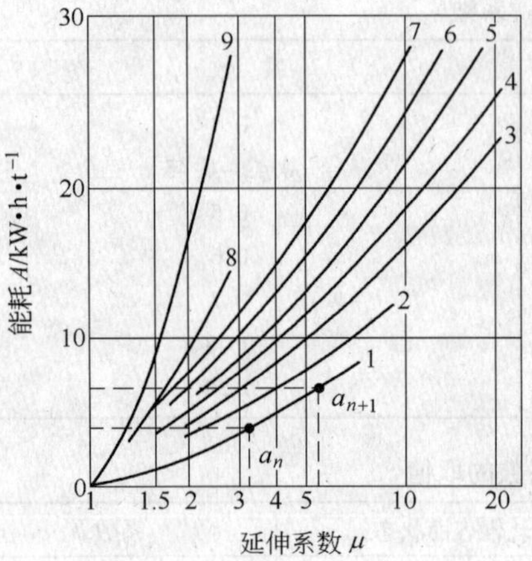

图 12-5　开坯、型钢和钢管轧机的典型能耗曲线

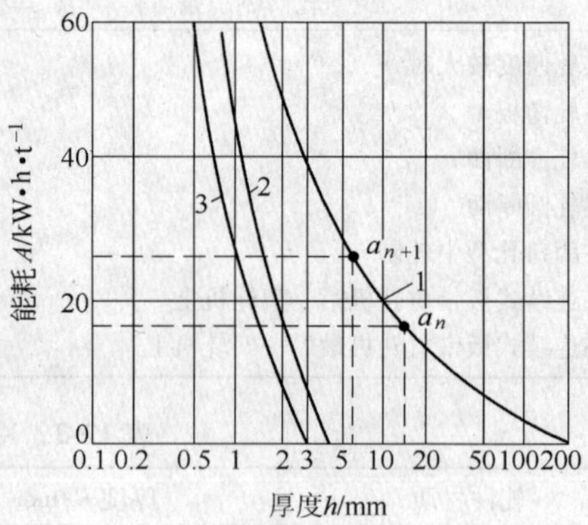

图 12-6　板带钢轧机的典型能耗曲线

根据式（12-18）和式（12-20）推导得

$$\frac{M_z}{i}+M_f=1.8\ (a_{n+1}-a_n)\ (1+S_h)\ G\cdot\frac{D}{L_1}\quad \text{MN}\cdot\text{m} \tag{12-21}$$

如果用轧件断面积和密度来表示 G/L_1 值时，且取钢的密度 $\gamma=7.8\text{t/m}^3$，在忽略前滑 S_h 的影响时，则

$$\frac{M_z}{i}+M_f=1.323\ (a_{n+1}-a_n)\ F_n\cdot D\quad \text{MN}\cdot\text{m} \tag{12-22}$$

式中　F_n ——该道次轧后的轧件断面积，m^2。

如果能耗曲线单位能耗为马力·小时/吨［（hp·h）/t］，则有

$$\frac{M_z}{i}+M_f=1.323\ (a_{n+1}-a_n)\ (1+S_h)\ G\cdot\frac{D}{L_1}\quad \text{MN}\cdot\text{m}$$

或

$$\frac{M_z}{i}+M_f=10.32\ (a_{n+1}-a_n)\ F_h\cdot D\quad \text{MN}\cdot\text{m} \tag{12-23}$$

由于能耗曲线是在一定轧机、一定温度和一定速度条件下，对一定规格的产品和钢种测得的。因此，在实际计算时，必须根据具体的轧制条件选取合适的曲线。在选取时，通常要注意下述几个方面的问题：

（1）轧机的结构及轴承的形式应该相似。如用同样的金属坯料，轧制相同的断面产品，在连续式的轧机上，单位能耗较横列式的轧机上小；在使用滚动轴承的轧机上单位能耗较使用普通滑动轴承的轧机上低 10%～60%。

（2）选取的能耗曲线的轧制温度及其轧制过程应该接近。因为轧制温度对轧制压力的影响很大。

（3）曲线对应的坯料原始断面积尺寸，应与轧制的坯料相同或接近。在热轧时，曲线对应的坯料断面尺寸，可大于所需轧制的坯料断面尺寸。

（4）曲线对应的产品种类和最终断面尺寸，应与需要轧制时的产品相同或接近。如在断面尺寸和延伸系数相同的条件下，轧制钢轨消耗的能量较轧制圆钢和方钢的大。因为在异型孔型中轧制时，金属与轧制表面的摩擦损失大，轧件的不均匀变形要消耗附加能量，并且钢轨的表面积大，热量散失和温降较圆钢和方钢大。

（5）曲线对应的合金种类应与欲轧制的合金种类相同或相近，以保证金属变形时的变形

抗力值相近。如一般的碳钢与合金钢的变形抗力是有很大差异的。

（6）对于冷轧的情况，曲线对应的工艺润滑条件、张力数值等应与所需轧制过程相近似。不同的润滑剂对轧件与轧辊表面间的摩擦损失是不同的；张力越大会导致轧件的变形抗力降低等。

在实际计算时，要找到坯料尺寸和成品尺寸完全对应的能耗曲线往往是很困难的。在热轧时可选用断面尺寸范围较大的，包括坯料及成品的断面尺寸的能耗曲线。如用 90mm × 90mm 轧 40mm × 40mm 时，可选用 100mm × 100mm 轧 30mm × 30mm 的能耗曲线。这时 90mm × 90mm 在能耗曲线上，可视为一中间断面积。

12.3.2 附加摩擦力矩

当主机列仅有一架轧机时，每一道轧制过程中的各种附加摩擦力矩，按设备顺序将由以下五部分组成。机组如图 12-7 所示。

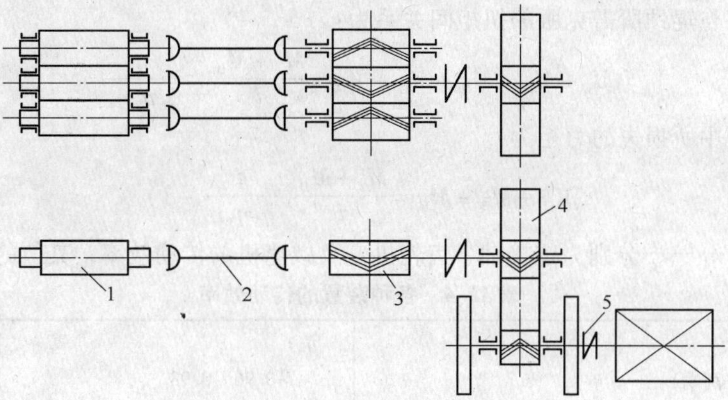

图 12-7 主机列示意图

1—轧机；2—连接轴；3—齿轮机座；4—减速箱；5—主电机连接轴

M_{f1}——发生于辊颈轴承中的附加摩擦力矩；

M_{f2}——发生于主连接轴中的附加摩擦力矩；

M_{f3}——发生于齿轮机座中的附加摩擦力矩；

M_{f4}——发生于减速箱中的附加摩擦力矩；

M_{f5}——发生于主电机连接器中的附加摩擦力矩。

各种附加摩擦力矩的计算方法如下：

对于普通二辊式轧机，M_{f1} 为每一轧制道次中，主电机所必须克服的发生于四个轧辊轴承中的附加摩擦力矩。其值为

$$M_{f1} = P \cdot d \cdot f \tag{12-24}$$

对于四辊轧机，其附加摩擦力矩应为

$$M_{f1} = P \cdot d \cdot f \frac{D}{D'} \tag{12-25}$$

式中 d——轧辊的辊颈直径；

f——轧辊轴承中的摩擦系数，见表 12-3；

P——轧制压力；

D/D'——工作辊与支撑辊的辊径比。

表 12-3　辊颈轴承中的摩擦系数

轴承的种类与工作条件	摩擦系数 f
滚动轴承	0.005 ~ 0.01
滑动轴承：	
塑性材料	0.005 ~ 0.01
青铜（热辊颈，沥青润滑）	0.07 ~ 0.1
青铜（冷轧）	0.04 ~ 0.08
特殊的封闭滑动轴承：	
液体摩擦轴承	0.003 ~ 0.005
半液体摩擦轴承	0.006 ~ 0.01

$M_{f2}+M_{f3}+M_{f4}$为传动系统中所损失的总附加摩擦力矩（忽略M_{f5}不计），可根据传动效率来确定。当已知传递到辊颈上的扭矩（M_z和M_{f1}）和各有关设备的传动效率时，主电机轴上所付出之全部扭矩与辊颈所需克服的扭矩间关系为：

$$M_z+M_{f1}+M_{f2}+M_{f3}+M_{f4}=\frac{M_z+M_{f1}}{i}\times\frac{1}{\eta_2\eta_3\eta_4} \tag{12-26}$$

故传动系统中所损失的力矩为：

$$M_{f2}+M_{f3}+M_{f4}=\frac{M_z+M_{f1}}{i}\left(\frac{1}{\eta_2\eta_3\eta_4}-1\right) \tag{12-27}$$

式中　η_2、η_3、η_4——分别为连接轴、齿轮机座及减速机的传动效率，其值的确定见表 12-4。

表 12-4　各种装置的传动效率

连接轴：	η_2：
梅花接轴（两端）	0.96 ~ 0.98
万向接轴	0.96 ~ 0.98（倾角≤3°）
	0.94 ~ 0.96（倾角 >3°）
齿轮机座：	η_3：
滑动轴承（巴氏合金）连续注油	0.92 ~ 0.94
减速装置：	η_4：
多级齿轮减速	0.92 ~ 0.94
单级齿轮减速	0.95 ~ 0.98
皮带减速	0.80 ~ 0.90

因此推算至电机轴上的总附加摩擦力矩为：

$$M_f=\frac{M_{f1}}{i}+\frac{M_z+M_{f1}}{i}\left(\frac{1}{\eta'}-1\right)=\frac{M_{f1}}{\eta' i}+\frac{M_z}{i}\left(\frac{1}{\eta'}-1\right) \tag{12-28}$$

对于有支撑辊的四辊轧机，其附加摩擦力矩为

$$M_f=\frac{M_{f1}}{i\eta'}\times\frac{D}{D'}+\frac{M_z}{i}\left(\frac{1}{\eta'}-1\right) \tag{12-29}$$

12.3.3　空转力矩

机列中各回转部件轴承内的摩擦损失，换算到主电机轴上的全部空转力矩应为：

$$M_k=\sum\frac{G_n f_n d_n}{2i_n\cdot\eta'_n} \tag{12-30}$$

式中 G_n——机列中某轴承所支承的重量；

f_n——该轴承中的摩擦系数；

d_n——该轴颈的直径；

i_n——与主电机间的减速比；

η'_n——电机到所计算部件间的传动效率。

这种计算是非常复杂而无助于轧制力矩的计算，通常采用经验数据。根据实际资料统计，空转力矩约为电机额定力矩的3% ~6%，或为轧制力矩的6% ~10%。

在现有的轧机上，也可以根据实测的主电机空转电流与电压计算空转功率，然后再换算成空转力矩，空转功率其计算方法如下：

直流电机：

$$N = E_0 I_0 \ (\mathrm{N \cdot m/s}) \tag{12-31}$$

交流电机：

$$N = 1.73 E_0 I_0 \cos\varphi \ (\mathrm{N \cdot m/s}) \tag{12-32}$$

式中 E_0、I_0——分别为空转电压和空转电流；

$\cos\varphi$——功率因素。

12.3.4 动力矩

动力矩只发生在某些轧辊不匀速转动的轧机上，如在每个轧制道次中进行调速的可逆轧机。动力矩的大小可按下式确定：

$$M_{\mathrm{d}} = J\frac{\mathrm{d}\omega}{\mathrm{d}t} \tag{12-33}$$

式中 $\frac{\mathrm{d}\omega}{\mathrm{d}t}$——角加速度，r/min（s）；

J——惯性力矩，通常用回转力矩 GD^2 表示。

$$J = mR^2 = \frac{GD^2}{4g}$$

式中 D——回转体直径；

G——回转体重量；

R——回转体半径；

m——回转体质量；

g——重力加速度；

n——回转体转速。

于是，动力矩可以表示为

$$M_{\mathrm{d}} = \frac{GD^2}{4g} \cdot \frac{2\pi}{60} \cdot \frac{\mathrm{d}n}{\mathrm{d}t} = \frac{GD^2}{38.2} \cdot \frac{\mathrm{d}n}{\mathrm{d}t} \ (\mathrm{N \cdot m}) \tag{12-34}$$

应该指出，式中的回转体力矩 GD^2，应为所有回转体零件的力矩之和。

12.4 主电机容量校核

12.4.1 轧制图表与静力矩图

为了校核或选择主电机的容量，必须绘制出表示主电机负荷随时间变化的静力矩图，而绘制静力矩图时，往往要借助于表示轧机工作状态的轧制图表。

图12-8 所示的上半部分，表示一列两架轧机，经第一架轧3 道，第二架轧2 道，并且无交叉过钢的轧制图表。图示中的 t_1、t_2、…、t_5 为道次的轧制时间，可通过计算确定，即为轧件

轧后的长度 l 与平均轧制速度 v 的比值；t'_1、t'_2、…、t'_5 为各道次轧后的间隙时间，其中 t'_3 为轧件横移时间，t'_5 为前后两轧件的间隔时间。对各种间隙时间，可以进行实测或近似计算。

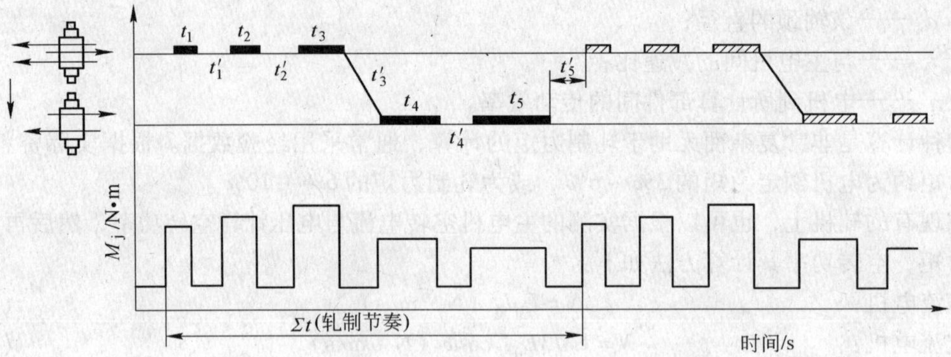

图 12-8　单根过钢时轧制图表与静力矩图（横列式轧机）

图 12-8 的下半部分，表示了轧制过程主电机负荷随时间变化的静力矩图；在轧制时间内，主电机的反抗力矩为该道次的静力矩，即 $M_j = M_z/i + M_f + M_k$，在间隙时间内则只有 M_k。主电机负荷变化周而复始的一个循环，即轧件从进入轧辊到最后离开轧辊并送入下一轧件为止的过程，称为轧制节奏（或轧制周期）。

在上述的轧机上，如轧制方法稍加改变，使每架轧机可轧制一根轧件，其轧制图表的形式将如图 12-9 所示。由于两架轧机由一个主电机传动，因此，静力矩图就必须在两架轧机同时轧制的时间内进行叠加，但空转力矩不叠加。显然，在该情况下的轧制节奏时间缩短了，而主电机的负荷加重了。

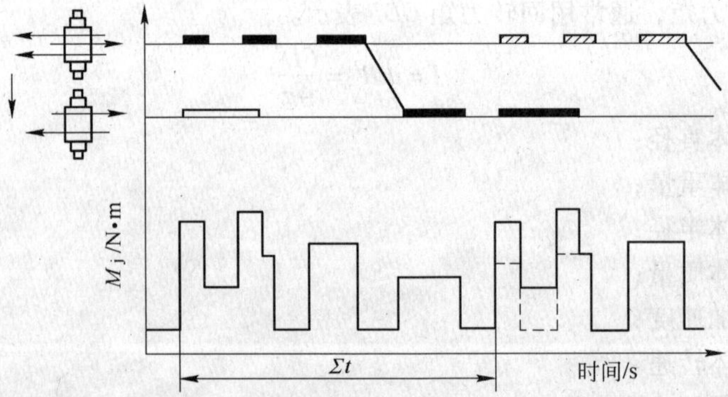

图 12-9　交叉过钢时的轧制图表与静力矩图（横列式轧机）

根据轧机的布置、传动方式和轧制方法的不同，其轧制图表的形式是有差异的，但绘制静力矩图的叠加原则不变，如图 12-10 所示为不同传动方式的静力矩形式。

12.4.2　可逆式轧机的负荷图

在可逆式轧机中，轧制过程是轧辊在低速咬入轧件，然后提高轧制速度进行轧制，之后又降低轧制速度，实现低速抛出。因此轧件通过轧辊的时间由三部分组成：加速期、稳定轧制期、减速期。

由于轧制速度在轧制过程中是变化的，所以负荷图必须考虑动力矩 M_d，此时负荷图是由静负荷与动负荷组合而成，如图 12-11 所示。

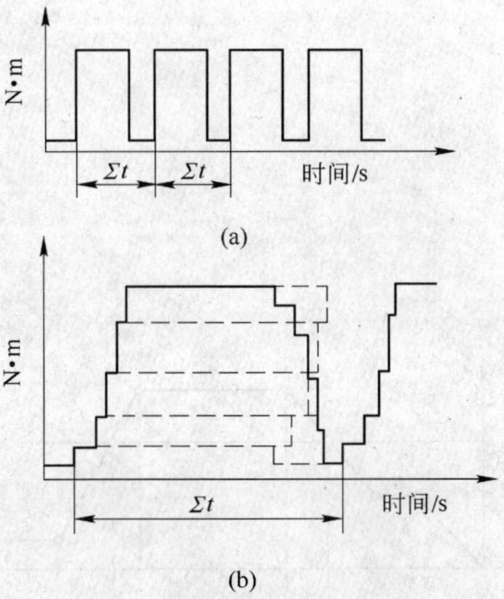

图 12-10 静力矩图的其他形式

（a）纵列式或单独传动的连轧机；（b）集体传动的连轧机

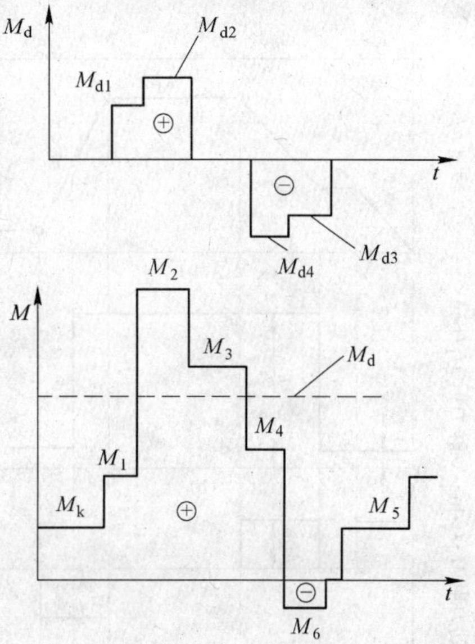

图 12-11 可逆式轧机的轧制速度与负荷图

如果主电机在加速期的加速度用 a 表示，在减速期用 b 表示，则在各期间内转动的总力矩为：

加速轧制期
$$M_2 = M_j + M_d = M_j + \frac{GD^2}{38.2}a \tag{12-35}$$

等速轧制期
$$M_3 = M_j = \frac{M_z}{i} + M_f + M_k \tag{12-36}$$

减速轧制期
$$M_4 = M_j - M_d = M_j - \frac{GD^2}{38.2}b \tag{12-37}$$

同样，可逆式轧机在空转时也分加速期、减速期和等速期。在空转时各期间的总力矩为

空转加速期
$$M_1 = M_k + M_d = M_k + \frac{GD^2}{38.2}a \tag{12-38}$$

空转减速期
$$M_5 = M_k - M_d = M_k - \frac{GD^2}{38.2}b \tag{12-39}$$

空转等速期
$$M_6 = M_k \tag{12-40}$$

加速度 a 和 b 的数值取决于主电机的特性及其控制线路。

另外，图 12-12 给出了当 $n < n_H$（主电机额定转速）时的力矩图的绘制，图 12-13 给出了当 $n > n_H$（主电机额定转速）时的力矩图的绘制。

12.4.3 主电机容量的核算

为了保证主电机的正常工作，在轧制时，主电机必须同时满足不过载、不过热两个要求。当一个轧制周期内主电机的传动负荷确定后，就可对主电机的功率进行校核。

如果是新设计的轧机，则对主电机就不是校核，而是要根据等效力矩和所要求的主电机转速来选择主电机。

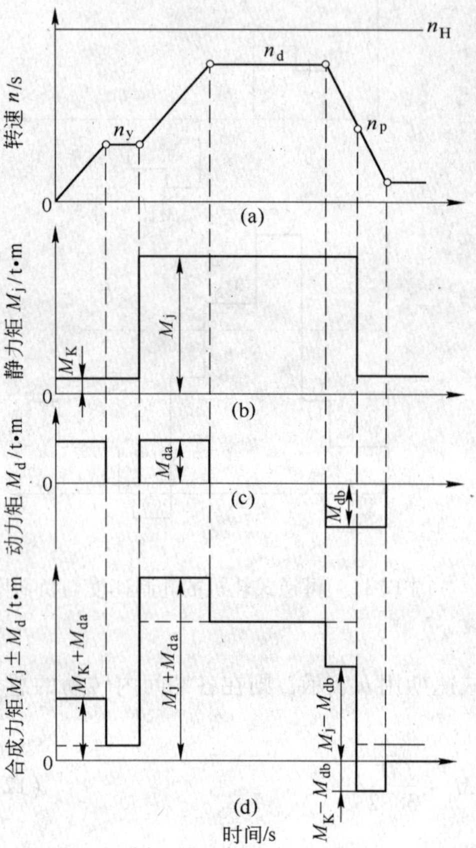

图 12-12　可调速轧机力矩图绘制规则（$n<n_H$）

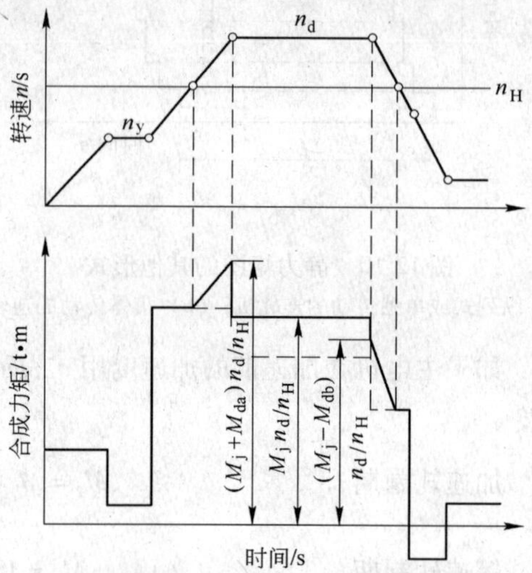

图 12-13　可调速轧机力矩图绘制规则（$n>n_H$）

12.4.3.1　主电机容量校核

A　发热校核

保证主电机正常运转的条件之一是稳定运转时不过热，即主电机的温升不超过允许温升。这就要控制主电机在一个轧制周期内，反映主电机发热状态的等效力矩（或称均方根力矩）$M_均$ 不超过额定力矩。主电机不过热的条件可表示为：

$$M_均 \leqslant M_H \tag{12-41}$$

而

$$M_均 = \sqrt{\frac{\sum M_i^2 t_i + \sum M'^2_i t'_i}{\sum t_i + \sum t'_i}} \tag{12-42}$$

式中　$M_均$——等效力矩；

M_H——主电机的额定力矩；

$\sum t_i$——一个轧制周期内各段纯轧时间的总和；

$\sum t'_i$——一个轧制周期内各段间歇时间的总和；

M_i——各段轧制时间所对应的力矩；

M'_i——各段间歇时间对应的力矩。

B　过载校核

主电机允许在短暂时间内，在一定限度内超过额定负荷进行工作。即主电机负荷力矩中的最大力矩不超过电机额定力矩与过载系数的乘积，电机即能正常工作。校核主电机的过载条件为：

$$M_{max} \leqslant K_G \cdot M_H$$

式中　M_H——主电机的额定力矩；

K_G——主电机的允许过载系数，直流电机 $K_G = 2.0 \sim 2.5$；交流同步主电机 $K_G = 2.5 \sim 3.0$；

M_{max}——轧制周期内的最大力矩。

另外，主电机达到允许最大力矩 $K_G \cdot M_H$ 时，其允许持续时间在15s以内，否则主电机温升将超过允许范围。

12.4.3.2　主电机功率计算

对于新设计的轧机，需要根据等效力矩计算主电机的功率，即

$$N = \frac{1.03 M_{K^n}}{\eta} \quad \text{kW} \tag{12-43}$$

式中　n——主电机转速；

η——由主电机到轧机的传动效率。

12.4.3.3　超过主电机基本转速时的力矩

超过主电机基本转速时，应对超过基本转速部分对应的力矩加以修正，见图12-14，即乘以修正系数。

如果此时力矩图形为梯形，如图12-14所示，则等效力矩为

$$M_K = \sqrt{\frac{M_1^2 + M_1 M + M^2}{3}} \tag{12-44}$$

式中　M_1——转速未超过基本转速时的力矩；

M——转速超过基本转速时乘以修正系数后的力矩，即

$$M = M_1 \frac{n}{n_H} \tag{12-45}$$

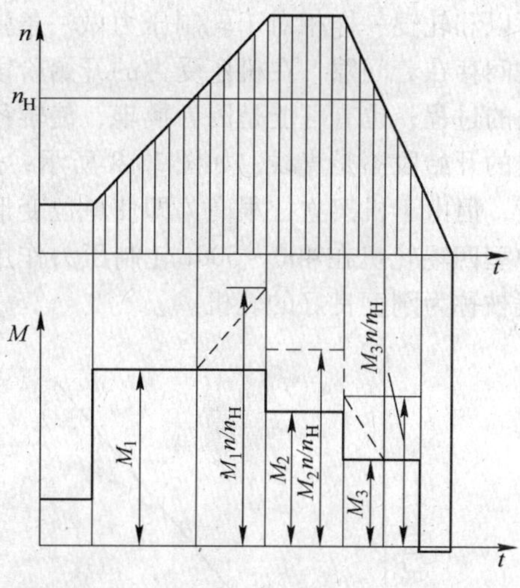

图12-14　超过基本转速时的力矩修正图

式中　n——超过基本转速时的转速；

n_H——主电机的基本转速。

校核主电机的过载条件为

$$\frac{n}{n_H} M_{max} \leqslant K M_H \tag{12-46}$$

习　题

12-1　作用在电机轴上的传动力矩由哪几部分组成？

12-2　空转力矩的实质是被传动部件所产生的摩擦力矩，对吗，为什么？

12-3　电机的过载条件是什么，电机为什么要同时进行过载和发热校核？

13 轧制时的弹塑性曲线

轧机在轧制过程中，由于处在轧制力的作用下，使轧机整个机座产生弹性变形，轧件产生塑性变形。这两种变形是轧制过程中相互影响的一对矛盾。它们的相互关系，可以用轧制时的弹塑性曲线来说明轧件对于轧机的轧制力及其实际意义。

13.1 轧制时的弹性曲线

在轧制压力作用下轧辊产生弹性压扁和弯曲，把它相加起来就构成轧辊的弹性变形。用来表示轧辊弹性变形与轧制压力关系的曲线叫轧辊的弹性曲线，它们之间近似地呈直线关系，如图 13-1 所示。

同样，机架和轧辊轴承等在轧制压力作用下也要产生弹性变形，对于机架和轧辊轴承，也可以和轧辊一样相对于轧制压力做一条弹性曲线，由于装配表面的不平及公差存在，使得它们之间存在着间隙，在机座受力的开始阶段，将是各部件因公差所产生的间隙随压力的增加而消失的过程；也有可能是因为换辊，使辊径发生变化以及部分零部件的公差等，都会引起实际曲线的开始段不是直线，如图 13-2 所示，过后则可视为直线。虽然机架断面很大，有足够的刚度，但由于机架立柱很高，即使单位变形不大，立柱的总变形量也比较可观。一般来说，一个中型四辊轧机在 400 ~ 500t 轧制压力作用下的机架变形一般为 1mm，如果弹性变形小于此值，就被称为刚度良好的轧机。

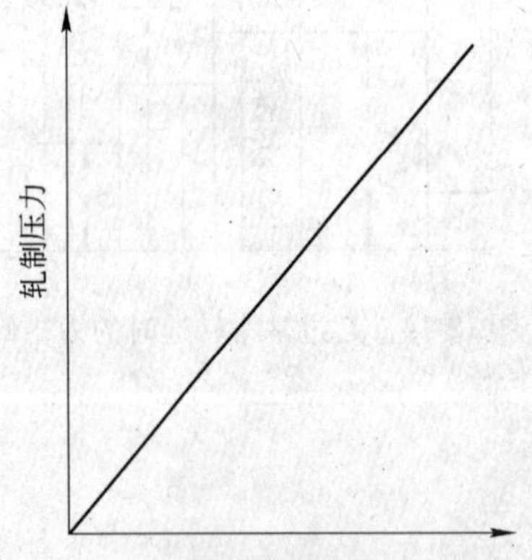

图 13-1　轧辊弹性曲线

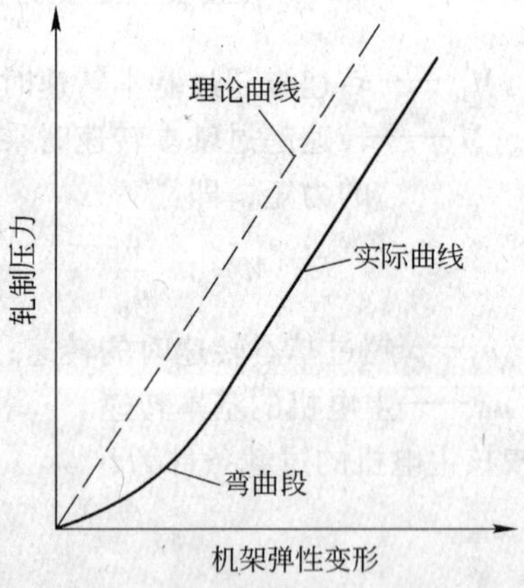

图 13-2　机架弹性曲线

考虑了轧辊和轧机机架的弹性变形曲线后，整个轧机的弹性曲线则为它们的总和，如图 13-3 所示为轧机的弹性曲线，如果把此曲线近似地视为直线，那曲线的斜率对已知轧机则为常数，而这个斜率则称之为轧机的刚度系数，通常用 K 来表示。刚度系数 K 的物理意义是指机座产生单位弹性变形值时的压力。因此，对某一轧机其刚度系数 K 可通过弹性曲线的斜率计算出来。由于曲线下部有一弯曲段，那所给的直线已不相交于坐标原点，而在横坐标轴上相交于 s_0 处，如图 13-4 所示。此时

$$轧机变形 = s_0 + P/K \tag{13-1}$$

如果把轧机的辊缝也考虑进去，那曲线将不从零开始，如图 13-5 所示。由图 13-5 所示的曲线可直接读出在一定辊缝和一定负荷下所能轧出的轧件厚度为

$$h = s + s_0 + P/K \tag{13-2}$$

式中 h——轧件轧后厚度；

s——轧辊辊缝；

s_0——弹性曲线弯曲段的辊缝值（间隙值）；

P——轧制压力；

K——轧机刚度系数。

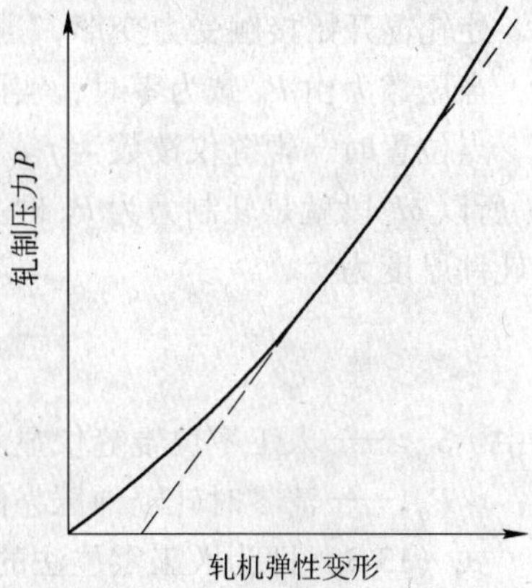

图 13-3 轧机弹性曲线

由于轧机零部件间存在的间隙和接触不均匀是一个不稳定因素，弹性曲线的非线性部分是经常变化的，每次换辊后都有不同，因此辊缝的实际零位很难确定，式（13-1）和式（13-2）在实际生产中很难应用。但用人工零位法可以消除非线性段的不稳定性。

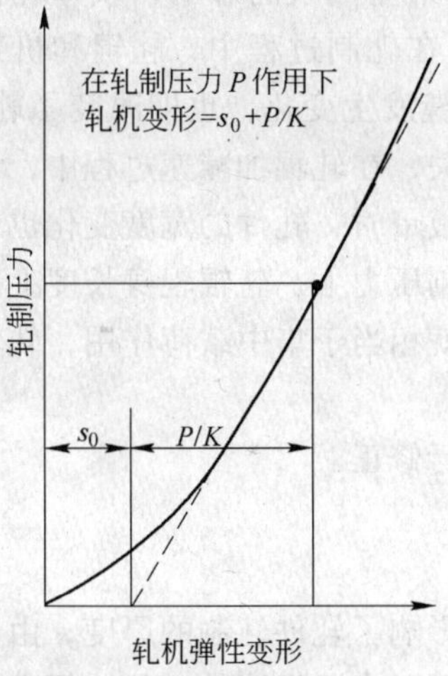

图 13-4 由刚度系数计算轧机弹性变形

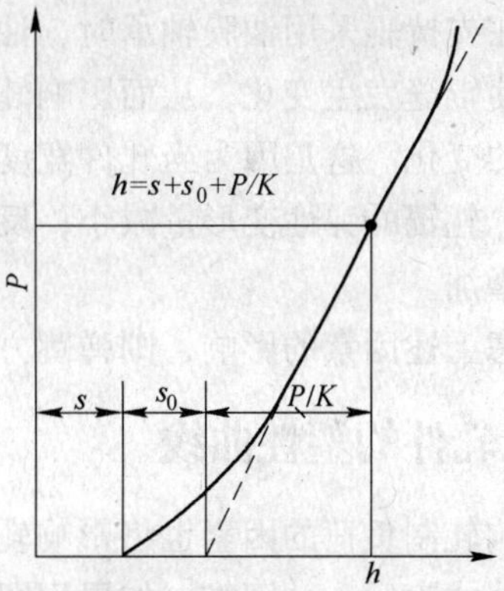

图 13-5 轧件尺寸在弹性曲线上的表示

人工零位法是在轧制前，先将轧辊预压靠到一定压力（或按压下电机电流做标准），然后将此时的轧辊辊缝仪读数设定为零（即清零）。预压靠时轧辊间没有轧件，使轧辊一面空转一面使压下螺丝压下使工作辊压靠。当压靠后使压下螺丝继续压下，轧机便产生弹性变形。由轧辊压靠开始点到轧制力为 P_0 时的压下螺丝行程，即为此压力 P_0 作用下的轧机弹性变形，根据所测数据可绘出图 13-6 中的弹性曲线。

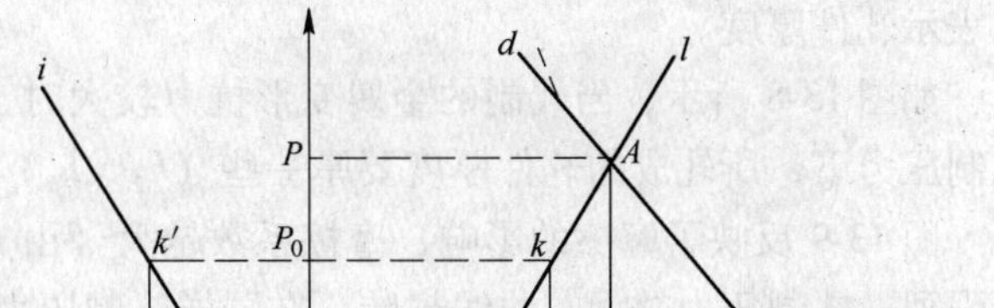

图 13-6 人工零位法的弹性曲线

在图 13-6 中，$ok'l'$为预压靠曲线，

在 o 处轧辊开始接触受力变形，当压靠力为 P_0 时，辊缝 of' 是一个负值。今以 f' 点作为人工零位，当压靠力由 P_0 减为零时，实际辊缝为零，而辊缝仪读数为 $f'o = S$。然后继续抬辊，当抬到 g 点位置时，辊缝仪读数为 $f'g = S'_0 = S + S_0$。由于曲线 gkl 和 $ok'l'$ 完全对称，因此 $of' = gF = S$，所以 oF 段就是轧制力为 P_0 时人工零位法的轧辊辊缝仪读数 S'_0。当轧制压力为 P 时，轧出的轧件厚度为

$$h = S'_0 + \frac{P - P_0}{K} \tag{13-3}$$

式中　S'_0——人工零位辊缝仪显示的辊缝值（考虑预压变形后的空载辊缝）；

P_0——清零时轧辊预压靠的压力。

式（13-3）即为人工零位法的弹跳方程。用人工零位法可以消除非线性段的不稳定性，使弹跳方程便于实际应用。

弹跳方程对轧机调整有重要意义。它可用来设定轧辊原始辊缝；弹跳方程表示了轧出厚度与辊缝及轧机弹跳的关系，它可作为间接测量轧件厚度的基本公式。

但是，弹跳方程中的刚度系数 K 没有考虑轧制过程中某些因素的影响，须知轧机刚度不仅是轧机结构固有的特性，而且与轧制条件有关。首先，在轧制过程中，轧辊和机架温度升高，产生热膨胀，同时轧辊磨损逐渐增大，从而使轧辊辊缝发生变化，也即改变了轧机刚度。其次，在支持辊采用油膜轴承时，油膜厚度与轧辊转速有关，在轧辊加减速过程中，油膜厚度的变化使辊缝发生变化，从而影响轧机刚度。再有，在轧板带时，轧件的宽度变化也会引起轧机刚度的变化。这是因为当轧件宽度增大时，在同样的轧制压力下，轧辊辊身长度上的单位压力减小，轧辊的弹性变形量减小；反之，当轧件很窄时，就相当于集中载荷作用，轧辊的弹性变形量增加。

考虑上述因素的影响，则弹跳方程中的刚度系数须进行修正。

13.2　轧件的塑性曲线

影响轧制负荷的因素也将影响轧机的压下能力，也就影响了轧件轧制的厚度，由于问题复杂，用公式表示十分困难，如果用图表的形式来描述，则可以表现得清楚一些。用来表示轧制力与轧件厚度关系变化的图示就叫做塑性曲线，如图 13-7 所示，纵坐标表示轧制压力，横坐标表示轧件厚度。

如图 13-8 所示，当轧制的金属变形抗力较大时，则塑性曲线较陡（由 1 变为 2）。在同样轧制压力下，所轧成的轧件厚度要厚一些（$h_2 > h_1$）。

图 13-9 反映了摩擦的影响，摩擦系数越大（由 $f_1 \nearrow f_2$），轧制时变形区的三向压应力状态越强烈，轧制压力越大，曲线越陡，在同样轧制压力下，轧出的厚度越厚（$h_2 > h_1$）。

张力的影响也可用类似的图反映出来，如图 13-10 所示，张力越大（$q_2 \nearrow q_1$），变形区三向压应力状态减弱，甚至使一向压应力改变符号变成拉应力，从而减小轧制压力，曲线斜率变小，使轧出厚度减薄（$h_1 < h_2$）。

图 13-11 为轧件原始厚度的影响。同样负荷下，轧件越厚，则轧制压下量越大；轧件越薄，则轧制压下量越小。当轧件原始厚度薄到一定程度，曲线将变得很陡，当曲线变为垂直时，说明在这个轧机上，无论施以多大压力，也不可能使轧件变薄，也就是达到最小可轧厚度的临界条件。塑性曲线的斜率为轧件的塑性刚度系数，以 M 表示。

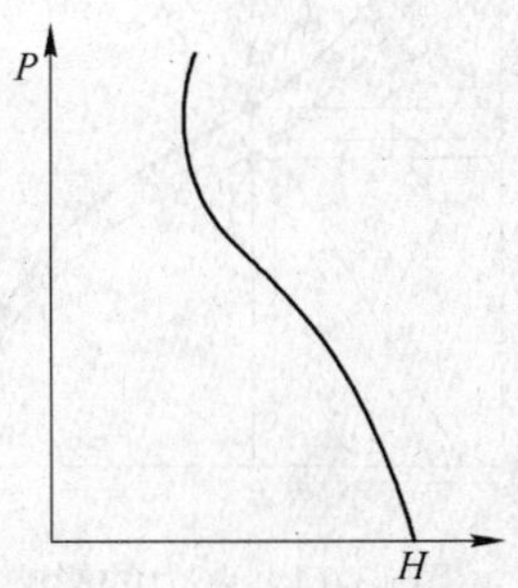

图 13-7 轧件的塑性曲线

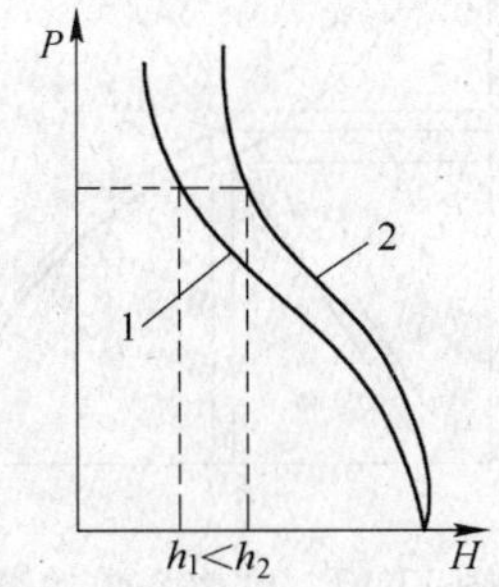

图 13-8 变形抗力的影响

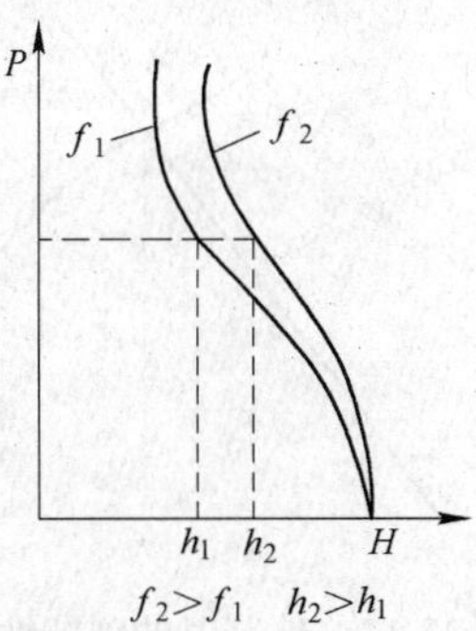

图 13-9 摩擦系数的影响

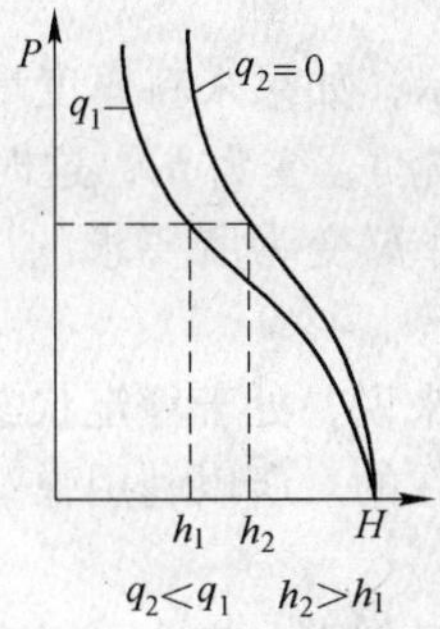

图 13-10 张力的影响

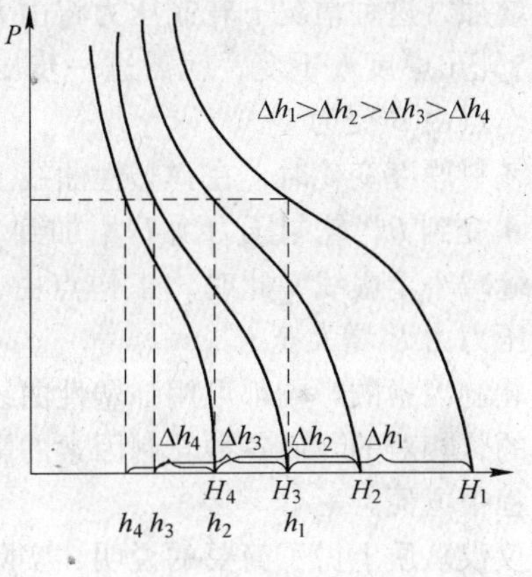

图 13-11 轧件厚度的影响

13.3 轧制时的弹塑性曲线

把塑性曲线与弹性曲线画在同一个图上，这样的曲线图称为轧制时的弹塑性曲线，如图 13-12 所示，轧件的塑性曲线与轧机的弹性曲线的交点，我们称为轧制时的工作点。此时，轧制压力为 P，轧出的轧件厚度为 h。

图 13-13 为已知轧机轧制带材时的弹塑性曲线，如实线所示，工作点为 A，此时，在负荷 P 下将厚度为 H 的轧件轧制成 h 的厚度，如由于某种原因，使摩擦系数增加，原来的塑性曲线将变为虚线所示。如果辊缝未变，由于压力的改变，工作点由 A 变为 B，此时负荷增高为 P'，而轧出的厚度由 h 变为 h'，因而摩擦的增加使压力增加而压下量减小，如果仍希望得到规定的厚度 h，就应当调整压下，使弹性曲线平行左移至虚线处，与塑性曲线交于新的工作点 C，此时厚度为 h，但压力将增至 P''。

图 13-14 为冷轧时的弹塑性曲线，实线所示为在张应力 q_1 作用下的轧制情况，此时的工作点为 A，轧制压力为 P，轧出厚度 h，假如张力突然增加到 q_2，塑性曲线将变为虚线所示，在新的工作点 B 的轧制压力降低至 P'，而出口厚度减薄至 h'，此时辊缝并未改变，说明了张力的影响，如欲使轧出厚度仍保持 h，就需要调整压下使辊缝稍许增加，即弹性曲线右移至虚线，达到新的工作点 C 以维持 h 不变，但由于张力的作用，轧制压力降低至 P''。

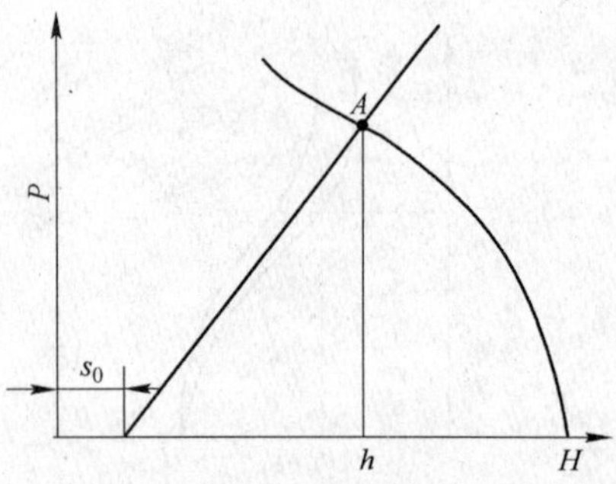

图 13-12　轧制时的弹塑性曲线

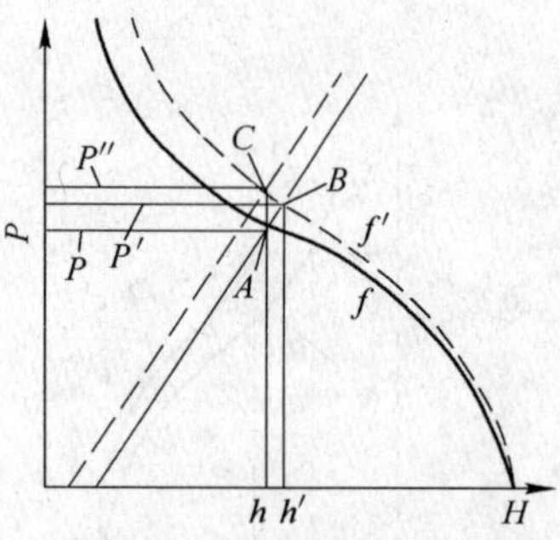

图 13-13　摩擦系数的影响

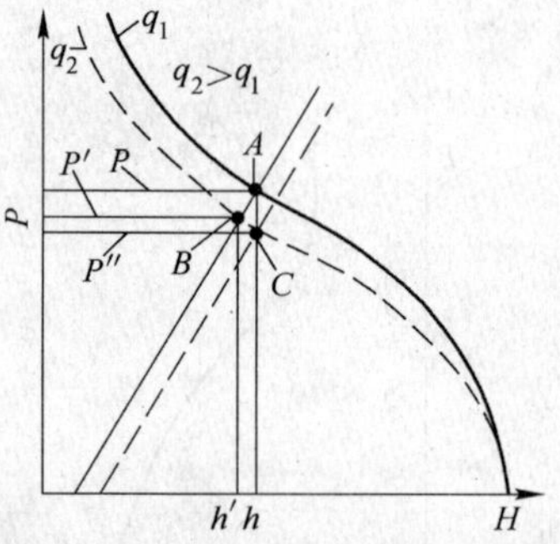

图 13-14　张力的影响

图 13-15 表示轧件材料性质的变化在弹塑性曲线上的反映。正常情况下，在已知辊缝 s 的条件下轧出厚度为 h，工作点为 A。如由于退火不均，一段带材的加工硬化未完全消除，此时变形抗力增加，这种情况下轧制压力将由 P 增至 P'，轧出厚度由 h 增至 h'，工作点由 A 变为 B。欲保持轧出厚度 h 不变，就需进一步压下，使辊缝减小，但轧制压力将进一步增大至 P''，此时，工作点由 B 变为 C。

所轧坯料厚度变化时，在弹塑性曲线上的反映如图 13-16 所示，如果来料厚度增加，此时工作点由 A 变到 B，轧制压力由 P 增加到 P'，轧出厚度 h 产生波动，变为 h'，这时应调整压下，使辊缝减小至虚线，此时，工作点由 B 变到 C，轧出厚度由 h'变为所要求的厚度 h，此时，轧制压力由 P'增大至 P''。

任何轧制因素的影响都可用弹塑性曲线反映出来。而且一般来说，处于稳定状态的轧制过程是暂时的，相对的，而各种轧制因素的影响是绝对的，大量存在的。所以利用弹塑性曲线分析轧制过程很方便。

上面仅仅从质上做了简要的说明，实际上弹塑性曲线在已知条件下，完全可以定量的表示出来，这样它就会有更大的用途。

每个轧钢调整工都知道，要想改变带材厚度，比如说使轧出厚度减薄 0.1mm，调整压下（辊缝）的距离就要大于0.1mm，如果带材比较软，那么稍大一些就可以了，如果带材比较硬，就需要多压下一些，这个轧机的弹性效果称之为辊缝转换函数。以 $\Theta=\dfrac{\partial h}{\partial s}$表示。

辊缝转换函数的大小和它的变化，可借助弹塑性曲线来说明。图 13-17 说明这种情况，当厚度轧到 h，需压力 P（A 点），如果以压下来改变轧出厚度，当压下一个∂s 距离时，此时弹性曲线与塑性曲线交于 B 点，而负荷由 A 至 B 增加∂P。

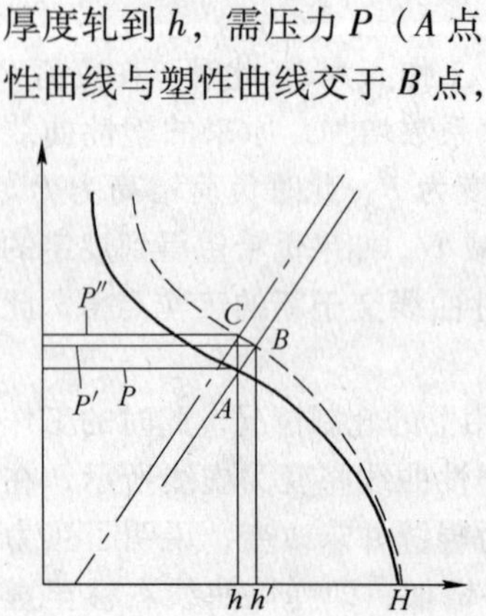

图 13-15　材料性质的影响

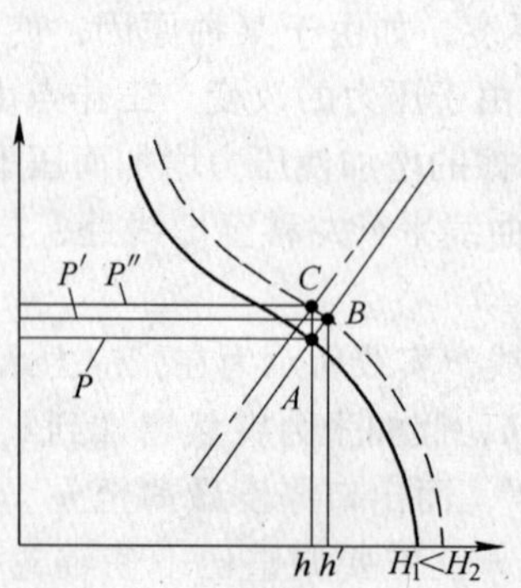

图 13-16　来料厚度变化的影响

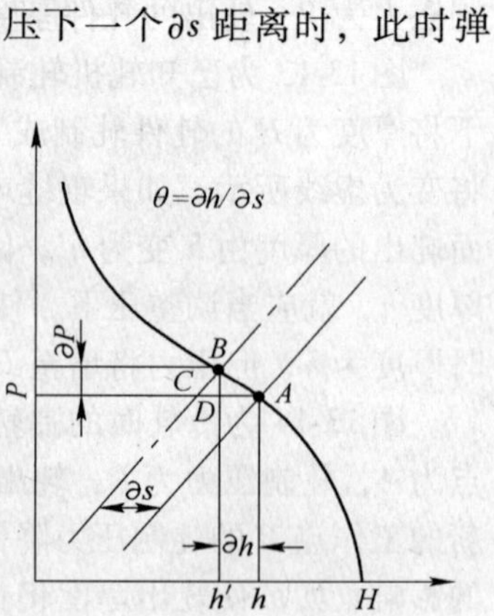

图 13-17　辊缝转换函数

在微量情况下，可把 AB 曲线看作直线段，则此塑性曲线段的斜率为 M，则

$$\frac{\partial P}{\partial h}=M \tag{13-4}$$

从图中还可知

$$\partial s=\frac{\partial P}{K}+\partial h \tag{13-5}$$

把式（13-4）代入上式得

$$\partial s=\frac{M\partial h}{K}+\partial h \quad 或 \quad \frac{\partial s}{\partial h}=\frac{M}{K}+1=\frac{M+K}{K} \tag{13-6}$$

所以辊缝转换函数为

$$\Theta=\frac{\partial h}{\partial s}=\frac{K}{K+M} \tag{13-7}$$

如辊缝转换函数为1/4，即

$$\Theta=\frac{\partial h}{\partial s}=\frac{1}{4}$$

或

$$\partial s=4\partial h$$

亦即，压下调整的距离应为所需变更厚度 ∂h 的4倍。

每一个轧钢调整工都知道，对于厚而软的轧件，压下移动较少就可调整轧出厚度的尺寸偏差，换言之，此时辊缝转换函数 $\Theta\approx 1$。另一方面，当轧制薄而硬的轧件，压下调整必须有相当的量，才能校正轧出厚度尺寸变化的偏差，当到一定值后，不管如何调整压下螺丝使其压下，轧出厚度不再变化，此时即 $\Theta\to 0$。

如果用弹塑性曲线表示，图13-18（a）为软厚轧件轧制情况，此时 $\partial h\approx\partial s$，塑性曲线的斜率 M 很小；但当轧制薄硬轧件时，则相应于图13-18（b）的情况，此时虽然 ∂h 很小，而相应的 ∂s 则很大，这种情况较难调整。

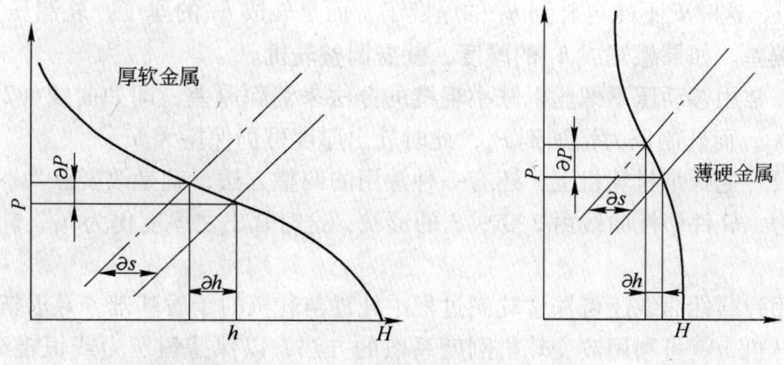

图13-18 轧制软硬不同金属的情况
（a）厚软金属；（b）薄硬金属

轧机刚度对产品尺寸是有影响的，假设轧机是一个完全刚性的轧机，那么当调整好辊缝 s 以后，不管来料或工艺有什么变化，轧件轧出的厚度 h 应与辊缝 s 完全相等。

在刚度较小的轧机上 K 值较小，如图13-19（a）所示，若来料厚度有一个 ∂H 的变化，那么产品厚度就相应地有一个 ∂h 的变化。而当刚度较大的轧机，如图13-19（b）所示，K 值较大，如果也有相同的来料厚度变化 ∂H，但轧出厚度变化 ∂h 却比第一种情况小得多，从这里就

可看出刚度不高的轧机的缺点，即当轧制参数有稍微的波动，立刻就会在成品尺寸上反映出来。

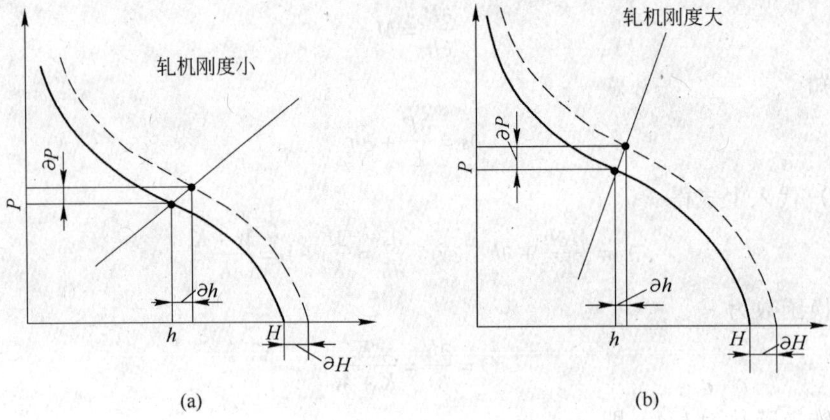

图 13-19　不同刚度轧机轧制情况

（a）轧机刚度小；（b）轧机刚度大

13. 4　轧制弹塑性曲线的实际意义

轧制时的弹塑性曲线以图解的方式，直观地表达了轧制过程的矛盾，因此它已日益获得广泛的应用。

（1）通过弹塑性曲线可以分析轧制过程中造成厚差的各种原因，由式（13-2）可知，只要使 s 和 s_0+P/K 变化，就会造成厚度的波动。前面已分析过，当来料厚度波动、轧件材质有变化、张力变化、摩擦条件变化、温度波动等都会影响轧出厚度的波动。

（2）通过弹塑性曲线可以说明轧制过程中的调整原则，如图 13-20 所示，在一个轧机上，其刚度系数为 K［曲线（1）］，坯料厚度为 H_1，辊缝为 s_1，轧出厚度为 h_1（曲线 1），此时轧制压力为 P_1。如由于来料厚度波动，轧前厚度变为 H_2，此时因压下量增加而使轧制压力增至 P_2［曲线（2）］，这时就不能再轧到 h_1 的厚度了，而是轧成 h_2 的厚度，轧制压力增至 P_2，出现了轧出厚度偏差。如果想轧成 h_1 的厚度，就需调整轧机。

一般情况，常用移动压下螺丝以减小辊缝的办法来消除厚差，即如曲线（2）所示，由辊缝 s_1 减至辊缝 s_2，而轧制压力增加到 P_3，此时轧出厚度可仍保持为 h_1。

在连轧机及可逆式带材轧机上，还有一种常用的调整方法，就是改变张力，如图 13-20 所示，当增加张力，轧件塑性曲线由 2 变成 3 的形状，这时轧出之厚度仍为 h_1，轧制压力也保持 P_1 不变。

此外，利用弹塑性曲线还可探索轧制过程中轧件与轧机的矛盾基础，寻求新的途径，例如近来采用液压轧机，就可利用改变轧机刚度系数的方法，以保持恒压力或恒辊缝。如图 13-20 中曲线（3），即为改变轧机刚度系数 K 到 K'，以保持轧后厚度不变。

（3）弹塑性曲线给出了厚度自动控制的基础。根据 $h=s+s_0+P/K$，如果能进行压下位置检测以确定辊缝 s，测量压力 P 以确定 P/K（可视 K 为常值），那么就可确定 h。这就是所谓的间接测厚法，如果所测得的厚度与要求给定值有偏差，就可调整轧机，直到维持所要求之厚度值为止。最早的厚度自动控制（亦称 AGC）就是根据这一原理设计的。另外式（13-6）也可写成

$$\partial s=\left(\frac{M}{K}+1\right)\partial h \tag{13-8}$$

此即反馈 AGC 的基本方程式。再有，根据图 13-21 所示。

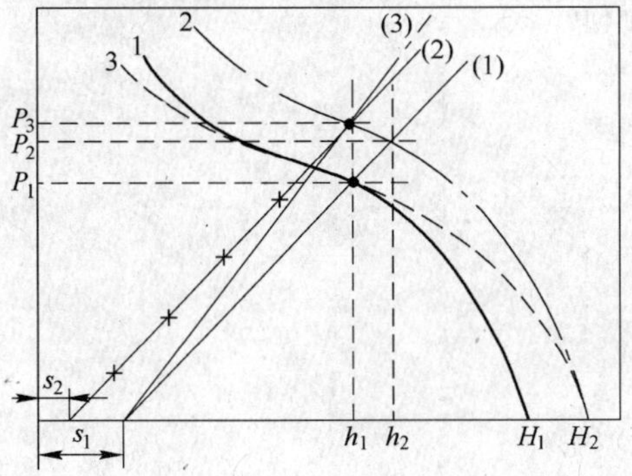

图 13-20　轧机调整原则图示

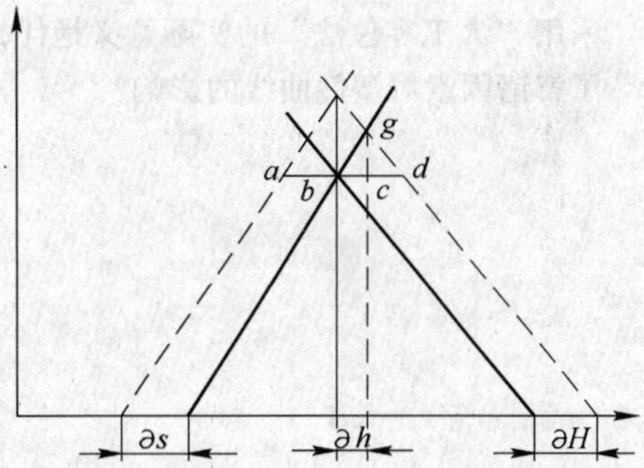

图 13-21　辊缝调整与原料尺寸偏差的关系

$$\partial h=\frac{gc}{K}$$

$$\partial H=\frac{gc}{K}+\frac{gc}{M}$$

$$=\left(\frac{M+K}{KM}\right)gc$$

而

$$gc=K\partial h$$

$$\partial s=\frac{M+K}{M}\partial H$$

将上式代入式（13-8），即得

$$\partial s=\frac{M}{K}\partial H \tag{13-9}$$

式（13-9）即为前馈 AGC 的基本方程。

总之，弹塑性曲线问题由上面的讨论可以看出，它有两个显著的优点：第一，它把轧制过程中的轧件与轧机的情况有机地结合起来了，使轧制过程的矛盾用图表方式暴露出来，便于在生产实践中解决矛盾。第二，把最终生产目标——所要求达到的成品尺寸 h 与轧制过程的工艺及设备因素联系起来了。这对实现自动控制尤为重要，因为自动控制需要把可调节的控制参数（如辊缝、张力等）及轧制过程中参数的波动（如坯料厚度、温度波动及金属的屈服极限等）影响消除，以达到被控制的目标（如成品尺寸），满足技术经济指标的要求。

习　题

13-1　什么是弹性曲线，在轧制生产中为什么要研究弹性曲线？

13-2　什么是塑性曲线，对它的研究有何意义？

13-3　何谓弹塑性曲线？

13-4　冷轧带材时，其他条件不变，由于润滑效果不好，使得带材厚度超差，利用弹塑性曲线解决。

13-5　冷轧带材时，其他条件不变，张力增加，使得带材厚度超差，利用弹塑性曲线解决。

13-6　正常轧制时，如果来料厚度增加会造成轧出厚度出现超差，利用弹塑性曲线解决。

13-7　什么是辊缝转换函数，它如何指导生产实践保证产品尺寸精度？

13-8　弹塑性曲线为什么会得到广泛应用?

13-9　什么是轧机的刚度系数? 它与轧件的尺寸精度关系如何?

13-10　理解轧制时工作点的概念?

13-11　采用“人工零位法”的实际意义是什么?

13-12　了解诸因素对塑性曲线的影响?

14 连轧的基本理论

随着轧制理论的发展和现代技术的应用，连轧生产向更广泛的方面发展，板带，棒线材生产的连续化更加完善，而且出现了连轧型钢和连轧钢管。连轧在轧钢生产中所占比重日益增大。在大力发展连轧生产的同时，必须完善连轧理论，研究连轧的一些特殊规律。

14.1 连轧的特殊规律

所谓连轧是指轧件同时通过在两架以上顺序排列的机座进行的轧制（见图 14-1），各机座通过轧件而相互联系、相互影响、相互制约。从而使轧制的变形条件、运动学条件和力学条件具有一系列的特点。

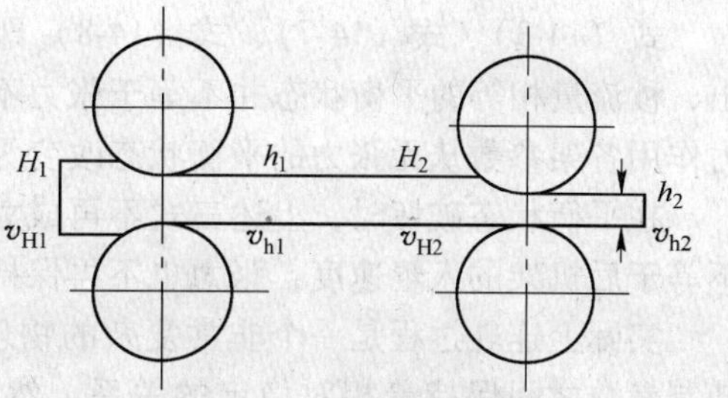

图 14-1 机架间速度关系

14.1.1 连轧的变形条件

为保证连轧过程的正常进行，必须使通过连轧机组各个机座的金属秒流量保持相等，此即所谓连轧过程秒流量相等原则，即

$$F_1 v_{h1} = F_2 v_{h2} = \cdots = F_n v_{hn} = 常数 \tag{14-1}$$

或

$$B_1 h_1 v_{h1} = B_2 h_2 v_{h2} = \cdots = B_n h_n v_{hn} = 常数 \tag{14-2}$$

式中 F_1，F_2，…，F_n——通过各机座的轧件断面积；

v_{h1}，v_{h2}，…，v_{hn}——通过各机座的轧件出口速度；

B_1，B_2，…，B_n——通过各机座轧件的轧出宽度；

h_1，h_2，…，h_n——通过各机座的轧件轧出厚度。

如以轧辊速度 v 表示，则式（14-1）可写成

$$F_1 v_1 (1 + S_{h1}) = F_2 v_2 (1 + S_{h2}) = \cdots = F_n v_n (1 + S_{hn}) \tag{14-3}$$

式中 v_1，v_2，…，v_n——各机座的轧辊圆周速度；

S_{h1}，S_{h2}，…，S_{hn}——各机座轧件的前滑值。

在连轧机组末架速度已确定的情况下，为保持秒流量相等，其余各架的速度应按下式确定，即

$$v_i = \frac{F_n v_n (1 + S_{hn})}{F_i (1 + S_{hi})};\ i = 1,2,\cdots,n \tag{14-4}$$

如果以轧辊转速表示，则公式（14-3）可写成

$$F_1 D_1 n_1 (1 + S_{h1}) = F_2 D_2 n_2 (1 + S_{h2}) = \cdots = F_n D_n n_n (1 + S_{hn}) \tag{14-5}$$

式中 D_1，D_2，…，D_n——各机座的轧辊工作直径；

n_1，n_2，…，n_n——各机座的轧辊转速。

在带钢连轧机上轧制带钢时，如忽略宽展，则有

$$h_1 v_1 (1 + S_{h1}) = h_2 v_2 (1 + S_{h2}) = \cdots = h_n v_n (1 + S_{hn}) \tag{14-6}$$

秒流量相等的条件一旦破坏就会造成拉钢或堆钢，从而破坏了变形的平衡状态。拉钢可使

轧件横断面收缩，严重时造成轧件断裂；堆钢可造成轧件折叠，引起设备事故。

14.1.2　连轧的运动学条件

前一机架轧件的出辊速度等于后一机架的入辊速度，即

$$v_{hi} = v_{Hi+1} \tag{14-7}$$

式中　v_{hi}——第 i 架轧件的出辊速度；

v_{Hi+1}——第 $i+1$ 架的轧件入辊速度。

14.1.3　连轧的力学条件

前一机架的前张力等于后一机架的后张力，即

$$q_{hi} = q_{Hi+1} = q = 常数 \tag{14-8}$$

式（14-3）、式（14-7）、式（14-8）即为连轧过程处于平衡状态下的基本方程式。应该指出，秒流量相等的平衡状态并不等于张力不存在，即带张力轧制仍可处于平衡状态，但由于张力作用各架参数从无张力的平衡状态改变为有张力条件下的平衡状态。

在平衡状态破坏时，上述三式不再成立，秒流量不再维持相等，前机架轧件的出辊速度也不等于后机架的入辊速度，张力也不再保持常数，但经过一过渡过程又进入新的平衡状态。

实际上连轧过程是一个非常复杂的物理过程，当连轧过程处于平衡状态（稳态）时，各轧制参数之间保持着相对稳定的关系。然而，一旦某个机架上出现了干扰量（如来料厚度、材质、摩擦系数、温度等）或调节量（如辊缝、辊速等）的变化，则不仅破坏了该机架的稳态，而且还会通过机架间张力和出口轧件的变化，瞬时地或延时地把这种变化的影响顺流地传递给前面的机架，并逆流地传递给后面的机架，从而使整个机组的平衡状态遭到破坏。随后通过张力对轧制过程的自调作用，上述扰动又会逐渐趋于稳定，从而使连轧机组进入一个新的平衡状态。这时，各参数之间建立起新的相互关系，而目标参数也将达到新的水平。由于干扰因素总是会不断出现，所以连轧过程中的平衡状态（稳态）是暂时的、相对的，连轧过程总是处于稳态→干扰→新的稳态→新的干扰这样一种不断波动着的动态平衡过程中。这种动态平衡过程是非常复杂的，要进行探索，必须深入研究两个问题，即

（1）在外扰量或调节量的变动下从一个平衡状态到另一新的平衡状态时，参数变化的规律及其大小；

（2）从一个平衡状态向另一平衡状态过渡的动态特性。

14.2　连轧张力

张力是连轧过程中一个很活跃的因素，必须给以足够的重视。

14.2.1　连轧张力微分方程

（1）切克马廖夫公式

$$\frac{dq}{dt} = \frac{E}{L}(v_{2H} - v_{1h})\left(1 + \frac{q}{E}\right)^2 \tag{14-9}$$

（2）费因别尔格推出的公式为

$$\frac{dq}{dt} = \frac{E}{L}\left[v_{2H} - v_{1h}\left(1 + \frac{q}{E}\right)\right] \tag{14-10}$$

（3）张进之推出的公式为

$$\frac{dq}{dt}=\frac{E}{L}\ (v_{2H}-v_{1h})\ (1+\frac{q}{E}) \tag{14-11}$$

式中 E ——钢轧辊的弹性模数，其值为215.6GPa；

L ——机架间的距离；

v_{2H} ——下一机架的速度；

v_{1h} ——前一机架的速度；

q ——单位前张力或前后单位张力差。

这些公式推导的基本思路是一样的，都是基于轧件受到弹性拉伸时，利用力学条件导出的。它们之间的一些微小差别，对实际应用来说没有太大的意义，因为式中的 $(1+\frac{q}{E})$ 近似为1，所以实际应用的式子为

$$\frac{dq}{dt}=\frac{E}{L}(v_{2H}-v_{1h}) \tag{14-12}$$

14.2.2 张力公式

直接给出张力方程：

$$q=\frac{A}{B}(1-e^{-B\cdot t}) \tag{14-13}$$

式中 A、B——系数，$A=\frac{E}{L}\ (v_{2H}-v_{1h0})$，$B=\frac{E\cdot v_1\cdot a}{L}$。

张力随时间的变化曲线如图14-2所示。这一公式可以说明建张过程。如有速度差产生，平衡破坏，产生了张力，张力是不稳定而逐渐增加的。同时，它还可以说明张力的“自动调节”作用，即根据上面公式，张力在某一轧制参数变化下而产生速度差的情况下发生，此时张力增加，而张力增加又使前滑发生变化，使张力增加变缓，这样，直到某一时间，轧制过程又在一定张力条件下达到新的平衡，这就是通常所说的张力“自动调节”作用。

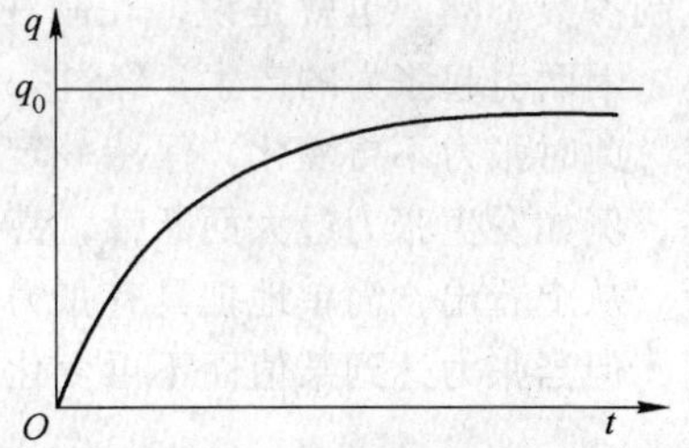

图14-2 张力动态曲线

但应指出，这种“调节”作用是有条件的，并不是在任何状态下都可达到新的平衡的。

首先，如图14-2所示，当 $t=\infty$ 时

$$q_0=\frac{A}{B}=\frac{v_{2H}-v_{1h0}}{v_1\cdot a} \tag{14-14}$$

显然，式（14-14）为一直线，它是式（14-13）的渐近线。

这条渐近线表示达到新的平衡时新的张力值，此值应小于轧件的屈服极限，即

$$q_0<\sigma_s$$

否则，尚未达到新的平衡之前，轧件已经屈服甚至拉断，这种情况在生产中是经常发生的。从这里也可以看出，张力在一定范围内，可以起到“自动调节”作用，使轧制过程达到新的平衡，但是由于参数变化过大而引起张力过大时，则可能达不到新的平衡。

下面举一个计算实例。

例14-1：设初始状态为 $v_1=10$m/s，$\sigma_s=500$MPa，$S_{1h0}=5\%$，$L=4.2$m，$E=21\times10^4$MPa，$a=0.0002$。当 v_{2H} 作1%阶跃增加时，求张力动态变化。

解：

$$v_{1h0}=v_1(1+S_{1h0})=10(1+0.05)=10.5\text{m/s}=10.5\times10^3\text{mm/s}$$

$$\Delta v=v_{2H}\ (1+0.01)\ -v_{1h0}$$

原来

$$v_{2H}=v_{1h0}$$

所以

$$\Delta v=0.01v_{1h0}=0.105\text{m/s}=0.105\times10^3\text{mm/s}$$

$$B=\frac{E}{L}v_1a=\frac{21\times10^4}{4.2\times10^3}\times10^4\times0.0002=100$$

$$A=\frac{E}{L}(v_{2H}-v_{1h0})=\frac{21\times10^4}{4.2\times10^3}\times0.105\times10^3=5250$$

$$q=\frac{A}{B}(1-e^{-B\cdot t})=52.5(1-e^{-100t})$$

根据上式可画出张力的动态过程，由计算可知，在这种条件下，张力是可达到新的平衡的，新的平衡状态下的张力值为52.5MPa。

正如过去所指出的，轧制时运动学、变形、力学条件三方面是相互共存和互为因果的，速度差和流量差是同一问题的不同方面的表现，不能把它割裂开来。如果轧制参数瞬时变化，引起速度差产生，而产生张力或引起张力变化，那么同时也必然有流量差出现。反之亦然。速度差、流量差、张力差是在连轧平衡状态破坏时，轧制运动学、变形、力学条件变化的表现。

应指出，速度差或流量差引起张力的产生或变化，但是，在具有恒张力的情况下，轧制仍处于平衡状态，此时仍保持秒流量不变，只是在这一恒张力平衡状态下与无张力平衡状态下的轧制参数不同。也就是说，轧制在无张力下处于平衡状态，由于某一原因，平衡状态遭到破坏，因而引起张力的产生，经过一段时间，轧制过程又在具有某一张力情况下达到新的平衡状态，此时张力不再变化，保持一定之值（也有可能，平衡状态破坏后没有可能恢复到平衡状态，例如发生张力过大而断带，甚至破坏了正常的轧制生产的进行）。

从上看出，简单地把具有张力轧制看成是一个动态过程是不对的，建张过程是一个动态过程，但当张力达到某值而不再变化后，轧制过程又恢复到稳态，这一概念必须清楚。

14.3　堆拉系数和堆拉率

14.3.1　前滑系数

由前滑定义表达式得

$$S_h=\frac{v_h-v}{v}=\frac{v_h}{v}-1$$

把式中轧件的出辊速度与轧辊线速度之比称为前滑系数，以 S_v 表示，即

$$S_v=\frac{v_h}{v}\tag{14-15}$$

对连轧机组来说，就有

$$S_{v1}=\frac{v_{h1}}{v_1},\ S_{v2}=\frac{v_{h2}}{v_2},\ \cdots,\ S_{vn}=\frac{v_{hn}}{v_n}$$

各架前滑值与前滑系数的关系为

$$S_{h1}=S_{v1}-1,\ S_{h2}=S_{v2}-1,\ \cdots,\ S_{hn}=S_{vn}-1$$

用前滑系数表示，连轧时的流量方程则为

$$F_1v_1S_{v1}=F_2v_2S_{v2}=\cdots=F_nv_nS_{vn}\tag{14-16}$$

也可写成为

$$F_1D_1v_1S_{v1}=F_2D_2v_2S_{v2}=\cdots=F_nD_nv_nS_{vn} \tag{14-17}$$

若令

$$C_1=F_1D_1n_1,\ C_2=F_2D_2n_2,\ \cdots,\ C_n=F_nD_nn_n$$

则有

$$C_1S_{v1}=C_2S_{v2}=\cdots=C_nS_{vn} \tag{14-18}$$

14.3.2 堆拉系数和堆拉率

在连轧时，实际上要保持理论上的秒流量相等是相当困难的。为了使轧制过程能够顺利进行，常有意识地采用堆钢或拉钢的操作技术。一般对线材在连续式轧机上机组与机组之间采用堆钢轧制，而机组内的机架与机架之间采用拉钢轧制。

拉钢轧制有利也有弊，利是不会出现因堆钢而产生事故，弊是轧件头、中、尾尺寸不均匀，特别是精轧机组内机架间拉钢轧制不适当时，将直接影响到成品质量使轧件的头尾尺寸超出公差。一般头尾尺寸超出公差的长度，与最后几个机架间的距离有关。因此，为减少头尾尺寸超出公差的长度，除采用微量拉钢（也即微张力轧制）外，还应当尽可能缩小机架间的距离。

（1）堆拉系数

堆拉系数是堆钢或拉钢的一种表示方法。如以 K_s 表示堆拉系数时

$$\frac{C_1S_{v1}}{C_2S_{v2}}=K_{s1},\ \frac{C_2S_{v2}}{C_3S_{v3}}=K_{s2},\ \cdots,\ \frac{C_nS_{vn}}{C_{n+1}S_{vn+1}}=K_{sn} \tag{14-19}$$

式中 K_{s1}，K_{s2}，…，K_{sn}——各架连轧时每两架间的堆拉系数。

当 K_s 值小于1时，表示为堆钢轧制。连轧时对于线材机组与机组之间要根据活套大小通过调节直流主电机的转数，来控制适当的堆钢系数。

当 K_s 值大于1时，表示为拉钢轧制。对于线材连轧时粗轧和中轧机组的机架与机架之间的拉钢系数一般控制在1.02～1.04；精轧机组随轧机结构的形式不同一般控制在1.005～1.020。

将式（14-19）移项得

$$C_1S_{v1}=K_{s1}C_2S_{v2},\ C_2S_{v2}=K_{s2}C_3S_{v3},\ \cdots,\ C_nS_{vn}=K_{sn}C_{n+1}S_{vn+1} \tag{14-20}$$

由上面式子得出考虑堆钢或拉钢后的连轧关系式为

$$C_1S_{v1}=K_{s1}C_2S_{v2}=K_{s1}K_{s2}C_3S_{v3}=\cdots=K_{s1}K_{s2}\cdots K_{sn}C_{n+1}S_{vn+1} \tag{14-21}$$

（2）堆拉率

堆拉率是堆钢或拉钢的另一表示方法，也是经常采用的方法。以 ε 表示堆拉率时

$$\varepsilon_1=\frac{C_1S_{v1}-C_2S_{v2}}{C_2S_{v2}}\times100$$

$$\varepsilon_2=\frac{C_2S_{v2}-C_3S_{v3}}{C_3S_{v3}}\times100$$

$$\vdots$$

$$\varepsilon_n=\frac{C_nS_{vn}-C_{n+1}S_{vn+1}}{C_{n+1}S_{vn+1}}\times100$$

当 ε 为正值时表示拉钢轧制，当 ε 为负值时表示堆钢轧制。

习　题

14-1　连轧过程必须满足哪三个条件，当外扰量或调节量变化时，这三个条件是否继续成立？

14-2　张力在连轧过程中是如何进行自我调节的？

14-3　实际的连轧过程是什么样的？

14-4　如何理解连轧过程即是动态的也是稳态的？

14-5　如何理解小张力轧制和活套轧制保证了棒材实际连轧过程的顺利进行？

参 考 文 献

[1] 赵志业. 金属塑性变形与轧制理论 [M]. 北京：冶金工业出版社，1980
[2] 陆济民. 轧制原理 [M]. 北京：冶金工业出版社，1997
[3] 黄守汉. 塑性变形与轧制原理 [M]. 北京：冶金工业出版社，1989
[4] 宋维锡. 金属学 [M]. 北京：冶金工业出版社，1979
[5] 杨宗毅. 实用轧钢技术手册 [M]. 北京：冶金工业出版社，1994
[6] 刘志强. 带钢热轧工艺及设备 [M]. 冶金工业部统编冶金工人技术培训教材
[7] 刁祥华. 轧制原理概论 [M]. 冶金工业部统编冶金工人技术培训教材
[8] 王克智. 轧制理论. 北京科技大学内部讲义，1986
[9] 王甘勋. 轧钢原理 [M]. 冶金工业部工人视听教材编辑部
[10] 黄宋汉. 中厚板精整 [M]. 冶金工业部统编冶金工人技术培训教材

冶金工业出版社部分图书推荐